中等职业教育课程改革国家规划新教材

计算机应用基础(基础模块)

(Windows XP+Office 2007)(修订版)

丛书主编　蒋宗礼

主　　编　王路群　曹　静

電子工業出版社

Publishing House of Electronics Industry

北京·BEIJING

内 容 简 介

本书是根据教育部制定的《中等职业学校计算机应用基础教学大纲》（2009年版）的要求编写的。编者针对中等职业教育的培养目标，结合当今计算机技术的最新发展和教育教学改革的需要，本着“案例驱动、重在实践、方便自学”的原则编写了这本以工作过程为导向、以培养学生的实际动手和操作能力为目的的计算机应用基础教材。本书由浅入深、循序渐进地介绍了计算机基础知识、操作系统的使用、因特网的应用、文字处理软件的应用、电子表格处理软件的应用、多媒体软件的应用和演示文稿软件的应用等内容。

本书注重从实际应用出发、从基础入手，采用情景教学模式，选用各种内容丰富的应用实例，以提高读者的计算机操作基本技能。

本书配套的教学资源光盘包括课程标准、多媒体演示课件、PPT课件和课后习题答案等教学资源。

本书可作为中等职业学校计算机基础的入门教材，也可作为计算机初学者的入门读物。

图书在版编目(CIP)数据

计算机应用基础 : 基础模块 : Windows XP+Office2007 / 王路群, 曹静主编. —修订本. —北京 : 电子工业出版社, 2015.3
中等职业教育课程改革国家规划新教材
ISBN 978-7-121-23588-7

Ⅰ. ①计… Ⅱ. ①王…②曹… Ⅲ. ①Windows操作系统－中等专业学校－教材②办公自动化－应用软件－中等专业学校－教材 Ⅳ. ①TP316.7②TP317.1

中国版本图书馆CIP数据核字（2014）第134176号

策划编辑：施玉新
责任编辑：施玉新　　文字编辑：刘　佳
印　　刷：三河市龙林印务有限公司
装　　订：三河市龙林印务有限公司
出版发行：电子工业出版社
　　　　　北京市海淀区万寿路173信箱　邮编 100036
开　　本：787×1 092　1/16　印张：18.5　字数：473.6千字
版　　次：2010年3月第1版
　　　　　2015年3月第2版
印　　次：2020年9月第10次印刷
定　　价：37.00元（含光盘1张）

凡所购买电子工业出版社图书有缺损问题，请向购买书店调换。若书店售缺，请与本社发行部联系，联系及邮购电话：（010）88254888，88258888。

质量投诉请发邮件至 zlts@phei.com.cn，盗版侵权举报请发邮件至 dbqq@phei.com.cn。

本书咨询联系方式：（010）88254598，syx@phei.com.cn。

前　言

“21 世纪的世界是平的”，人类将面临一个基于网络的全球性竞争平台。计算机技术日新月异，信息技术的应用已经渗透到人们工作、学习、生活的方方面面，缺乏对信息技术的基本应用能力，将有可能成为 21 世纪的新“文盲”。中等职业教育是在九年义务教育的基础上，培养数以亿计的高素质劳动者，其必备的基本信息技术素养与技能，将由计算机应用基础课程承担。

近几年，我国中等职业教育得到迅猛发展，但与之相对应的中职教材的建设却相对滞后。尤其是在计算机教学方面更为严重，这主要是由于计算机软件不断更新换代，而学校的教学软件却跟不上这一节奏造成的。为此，由电子工业出版社组织，全国十余所学校的教师组成了《计算机应用基础》教材编写委员会，共同承担了这一教材的编写工作。

本书采取了“任务驱动教学”的方法设计，各章节均按照“学习情景->任务内容->任务分析->任务实施步骤->相关知识->实战训练”的顺序编写。为方便阅读、深入学习，在各章中配有大量的“小提示”和“操作技巧”。

本书是根据教育部制定的《中等职业学校计算机应用基础教学大纲》（2009 年版）的要求编写的，并于 2015 年进行版次修订，可作为中等职业学校计算机应用基础课程教材，也可作为其他人员学习计算机应用的参考书。

本套丛书主编为蒋宗礼，本书主编为王路群、曹静，副主编为肖奎、吴天吉，其他参编人员有张新华、孙琳、袁晓曦、张胜洪、李礼、马力、杨国勋、胡双、徐凤梅等。

由于时间仓促，加之编者水平有限，书中不妥或错误之处在所难免，殷切希望广大读者批评指正。

编　者
2014 年 12 月

目　录

第 1 章　计算机基础知识

学习情境

自己开公司的大张最近想买一台电脑，但自己对电脑一窍不通，只好找在某中职学校计算机应用专业读书的表弟小张帮忙。小张说："你买电脑主要做什么用？"大张说："最近公司规模扩大了，要处理的纸质文档、表格越来越多，手工处理不但效率低而且不够规范美观，所以想买一台电脑来帮忙。另外听说使用电脑可以设计幻灯片，我还可以用它来介绍我们的公司及产品，工作之余我还想用它来上网、聊天、听音乐、看电影和玩游戏。怎么买一台电脑还要考虑它的用途，电脑不都是一样的吗？"小张笑着说："看来你对电脑只是一知半解，电脑的学名其实是计算机，因为它能协助人们获取、处理、存储和传递信息，所以人们形象地称它为电脑，不同类型的计算机用途有很大的不同。下面我就给你讲讲计算机的基础知识，有了这些知识你就能更好地选购和使用计算机了。"

学习单元1.1　计算机发展及应用领域

从世界上第一台计算机诞生到现在，虽然只有短短几十年的时间，但其发展迅速，在日常的生活中，计算机的应用已经无处不在了。计算机在人们的生活和工作中扮演着越来越重要的角色。本学习单元将重点介绍计算机的发展及应用领域。

本学习单元的内容包括以下两个任务。

- 了解计算机的发展历史；
- 了解计算机的应用、特点及分类。

任务 1　了解计算机的发展历史

在该任务中我们主要完成以下两方面的内容。

- 了解计算机的发展历史的相关知识；
- 完成实战训练的内容。

任务分析

通过本任务的学习，使读者能够了解各个时期计算机的发展情况，从而更好地认识和理解现代计算机的相关概念和技术。在本任务的学习过程中应重点掌握每一代计算机的基本电子元件和软件系统的发展。

1946 年 2 月，世界上第一台计算机 ENIAC（The Electronic Numerical Integrator And Computer）在美国宾夕法尼亚大学诞生。ENIAC（如图 1-1 所示）占地面积达 170 平方米，重达 30 吨，能在 1 秒钟内进行 5, 000 次加法运算和 500 次乘法运算。ENIAC 虽然体积庞大，且计算能力和现在的普通个人电脑相比也有很大的差距，但它的诞生标志着计算机时代的到来。

图1-1 世界上第一台计算机ENIAC

自第一台计算机诞生以来，计算机技术得到迅速发展。计算机已经从原来几个房间才能装下的庞然大物发展到现在用一个手掌就能托起的平板电脑，运行速度也从原来的每秒几千次发展到每秒几百万亿次。计算机的不断发展，很大程度上是由电子技术的快速发展而推动的。因此，通常以组成计算机的电子元件变化作为划分计算机发展阶段的标志。

1．第一代计算机（1946－1957 年）

第一代计算机基本的电子元件是电子管。其特点是体积大、功耗高、价格昂贵、可靠性差、存储容量小。第一代计算机使用机器语言或汇编语言编写程序，主要应用于军事领域和科学研究领域。

2．第二代计算机（1958－1963 年）

第二代计算机基本的电子元件是晶体管。晶体管的发明大大促进了计算机的发展，晶体管代替了体积庞大的电子管，电子设备的体积不断减小。随着晶体管在计算机中的使用，晶体管和磁芯存储器技术的发展促使了第二代计算机的产生。第二代计算机的特点是体积小、速度快、功耗低、性能更稳定。

这一时期在软件方面形成了操作系统的雏形，另外 COBOL 和 FORTRAN 等高级语言的产生使计算机编程更容易。计算机的应用也从军事领域和科学研究领域扩展到数据处理、过程控制等其他领域中。

3．第三代计算机（1964－1972 年）

第三代计算机基本的电子元件是集成电路。集成电路（Integrated Circuit，IC）技术的产生使科学家能够将大量的元件集成到单一的半导体芯片上。于是，计算机变得更小，功耗更低，可靠性和运算能力进一步提高。在这一时期分时操作系统开始出现，高级语言程序逐渐增多，计算机得到越来越广泛的应用。

4．第四代计算机（1972 年至今）

第四代计算机基本的电子元件是大规模或超大规模集成电路。出现集成电路后，唯一的发展方向是扩大规模。大规模集成电路可以在一个芯片上容纳几百个元件。到了 20 世纪 80 年代，超大规模集成电路可在芯片上容纳几十万个元件，而后来的特大规模集成电路技术将此数字提高到了百万级。可以在硬币大小的芯片上容纳如此数量的元件，使得计算机的体积和价格不断下降，而功能和可靠性不断增强。同时随着操作系统、高级语言、数据库管理系统和应用软件的日益完善，以及 Internet 的迅猛发展，计算机的应用已经渗透到了人们的工作、生活和学习的各个领域，信息时代从此到来。

实战训练

思考和讨论下列问题。

（1）计算机各个阶段的发展有什么特点？

（2）未来的计算机将如何发展？

任务 2　了解计算机的应用、特点及分类

任务内容

在该任务中我们主要完成以下两方面的内容。

- 了解计算机的应用、特点及分类等相关知识；
- 完成实战训练安排的内容。

任务分析

通过对本任务的学习，使读者能够了解计算机在各个领域中的应用，计算机的特点，以及计算机的分类。在本任务的学习过程中应结合生活实际体会计算机给社会带来的巨大变化。

相关知识

1．计算机应用领域

计算机的应用领域已渗透到社会的各行各业，正在改变着传统的工作、学习和生活方式，推动着社会的发展。

1）科学计算

科学计算是指利用计算机来完成科学研究和工程技术中的数学问题的计算。在现代科学技术工作中存在大量复杂的科学计算问题，利用计算机的计算速度快、存储容量大的特点，可以实现人工无法解决的各种科学计算问题。

2）信息处理

信息处理或数据处理是指对各种数据进行收集、存储、整理、分类、统计、分析等一系

列活动的统称。据统计，80%以上的计算机主要用于数据处理，这决定了计算机应用的主导方向。

3）辅助技术

计算机辅助设计是利用专用的软件工具帮助设计人员进行工程或产品设计，以实现最佳设计效果的一种技术，简称CAD（Computer Aided Design）。计算机辅助制造是利用计算机系统进行生产设备的管理、控制和操作的过程，简称CAM（Computer Aided Manufacturing）。

4）实时控制

实时控制或过程控制是利用计算机实时采集数据，对控制对象进行自动调节或自动控制。采用计算机进行过程控制，不仅可以大大提高控制的自动化水平，而且可以提高控制的实时性和准确性，从而改善劳动条件、提高产品质量及合格率。因此，计算机过程控制已在机械、冶金、石油、化工、纺织、水电和航天等部门得到了广泛的应用。

5）人工智能

人工智能是指计算机模拟人类的智能活动，如感知、判断、理解、学习、问题求解和图像识别等。现在人工智能的研究已取得了不少成果，有些已开始走向实用阶段。例如，博弈论就是人工智能技术的重要应用领域。

6）网络应用

计算机技术与现代通信技术的结合构成了计算机网络。计算机网络的建立，不仅解决了一个单位、一个地区、一个国家中计算机与计算机之间的通信问题，而且使各种软、硬件资源得到共享，大大促进了文字、图像、视频和声音等各类数据的传输与处理。

2. 计算机的特点

计算机能够按照事先存储的程序，接收输入数据、处理数据、存储数据并输出结果。它的整个工作过程具有以下几个特点。

1）运算速度快

目前最快的巨型机每秒能进行万万亿次运算。

2）计算精度高

计算机内部采用二进制数据运算，数值计算非常精确，一般有效数字可以达到几十位。

3）具有记忆和逻辑判断功能

计算机的存储设备可以把原始数据、中间结果、计算结果、程序执行过程等信息存储起来供再次使用。存储能力取决于所配置的存储设备的容量。

4）具有自动执行功能

由于数据和程序存储在计算机中，一旦向计算机发出运行指令，计算机就能在程序的控制下，自动按事先规定的步骤执行，直到完成指定的任务为止。

计算机的整体特点可以用存储程序原理，也称为“冯·诺依曼原理”来概括。存储程序原理指出：程序由指令组成，并和数据一起存放在存储器中，计算机启动后，能自动按照程序指令的逻辑顺序逐条把指令从存储器中读出来，自动完成由程序所描述的处理工作。这也是计算机与其他计算工具的根本区别。

3. 计算机的分类

计算机用途广泛，可以完成各种各样的任务。计算机的分类是指根据计算机的用途、价格、体积和性能等标准将其分成不同的类型。某些类型的计算机比其他类型的计算机更适合完成某些特定任务。

对于普通用户接触比较多的应当是个人计算机和服务器等，而大型机和超级计算机则较少能接触到。

个人计算机是为满足个人计算需要而设计的一种微型计算机。个人计算机能运行各类应用软件，如文字处理、照片编辑、网络浏览、幻灯片制作等。个人计算机有台式机、笔记本电脑等几种形式。

台式计算机（如图 1-2 所示）放置在桌面上，使用电源供电。笔记本电脑（如图 1-3 所示）是一种体积小、重量轻，并将系统单元、屏幕、键盘、鼠标等整合到一起，便于携带的个人计算机。笔记本电脑可以使用本机自带电池或交流供电，是移动使用的理想选择。

图1-2 台式计算机

图1-3 笔记本电脑

服务器在计算机业内有多种意思，可以指计算机硬件，也可以指专门的软件，或者硬件和软件的结合体。不论是什么，服务器的目的都是通过网络，给网络上的计算机提供数据，从而实现各种服务。

实战训练

思考和讨论下列问题。

（1）你在日常生活中接触到了哪些类型的计算机？它们的主要用途是什么？

（2）讨论未来的计算机可能会有什么样的应用。

（3）基于计算机的特点，分析计算机能够得到广泛应用的原因。

学习单元1.2 初识计算机系统

了解了计算机的发展及应用领域后，用户可能会有很多疑问，如“既然计算机用处那么大，那它究竟是由哪些部分组成的？这些部分在计算机系统中起到了什么作用？”“计算机的广泛应用标志着信息时代的到来，那到底什么是信息？在计算机里又是如何来处理信息的？”通过对本单元的学习，可以找到这些问题的答案。

本学习单元的内容包括以下 3 个任务。

- 了解计算机系统结构；
- 了解计算机中的信息表示方式；
- 了解计算机中字符的编码方式。

任务 1 了解计算机系统结构

任务内容

在该任务中我们主要完成以下 4 个方面的内容。

- 学习计算机系统组成的相关知识；
- 学习计算机硬件系统的相关知识；
- 学习计算机软件系统的相关知识；
- 完成实战训练安排的内容。

任务分析

通过对本任务的学习，使读者能够了解计算机系统是由哪几部分组成的，以及各部分的作用，并了解计算机软/硬件系统的相关知识。在本任务的学习过程中应重点掌握计算机硬件系统的 5 个基本组成部分的作用，以及软件系统的类型。

相关知识

计算机系统由硬件系统和软件系统两部分组成。硬件系统是组成计算机系统的各种物理设备的总称。软件系统是为使用、管理和维护计算机而编制的各种程序、数据和文档的总称。软件系统是建立在硬件系统之上的，而硬件系统是通过软件系统发挥作用的，因此整个计算机系统的这两个部分互相联系、缺一不可。如果把计算机系统看做一个人，则硬件系统是人的身体，而软件系统是人的思想。

计算机系统的组成如图 1-4 所示。

1．计算机硬件系统

虽然计算机经过几十年的发展，技术日新月异，但其硬件系统的基本结构没有改变，还是沿用冯·诺依曼设计的体系结构。此体系结构的硬件系统由运算器、控制器、存储器、输入设备和输出设备 5 个基本部分组成。

1）运算器

运算器对整个计算机系统的数据进行计算处理，它的主要功能是对二进制数进行算术运算和逻辑运算。运算器由算术逻辑单元、累加器、通用寄存器、逻辑运算线路和运算控制线路等组成。

2）控制器

控制器是整个计算机系统的神经中枢，它指挥着计算机各个部件自动、协调地工作，只有在它的控制之下整个计算机才能有条不紊地自动执行程序。控制器由指令寄存器、指令译码器、时序产生器、程序计数器和操作控制器等组成。

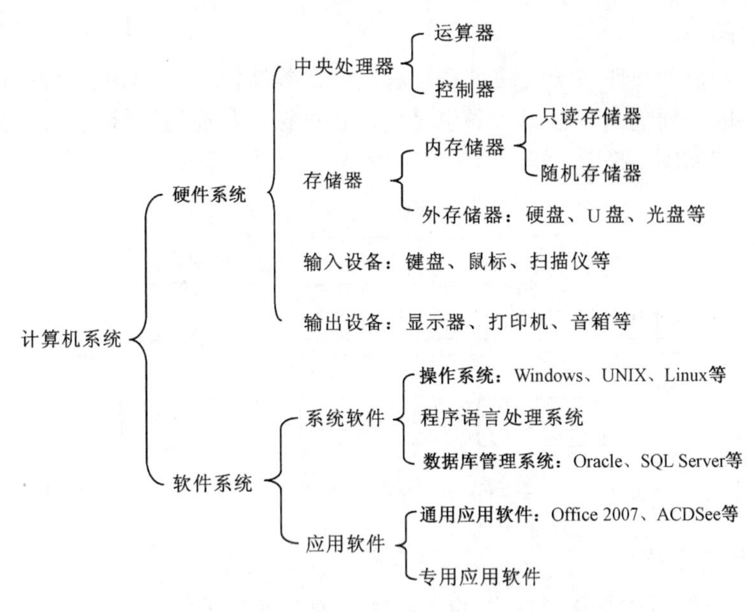

图1-4 计算机系统的组成

运算器和控制器一起构成了中央处理器。中央处理器是计算机硬件系统的核心，又称为CPU（Central Processing Unit）芯片，它是决定计算机系统性能的关键部件。原来简称的"386"、"486"和"586"计算机其实都是以CPU的型号命名的。由此可见CPU在整个计算机系统中处于非常重要的位置，因此被称为计算机的"心脏"。

3）存储器

存储器是计算机系统的记忆设备，它的主要功能是存放程序和数据。CPU读取存储器中的程序指令执行，并将处理后的数据存放到存储器中。按照用途存储器通常分为内存储器和外存储器。

（1）内存储器。内存储器存放计算机运行期间的程序和数据，其特点是存取速度较快但存储容量不大。按照内存储器的读/写功能不同，可分为只读存储器ROM（Read-Only Memory）和随机读/写存储器 RAM（Random-Access Memory）。只读存储器只能读出里面设计好的内容，不能进行写入修改，因此通常被用来存放基本的输入/输出程序BIOS（Basic Input Output System）、计算机启动自检程序，以及引导程序等。随机读/写存储器的特点是既可以读出信息，也可以写入信息，但断电后存储在里面的信息就会立即丢失，因此在断电之前需要把相关信息保存到外存储器中。

（2）外存储器。外存储器容量大，断电后数据不会丢失，但读/写速度相对于内存储器较慢，因此被用来存放计算机暂时不处理的或需要长期保存的数据和程序等信息。目前常用的外存储器有硬盘、U盘和光盘等。

4）输入设备

输入设备是指外部用来向计算机输入各种信息的设备。这些信息包括字符信息、用户操作信息、图形图像和声音等信息。输入设备的作用就是将这些信息转换成计算机能识别的电信号输入到计算机中进行处理。目前常用的输入设备有键盘、鼠标、扫描仪、摄像头和话筒等。

5）输出设备

输出设备是指将计算机处理后的信息向外部输出的设备。目前常用的输出设备有显示器、打印机和音箱等。

在计算机中，整个硬件系统是通过系统总线进行数据传输的。CPU 是通过系统总线与其他部件进行连接的，而输入、输出设备也是通过各种接口和通道连接到系统总线上的。计算机硬件系统的结构如图 1-5 所示。

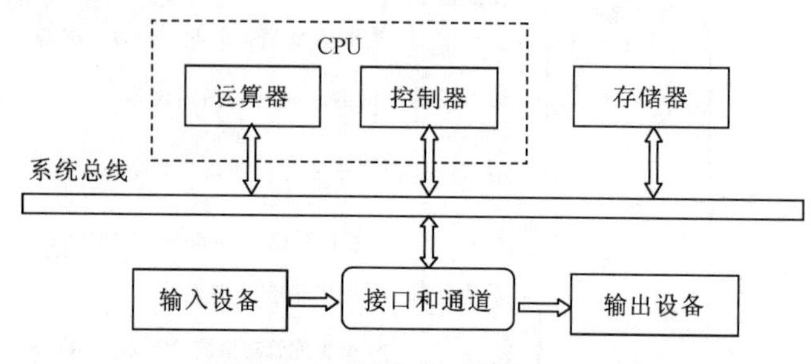

图1-5 计算机硬件系统的结构

2. 计算机软件系统

计算机只有硬件系统是无法工作的，必须要安装相应的软件，计算机才能正常工作。软件系统是各种程序、数据和文档的总称。软件系统中最主要的就是程序，程序是由一系列指令组成的，它告诉计算机如何完成一个具体的任务。程序是使用和管理计算机硬件资源的核心，因此通常所说的软件一般指的就是程序。软件系统又分为系统软件和应用软件两种。

1）系统软件

系统软件是由一系列控制计算机系统并管理其资源的程序和数据构成的。系统软件主要包括操作系统、程序语言处理系统和数据库管理系统。

（1）操作系统。操作系统负责管理计算机的硬件和软件资源，是用户使用和管理计算机的接口。计算机只有安装了操作系统才能供普通用户使用，而其他的系统软件和应用软件也是在相应的操作系统上进行安装和使用的。

目前常用的操作系统有微软的 Windows 系列操作系统、UNIX 和 Linux 操作系统等。

（2）程序语言处理系统。在计算机中运行的程序是软件设计师使用程序设计语言编写而成的。计算机程序语言可分为机器语言、汇编语言和高级程序语言。机器语言是计算机唯一能直接识别和执行的语言，执行效率高，但使用机器语言编写程序非常复杂，因此大部分的程序是使用汇编语言和高级程序语言进行开发的。和汇编语言相比，高级程序语言更接近人的自然语言，因此应用得更为广泛。目前常用的高级程序语言有 C、C++、C＃和 Java 等。要使这些非机器语言能够被计算机识别和执行就需要使用程序语言处理系统进行转换，这个过程称为编译，不同的程序语言都有相应的编译软件进行处理。

（3）数据库管理系统。数据库是指长期存储在计算机内的、有组织的、可共享的数据集合，如存储在银行计算机中所有储户的个人信息、存取款记录和账户余额等数据信息集合。数据库管理系统是位于计算机用户与操作系统之间的系统软件，其主要功能是对数据进行定义和操作、数据库的建立，以及数据库的运行管理和维护。目前常用的数据库管理系统有 Oracle、SQL Server、MySQL 和 DB2 等。

2）应用软件

应用软件是指建立在系统软件之上，为某一专门的应用目的而开发的软件。正是由于应用软件的存在，使计算机得到了广泛的应用，涉及人们工作、生活和学习的方方面面。应用软件大体上可分为两种：通用应用软件和专用应用软件。通用应用软件支持最基本的应用，广泛地应用于各个领域。例如，微软的 Office 办公处理软件、ACDSee 看图软件和 Photoshop 图像处理软件等。而专用应用软件是针对某个特殊的领域需要而设计开发出来的软件，如超市使用的超市管理系统。

实战训练

思考和讨论下列问题。

（1）计算机系统由哪几部分组成？

（2）计算机硬件系统包括哪些部件，这些部件起什么作用？

（3）系统软件有哪些类型？

任务 2　了解计算机中的信息表示方式

任务内容

在该任务中我们主要完成以下 3 个方面的内容。

- 学习数制的相关概念；
- 学习常用数制之间的转换方法；
- 完成实战训练安排的内容。

任务分析

通过对本任务的学习，使读者能够了解信息在计算机系统中的表示方式、常用的数制及数制之间的转换方法。在本任务的学习过程中应重点掌握二进制与十进制、十六进制之间的相互转换。

相关知识

当今社会已经进入到了信息时代，信息无处不在。信息其实是一个抽象的概念，对于不同的系统，信息的表现形式是不同的。例如，对于人的认知系统，信息就是指以声音、语言、文字、图像、动画和气味等方式所表示的实际内容。计算机系统其实就是一种信息处理系统，在计算机中以二进制数的形式进行信息的存储和处理。计算机中采用二进制数是由计算机电路所使用的元器件性质决定的。计算机中采用了具有两个稳态的二值电路。二值电路只能表示两个数码：0 和 1。用低电位表示数码 0，高电位表示数码 1。在计算机中采用二进制数的形式，具有运算简单，电路实现方便，成本低廉等优点。

1．数制

数制也称计数制，是用一组固定的符号和统一的规则来表示数值的方法。常用的数制有十进制、二进制、八进制和十六进制。要掌握这些数制及其转换方法，需要先了解数制中数码、基数和位权这 3 个重要概念。

数码：用不同的数字符号来表示一种数制的数值，这些数字符号称为数码。

基数：数制所使用的数码个数称为基数。

位权：某种数制的每一位所具有的固定系数称为位权。对于 N 进制数，整数部分第 i 位的位权为 $N^{(i-1)}$，而小数部分第 j 位的位权为 N^{-j}。

下面具体来看一下各个常用数制的数码、基数、位权和书写格式。

十进制：数码为 0～9；基数为 10；整数部分第 2 位的位权为 $10^{(2-1)}=10$；数值为 1011 十进制数的书写格式为 $(1011)_{10}$ 或 1011D 或 1011。

二进制：数码为 0、1；基数为 2；整数部分第 2 位的位权为 $2^{(2-1)}=2$；数值为 1011 二进制数的书写格式为 $(1011)_2$ 或 1011B。

八进制：数码为 0～7；基数为 8；整数部分第 2 位的位权为 $8^{(2-1)}=8$；数值为 1011 八进制数的书写格式为 $(1011)_8$ 或 1011O。

十六进制：数码为 0～9，A～F；其中 A～F 分别表示 10～15；基数为 16；整数部分第 2 位的位权为 $16^{(2-1)}=16$；数值为 1011 十六进制数的书写格式为 $(1011)_{16}$ 或 1011H。

2．常用数制之间的转换

1）其他进制数转换为十进制数

把一个任意 N 进制数转换成十进制数，其十进制数值为每一位数字与其位权之积的和。

例：$(1011)_2=1\times2^3+0\times2^2+1\times2^1+1\times2^0=11$

$(1011)_{16}=1\times16^3+0\times16^2+1\times16^1+1\times16^0=4113$

2）十进制数转化成其他 N 进制数

整数部分：除以 N 取余数，直到商为 0，得到的余数即为二进制数各位的数码，余数从下到上排列。

小数部分：乘以 N 取整数，得到的整数即为二进制数各位的数码，整数从上到下排列。

例：将十进制数 $(46)_{10}$ 转换为二进制数。

```
2|46    余数=0        二进制整数低位
 2|23    余数=1
  2|11    余数=1
   2|5     余数=1
    2|2     余数=0
     2|1     余数=1       二进制整数高位
       0
```

$(46)_{10}=(101110)_2$

3）八进制和十六进制数转换成二进制数

每一位八进制数对应二进制数的 3 位，逐位展开。

每一位十六进制数对应二进制数的 4 位，逐位展开。

例：将十六进制数 $(46)_{16}$ 转换成二进制数。

4　6

0100 0110

$(46)_{16}=(01000110)_2$

4）二进制数转换成八进制数和十六进制数

转换成八进制数：将二进制数从小数点开始分别向左（二进制整数）或向右（二进制小数）每三位组成一组，不足 3 位补零。

转换成十六进制数：将二进制数从小数点开始分别向左（二进制整数）或向右（二进制小数）每四位组成一组，不足 4 位补零。

例：$(1111110)_2=(0111\ 1110)_2=(7E)_{16}$

思考和讨论下列问题。

（1）计算机系统为什么采用二进制进行信息编码？

（2）将下列十进制数转换成二进制数：$(53)_{10}$、$(17)_{10}$、$(32)_{10}$

（3）将下列二进制数转换成十六进制数：$(10111)_2$、$(111011)_2$、$(1011101)_2$

任务 3　了解计算机中字符的编码方式

在该任务中我们主要完成以下两方面的内容。

➢ 学习计算机中字符编码的相关知识；

➢ 完成实战训练安排的内容。

通过对本任务的学习，使读者能够了解计算机中字符编码的相关知识。在本任务的学习过程中应重点掌握 ASCII 码的编码规则和如何通过 ASCII 码表查找常用字符的 ASCII 码，并将其转换为十进制数。

相关知识

人们日常使用的字符包括字母、数字、标点符号、控制字符及其他符号。在计算机中需要对这些字符进行二进制编码后才能进行处理和存储。目前计算机中使用最广泛的字符集及其编码，是由美国国家标准局（ANSI）制定的 ASCII 码（American Standard Code for Information Interchange，美国标准信息交换码），它已被国际标准化组织（ISO）定为国际标准，称为 ISO 646 标准。

ASCII 码用最高位为 0 的 8 位二进制数表示字符，其编码范围为 0000 0000～0111 1111，相应的十进制数范围为 0～127，共表示 128 个字符，如表 1-1 所示。

34 个不可打印的控制字符或专用字符。控制符：LF（换行）、CR（回车）、FF（换页）、DEL（删除）、BEL（振铃）等；专用字符：SOH（文头）、EOT（文尾）、ACK（确认）等。

94 个可打印字符，其中第 48～57 号为 10 个阿拉伯数字；65～90 号为 26 个大写英文字母，97～122 号为 26 个小写英文字母，其余为一些标点符号和运算符号等。

表 1-1　ASCII 码表

高4位 / 低4位	0000	0001	0010	0011	0100	0101	0110	0111
0000	NUL	DLE	SP	0	@	P	`	P
0001	SOH	DC1	!	1	A	Q	a	Q
0010	STX	DC2	“	2	B	R	b	R
0011	EXT	DC3	#	3	C	S	c	S
0100	EOT	DC4	$	4	D	T	d	T
0101	ENQ	NAK	%	5	E	U	e	U
0110	ACK	SYN	&	6	F	V	f	V
0111	BEL	ETB	‘	7	G	W	g	W
1000	BS	CAN	(	8	H	X	h	X
1001	HT	EM	)	9	I	Y	i	Y
1010	LF	SUB	*	:	J	Z	j	Z
1011	VT	ESC	+	;	K	[	k	{
1100	FF	FS	,	<	L	\	l	|
1101	CR	GS	-	=	M	]	m	}
1110	SO	RS	.	>	N	^	n	~
1111	SI	US	/	?	O	_	o	DEL

实战训练

从 ASCII 码表中查找下列字符的二进制编码，并将二进制编码转换成十进制数：

%　N　a　5　DEL

学习单元1.3　个人计算机的硬件配置

对于普通用户来说，接触最多的应该算是个人计算机了。个人计算机可分为台式机和笔记本电脑两种，而台式机又可分为品牌机和组装机。笔记本电脑和品牌台式机的各类组件已经由厂家配置好并组装成成品进行销售，用户可根据主要部件性能指标参数进行选择。而组装台式机的各类组件可以由用户自己选择，具有更大的灵活性，但是对用户的要求也更高。通过对本单元的学习，读者能了解计算机主机机箱内的各组件和外部设备的作用及其性能指标的相关知识，并能将计算机主机和外设进行连接。

本学习单元的内容将分解为以下两个任务来完成。

- 选购个人计算机主机；
- 计算机外部设备的选购和连接。

任务 1　选购个人计算机主机

在该任务中我们主要完成以下 3 个方面的内容。

➢ 了解个人计算机主机的组成；
➢ 了解个人计算机主机的组成部分的作用和性能；
➢ 完成实战训练安排的内容。

任务分析

通过对本任务的学习，使读者能够了解个人计算机主机的组成及各组成部分的作用和性能。在本任务的学习过程中应重点掌握个人计算机的主要部件及其性能指标。

相关知识

个人计算机硬件系统由主机和外部设备组成。这里的主机是指位于主机箱内部的所有部件，主要包括中央处理器、主板、内存、显示适配器、声卡、网卡、硬盘存储器和光盘存储系统等。

1．中央处理器（CPU）

CPU 是计算机的核心部件，CPU 的性能直接影响到计算机的整体性能。衡量 CPU 性能的性能指标参数主要有主频、前端总线频率、字长和缓存容量。

主频：主频是指 CPU 内核工作的时钟频率，单位是 MHz。主频的高低决定了 CPU 的运行速度，因此它是衡量计算机性能的一个重要指标。

前端总线频率：前端总线是 CPU 和其他计算机部件交换数据的重要通道，前端总线频率是衡量前端总线数据传输能力的指标，单位是 MHz。

字长：字长是指 CPU 一次能处理的二进制数的位数。CPU 字长越长，表示同一时间内处理二进制数的位数越多，数据处理速度越快。如早期 Intel 公司的 80286 型号的 CPU 的字长为 16 位，而目前流行的酷睿系列 CPU 的字长达到了 64 位。

二级缓存容量：CPU 二级缓存是位于 CPU 与内存之间的临时存储器，它的容量比内存小但交换速度快。在缓存中的数据是内存中的一小部分，但这一小部分是短时间内 CPU 即将访问的，当 CPU 调用大量数据时，就可直接从缓存中调用，从而加快读取速度。

Intel 公司的酷睿 2 双核 E7400 型号 CPU 如图 1-6 所示，它的主频为 2 793MHz，前端总线频率为 1 066MHz，二级缓存 3MB。

图1-6　酷睿2双核E7400型号CPU

2．主板

主板是计算机中连接其他组件和设备的重要部件，如图 1-7 所示。主板是一块大型的多层印制电路板，上面安装了计算机的主要电路系统、芯片、各种插槽和接口，其中包括 BIOS

芯片、北桥芯片、南桥芯片、CPU 插槽、内存插槽、扩充插槽、PS/2 键盘鼠标接口、USB 接口、串行接口和并行接口等。目前大部分主板上还集成了显卡、声卡和网卡等。

1）BIOS 芯片

BIOS 芯片是主板上的一块 ROM 芯片，里面保存着计算机最重要的基本输入/输出系统程序、系统设置信息、开机后自检程序和系统自启动程序。其主要功能是为计算机提供最低层的、最直接的硬件设置和控制。

图1-7　主板

2）主板芯片组

芯片组是主板的核心组成部分，按照在主板上的排列位置的不同，通常分为北桥芯片和南桥芯片。北桥芯片负责与CPU的联系并控制内存，AGP（图形加速端口）数据在北桥芯片内部传输。北桥芯片还提供对 CPU 的类型和主频、系统的前端总线频率、内存的类型和最大容量、AGP 插槽、ECC 纠错等的支持。整合型芯片组的北桥芯片还集成了实现显示功能的核心电路。南桥芯片则提供对 KBC（键盘控制器）、RTC（实时时钟控制器）、USB（通用串行总线）、外存储器数据传输方式和 ACPI（高级能源管理）等的支持。其中北桥芯片起着主导性的作用，因此一般芯片组的名称就是以北桥芯片的名称来命名的。

3）扩展插槽

扩展插槽的作用是将扩展卡固定到主板上并将其连接到系统总线。扩展插槽使计算机系统具有开放性，使用户能够根据自己的需求选择或设计相应的扩展卡，从而增加计算机的功能或提高计算机系统的局部性能。目前扩展插槽的种类主要有 ISA、PCI、AGP、CNR、AMR、ACR 和 PCI Express 等。

3．内存

内存指的是安装有多个 RAM 芯片的矩形电路板，也称为内存条，如图 1-8 所示。内存中存储 CPU 正在处理的数据和程序，因此内存容量是衡量一个计算机性能的重要指标。计算机系统内存的容量等于插在主板内存插槽上所有内存条容量的总和，内存容量的上限一般由主板芯片组和内存插槽决定。目前市场上流行的内存条容量为 1GB、2GB 与 4GB 等。

图1-8　内存

小提示

存储器的容量是以 B 或 Byte(字节)为单位的，每个字节由 8 位二进制数组成，即 1Byte=8bit（比特，也称“位”）。另外还有 KB、MB、GB 和 TB 等常用单位，其相互换算关系为：$1KB=2^{10}B$=1 024Byte；$1MB=2^{10}KB$=1 024KB；$1GB=2^{10}MB$=1 024MB；$1TB=2^{10}GB$=1 024GB。

4．显示适配器

显示适配器简称为显卡，是连接显示器和主机的部件，如图 1-9 所示。显示适配器由图形处理器、显存、显卡 BIOS 和显卡电路板等组成。显卡的主要作用是将计算机系统需要显示的信息进行转换并传输到显示器中进行显示。图形处理器的核心频率和显存的容量是决定显示适配器性能的主要指标。目前许多主板上已经集成了图形处理器芯片，而显存则是通过使用部分内存容量来替代的，其性能能够满足普通用户的使用需要。但对于那些对图像处理要求较高的用户，则还是应该使用独立的显卡。

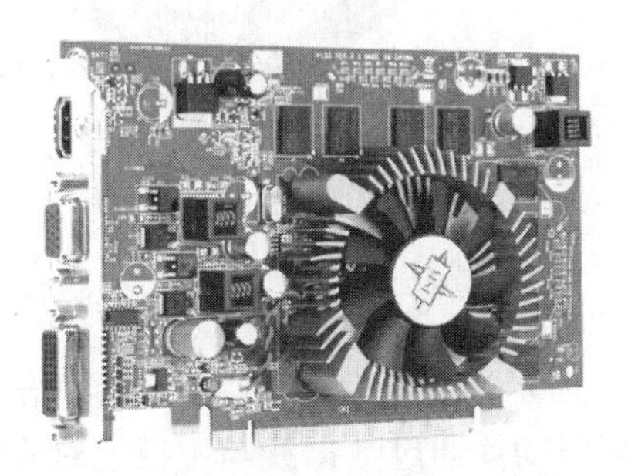

图1-9　显示适配器

5．声卡

声卡是计算机中连接主机与音频输入输出设备的部件，如图 1-10 所示。它能够将主机产生的数字音频信号转换成模拟信号传输到音箱或耳机中，也能将话筒输入的音频信号转换成数字音频数据交给主机进行处理。目前大部分主板已集成了声卡，配置计算机时无须单独购买。

6．网卡

网卡是计算机与网络进行连接通信的部件，如图 1-11 所示。网卡和网络之间是通过串行传输方式进行通信的，而网卡和计算机之间则是通过并行传输方式进行通信的。因此，网卡的一个重要功能就是要进行串行/并行转换。

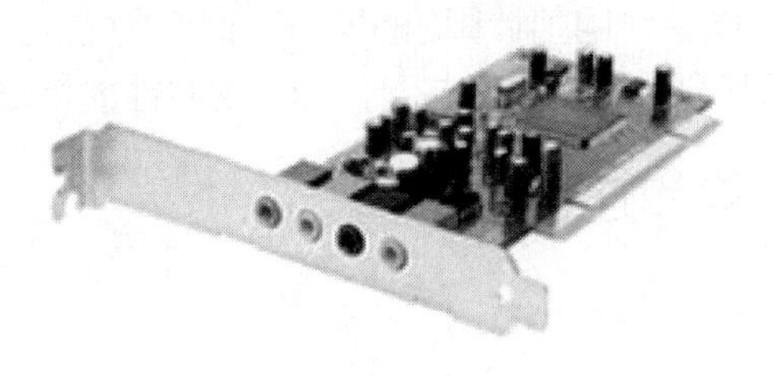

图1-10　声卡

图1-11　网卡

7．硬盘存储器

硬盘存储器（如图 1-12 所示）通常简称为硬盘，是外存储器的一种，主要存储软件系统和需长期保存的数据文档等。在计算机开机之前，内存中是没有任何数据的，所有的程序、数据和文档都存储在硬盘中。计算机启动以后将存储在硬盘中的操作系统读取到内存中运行，正常关机断电前将需保存的数据储存到硬盘中。新的硬盘需要分区和格式化才能使用。硬盘的容量决定了计算机系统能存储多少数据，也是衡量计算机系统性能的一个重要指标。目前常用的硬盘容量为 160GB～1TB。

图1-12　硬盘存储器

8．光盘存储系统

光盘存储系统（如图 1-13 所示）由光盘和光盘驱动器两部分组成。信息以二进制数据编码的形式存储在光盘中。光盘驱动器通过数据线与主板上对应的接口连接，将光盘中读取的信息传输到主机进行处理。有的光盘驱动器不但可以读取光盘中的数据，还能对可读/写光盘进行数据的写入。和硬盘存储器相比，光盘的存储容量较小，一张普通 DVD 光盘的容量为 4.7GB。另外光盘存储系统存取数据的速度也低于硬盘。但光盘的体积较小，存放和携带方便，对于那些不需要经常读取和改动的数据信息，光盘是一种很好的存储介质。

图1-13　光盘存储系统

实战训练

按照“学习情境”中大张的实际需求，再结合目前计算机配件市场的实际情况，为他配置一台中档的台式组装机主机，要求写出每个部件的型号、生产厂家、主要性能指标和价格。

▌▌任务 2　计算机外部设备的选购和连接

在该任务中我们主要完成以下 3 个方面的内容。

➢ 了解计算机常用的外部设备；
➢ 了解个人计算机主机的外部设备接口；
➢ 完成实战训练安排的内容。

通过对本任务的学习，使读者能够了解计算机常用的外部设备，以及个人计算机主机的外部设备接口。在本任务的学习过程中，应重点掌握键盘的使用，以及如何通过个人计算机的接口连接外部设备。

计算机常用的外部设备有键盘、鼠标、显示器、打印机、USB 闪存盘、音箱、耳机和话筒等。

1．键盘

键盘是计算机重要的输入设备。用户可通过键盘向计算机输入命令、程序和数据。键盘通过 PS/2 或 USB 接口和主机连接。键盘一般分为 5 个部分：主键盘区、功能键区、编辑键区、小键盘区和指示灯区，如图 1-14 所示。

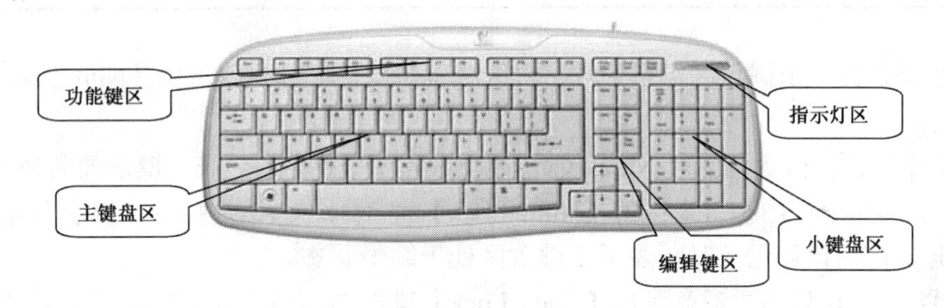

图1-14　键盘

（1）主键盘区：主键盘区是输入英文字符、汉字、数字和符号的区域。该区域包括 26 个英文字母键、数字键、常用运算符键、标点符号键及专用键。专用键的功能如表 1-2 所示。

表 1-2　专用键功能表

键　符	键　名	主要功能说明
Shift	换档键	按住此键后可选择双字符键的上档字符
Caps Lock	大小写字母切换键	进行英文字母键的大小写切换
Tab	制表键	光标移动 8 个字符间隔或移动到表格的下一个单元格
BackSpace	退格键	向左删除一个字符
Enter	回车键	表示编辑换行或确定输入的命令
Space	空格键	输入空格，光标右移一个字符
Ctrl	控制键	通常和其他键组合使用，功能由具体的软件决定
Alt	转换键	通常和其他键组合使用，功能由具体的软件决定
Esc	退出键	常用于取消操作或退出程序

（2）功能键区：功能键区包含【F1】～【F12】共 12 个功能键，这些键的功能是由软件系统决定的。例如，在 Windows 系列操作系统中【F1】键通常用做打开相应软件的帮助信息，【Alt+F4】组合键用来快速关闭当前窗口。

（3）编辑键区：编辑键区里面的按键主要用于文档编辑。各编辑键的功能如表 1-3 所示。

表 1-3　编辑键功能表

键　符	键　名	主要功能说明
←↑↓→	光标移动键	向 4 个方向移动光标
Home	起始键	将光标移到当前行的第一个字符前面；【Ctrl+Home】组合键将光标移到当前文档的第一个字符前面
End	结束键	将光标移到当前行的最后一个字符后面；【Ctrl+End】组合键将光标移到当前文档的最后一个字符后面
Page Up	向上翻页键	向上翻页
Page Down	向下翻页键	向下翻页
Print Screen	屏幕打印键	将当前屏幕的图像复制到剪贴板中备用；【Alt+ Print Screen】组合键则仅复制当前的活动窗口
Insert	插入键	进行插入或替换字符的功能切换
Del	删除键	删除光标后的一个字符
Scroll Lock	滚动锁定键	控制屏幕的信息滚动

（4）小键盘区：小键盘区可作为数字键区或编辑键区。通过该区的【Num Lock】键进行功能转换。

（5）指示灯区：指示灯区有 Num、Caps 和 Scroll 3 个指示灯，表示键盘的某种输入状态。

Num 灯：Num 灯由小键盘区的【Num Lock】键控制。当该灯亮时，表示小键盘区处于数字输入状态；当该灯熄灭时，表示小键盘区处于编辑状态。

Caps 灯：Caps 灯由主键盘区的【Caps Lock】键控制。当该灯亮时，表示英文字母字符键输入状态处于大写状态，否则处于小写状态。

Scroll 灯：Scroll 灯由编辑键区的【Scroll Lock】键控制，用来指示屏幕信息滚动的锁定状态。

图1-15　鼠标

2．鼠标

鼠标是计算机重要的输入设备，如图 1-15 所示。用户通过鼠标快速移动和定位图形操作界面上光标的位置，进行选择、移动、打开或关闭相关图形界面项目的操作。鼠标根据工作原理可分为机械鼠标和光电鼠标。机械鼠标采用安装在底部的橡胶球进行定位，现在已较少使用。而光电鼠标则是通过光电检测器定位，因此光电鼠标反应更灵敏，定位更准确，是目前主要使用的鼠标类型。鼠标通过 PS/2 或 USB 接口和主机连接。

3．显示器

显示器是计算机系统最基本的输出设备，是用户和计算机进行交互的一个重要途径。显示器通过显卡的接口和主机连接，它的作用是将主机传输过来的电信号转换到屏幕上显示为字符和图形图像等视觉信号。目前常用的显示器有阴极射线管显示器 CRT（Cathode Ray Tube）

（如图 1-16 所示）和液晶显示器 LCD（Liquid Crystal Display）（如图 1-17 所示）两种类型。一般根据尺寸、刷新频率和分辨率来衡量显示器的性能。

显示器尺寸：显示器尺寸是指显示器屏幕对角线的长度，单位为英寸。目前常见的有 17 英寸、19 英寸和 22 英寸等。

刷新频率：刷新频率就是屏幕刷新的速度。显示器刷新频率低，屏幕图像刷新的速度就慢，当低于 60Hz 时，能明显感觉到图像在闪烁，此时眼睛很容易疲劳。而当采用 75Hz 以上的刷新频率时可基本消除闪烁。因此，在使用时应把显示器的刷新频率设置在 75Hz。

分辨率：在显示器上显示的图像其实都是由许多点组成的，这些点被称为像素。分辨率是指显示屏幕上所能显示的像素个数。分辨率一般由两个数的乘积来表示，如 1 024×768 像素，其中“1 024”表示屏幕上水平方向显示的像素数，“768”表示垂直方向显示的像素数。分辨率越高，图像也就越清晰，且能增加屏幕显示的信息容量。

图1-16　阴极射线管显示器

图1-17　液晶显示器

4．打印机

打印机是一种常见的输出设备。打印机将计算机输出的结果，如文本和图像等，在打印纸上打印输出。打印机通过并口或 USB 接口与主机连接。通过并口连接时，应在计算机和打印机同时断电时进行，否则会损坏设备。而 USB 接口支持“热拔插”，且数据传输速度快，因此是目前较为普遍的连接方式。打印机有两个重要指标：打印分辨率和打印速度。

打印分辨率：打印分辨率是指打印机每英寸打印点的个数，单位是 dpi（dot per inch）。它决定了打印效果的清晰度。

打印速度：打印速度是指打印机每分钟能打印的纸张数，单位是 ppm（page per minute）。它决定了打印机的工作效率。

打印机按其工作原理可分为针式打印机、喷墨打印机和激光打印机，激光打印机如图 1-18 所示，喷墨打印机如图 1-19 所示。激光打印机的打印分辨率和打印速度都远远高于其他两种打印机，但价格较高，主要用于办公。而喷墨打印机体积较小、使用方便、性价比高，因此适合于家庭使用。

图1-18　激光打印机

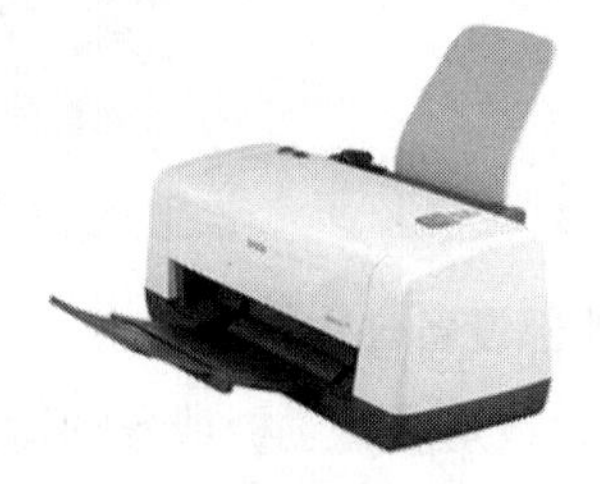

图1-19　喷墨打印机

5. USB 闪存盘

硬盘容量大，数据存取速度快，但体积较大，不利于携带。光盘体积小，携带方便，但需要专门的光盘驱动器进行读/写，数据存取速度较慢，使用不方便。随着移动存储技术的成熟，USB 闪存盘成为目前较流行的移动存储设备。USB 闪存盘简称 U 盘，如图 1-20 所示，它通过主板上的 USB 接口和主机连接，其特点是使用方便、数据存取速度较快、小巧便于携带、存储容量大。目前常见的 U 盘容量有 1GB、2GB、4GB、8GB、16GB 等。

图1-20　USB闪存盘

6. 音频设备

音频设备包括音箱、耳机和话筒。音箱和耳机属于输出设备，将计算机的电信号转换为声音信号输出。话筒属于输入设备，将声音信号转换为电信号输入到计算机中进行处理。通常在耳机上配置有话筒。音箱如图 1-21 所示，耳机和话筒如图 1-22 所示。

图1-21　音箱

图1-22　耳机和话筒

7. 扫描仪

扫描仪是一种常用的计算机输入设备，如图 1-23 所示。扫描仪能够捕获物体的图像并将其转换成计算机能够处理的数据，其工作原理是先将光线照射到扫描材料上，光线反射回来后由光敏元件接收并实现光电转换。使用扫描仪时，只需把要扫描的材料放在扫描仪的玻璃台面上，然后运行相应的扫描软件，扫描仪就能将材料的图像信息输入到计算机中。

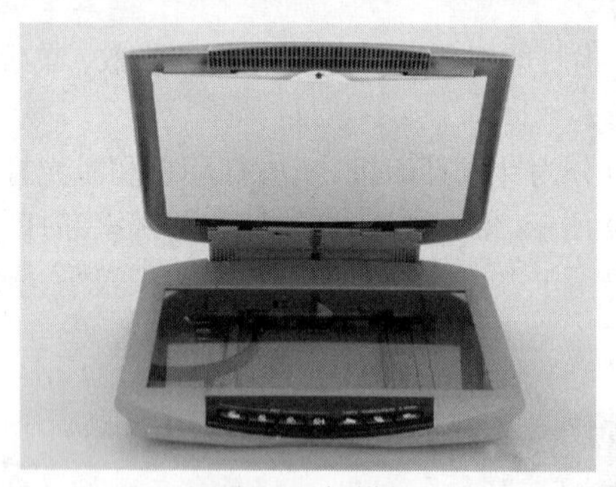

图1-23　扫描仪

8. 计算机外部设备与主机连接

计算机外部设备是通过主板或各种适配器（如显卡）的接口与主机相连接的。常用的接口有 PS/2 接口、并行接口、串行接口、VGA 接口、USB 接口、网线接口、话筒接口、扬声器接口和 MIDI/游戏杆接口等。主板的外部设备接口如图 1-24 所示。

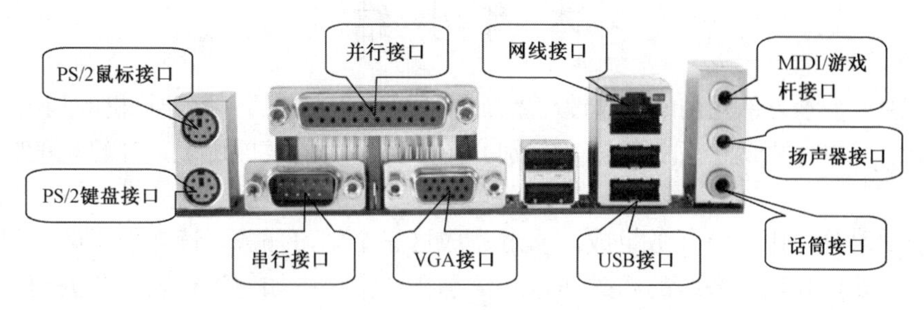

图1-24　主板接口

PS/2 接口：PS/2 接口包括 PS/2 键盘接口和 PS/2 鼠标接口。这两个接口的形状一样，但不能替换使用，因此注意在连接键盘和鼠标时不要接错。通常情况下，主板上方的绿色 PS/2 接口为鼠标接口，下方的紫色 PS/2 接口为键盘接口，键盘和鼠标的接头上一般也已用相应的颜色标识。

并行接口：并行接口是一种双向并行传输接口。并行接口的最高传输速率为 1.5Mbps。目前，计算机中的并行接口主要作为打印机端口使用，接口使用的是 25 针 D 形接头。所谓"并行"，是指 8 位数据同时通过并行线进行传输，这样数据传输速度大大提高，但并行传送的线路长度受到限制，因为长度增加，干扰就会增加，容易出错。

串行接口：串行接口将数据按顺序一位位地进行传送，其特点是通信线路简单，只要一对传输线就可以实现双向通信，从而使成本降低，特别适用于远距离通信，但传送速度较慢。以前部分鼠标就是通过串行接口进行连接的。

VGA 接口：VGA（Video Graphics Array）接口是显卡提供给显示器连接到主机的接口，通常情况下显卡所处理的信息最终都要输出到显示器上，显卡的输出接口就是主机与显示器之间的桥梁，它负责向显示器输出相应的图像信号。VGA 接口就是显卡上输出模拟信号的接口。有的显卡是直接集成在主板上的，因此这些主板就提供了 VGA 接口。

USB 接口：USB（Universal Serial Bus）接口速度快，使用方便，支持热插拔，是目前应用最广泛的主机外设接口。键盘、鼠标、U 盘、打印机等外设的主流产品都是通过 USB 接口和主机连接的。

话筒接口：话筒接口用于连接话筒等音频输入设备。

扬声器接口：扬声器接口用于插外接音箱或耳机等音频输出设备。

MIDI/游戏杆接口：MIDI 接口是指乐器数字化接口，可用来连接各种 MIDI 设备，如电子键盘等。在连接 MIDI 设备时需要专用的 MIDI转接线，此线一般包括两个 5 针的 MIDI 接口和一个游戏杆接口，它们的信号是分离的，所以游戏杆和 MIDI 设备可以同时使用。

网线接口：计算机通过网卡上的网线接口和网络相连接。个人计算机最常用的网线接口是 RJ-45 接口，此接口应用于以双绞线为传输介质的以太网中。目前大部分主板集成了网卡的功能，因此在主板上也提供了相应的网线接口。

实战训练

按照大张的需求，为上一个任务配置的计算机主机选购外部设备，要求写出每个外部设备的型号、生产厂家、价格和所用的主机接口。

本 章 小 结

本章共由三个学习单元组成，通过对本章的学习使读者能够了解计算机的相关基础知识。

第一个学习单元由两个任务组成，分别介绍了计算机的发展历史，计算机的特点、应用和分类。

第二个学习单元由三个任务组成。通过完成这三个学习任务，读者能了解计算机系统的构成，计算机硬件和软件系统的相关知识，信息在计算机中如何进行表示和处理，以及字符编码的相关知识等。

第三个学习单元由两个任务组成。通过完成这两个学习任务，读者能够了解个人计算机主机及外部设备的构成和主要性能指标，以及如何连接计算机主机和外部设备，能够按照自己的需要选购计算机硬件配置。

思考与练习

一、填空题

1．第四代电子计算机使用的基本电子元件是____________。

2．计算机系统是由____________和____________两部分组成的。

3．计算机硬件系统由运算器、控制器、存储器、________和________5 个基本部件组成。

4．软件系统分为____________和____________两种。

5．二进制数 10101101 转换为十进制数的值是___________，十进制数 125 转换为二进制数的值是__________________。

6．衡量 CPU 性能的指标参数主要有____________、______________、___________和____________。

7．________是主板上的一块 ROM 芯片，里面保存着计算机最重要的基本输入/输出系统程序、系统设置信息、开机后自检程序和系统自启动程序。

8. 芯片组是主板的核心组成部分，按照在主板上的排列位置的不同，通常分为______和南桥芯片。

9．显示适配器由____________、显存、显卡 BIOS 和显卡电路板等组成。

二、选择题

1．世界上第一台电子计算机是在（　　）诞生的。

A．中国　　B．美国　　C．德国　　D．法国

2．运算器和控制器组成了（　　）。

A．中央处理器　　B．存储器　　C．硬件系统　　D．软件系统

3．下列设备属于输入设备的是（　　）。

A．显示器　　B．键盘　　C．打印机　　D．耳机

4．下列系统软件不属于操作系统的是（　　）。

A．Windows XP　　B．UNIX　　C．Linux　　D．Oracle

5．在计算机中以（　　）的形式进行信息的存储和处理。

A．十进制数　　B．八进制数　　C．二进制数　　D．十六进制数

6．（　　）是计算机中连接其他组件和设备的重要部件。

A．主板　　B．CPU　　C．内存　　D．鼠标

7．（　　）是计算机中连接主机与音频输入/输出设备的部件。

A．显卡　　B．声卡　　C．网卡　　D．话筒

8．下列哪个设备不属于计算机的外部设备（　　）。

A．鼠标　　B．音箱　　C．内存　　D．键盘

9．键盘通过 PS/2 或（　　）接口和主机连接。

A．VGA　　B．并行　　C．串行　　D．USB

第 2 章　Windows XP 操作系统的使用

学习情境

小张在电子信息城购买电脑，看完电脑的硬件配置及价格后，售货员告诉他，不同的操作系统价格也不同，问他要安装什么操作系统。听了这话，小王一脸茫然，暗想："操作系统？这我还真不知道，可别让人给骗了，还是先别买了，赶快回家了解清楚了再来吧！"

学习单元2.1　使用Windows XP

操作系统（Operating System，OS）是管理计算机软硬件资源并为用户提供操作环境的系统软件，是计算机系统的内核与基石。它使计算机系统所有资源最大限度地发挥作用，也为用户提供了方便、有效、友善的服务界面。

通过对本学习单元的学习，要了解操作系统的概念，理解操作系统在计算机系统运行中的作用，掌握启动和退出 Windows XP 的方法，认识 Windows XP 图形界面的基本元素（对象），并熟练使用鼠标完成对窗口、菜单、工具栏、任务栏和对话框等基本元素的操作。

本学习单元的内容将分解为以下两个任务来完成。

- 启动与退出 Windows XP；
- 认识 Windows XP 界面。

任务 1　启动与退出 Windows XP

在该任务中我们主要完成以下 3 个方面的学习。

- 启动 Windows XP；
- 退出 Windows XP；
- 操作系统的特点、功能及类型。

任务分析

通过对本任务的学习，可使读者熟悉 Windows XP 的工作环境，掌握启动与退出 Windows XP 的基本方法，并了解操作系统的特点、功能及类型。本任务分为以下两个步骤进行。

- ✧ 启动 Windows XP；
- ✧ 退出 Windows XP。

任务实施步骤

【第一步】启动 Windows XP

启动计算机之前，首先要确保连接计算机的电源和数据线已经连通，要启动的计算机已经安装了 Windows XP 操作系统。打开显示器电源开关，电源指示灯变亮后，再打开主机箱电源开关就开始启动计算机了。

（1）启动计算机时首先显示一组检测信息，包括内存、显卡的检测等。如果只安装了 Windows XP 操作系统，计算机则直接启动 Windows XP。如果安装了多个操作系统（如 Windows 2007），系统会出现一个操作系统选择菜单，此时通过键盘选择 Windows XP，即可启动 Windows XP 操作系统。

（2）如果计算机中已设置了多个用户账户，则会出现选择用户账户界面，选择自己的账户并输入密码后就可以启动计算机了。如果选中的用户没有设置密码，系统将直接启动计算机。

（3）在出现欢迎界面后就进入了 Windows XP 的主界面，又称为桌面，如图 2-1 所示。

图2-1 Windows XP桌面

【第二步】退出 Windows XP

在关闭计算机电源之前，要退出 Windows XP 操作系统，否则可能会破坏一些尚未保存的文件和正在运行的程序。退出 Windows XP 的操作步骤如下。

（1）单击“开始”→“关闭计算机”命令。

（2）在出现的如图 2-2 所示的“关闭计算机”对话框中选择一种关闭方式，如单击“关闭”按钮，退出 Windows XP 系统，然后就可以关闭计算机的主机和显示器的电源了。

图2-2 “关闭计算机”对话框

Windows XP 为用户提供了 3 种关机方式。

- ✧ 待机：是将当前处于运行状态的数据保存在内存中，机器只对内存供电，而硬盘、屏幕和 CPU 等部件则停止供电。由于数据存储在存取速度快的内存中，因此进入等待状态和唤醒的速度比较快。
- ✧ 关闭：保存用户更改的 Windows 设置，并将当前在内存中的信息保存在硬盘中，然后关闭计算机。
- ✧ 重新启动：保存用户更改的 Windows 设置，并将当前内存中的信息保存在硬盘中，关闭计算机后重新启动。

现在很多计算机还提供了休眠功能，如笔记本电脑。当计算机处于休眠状态时，系统将当前运行的文件保存到硬盘上，当退出休眠状态时，打开的文档和运行的程序会恢复到原来的状态，便于用户快速工作。对于使用笔记本电脑的用户，设置使用休眠功能，可以减少电源消耗，延长电池使用时间。如果不想关闭计算机，直接单击“取消”按钮即可。

在计算机操作过程中，有时会发生错误，出现计算机运行速度过慢等现象，这时可以选择重新启动计算机解决问题。

在计算机操作过程中，有时对键盘和鼠标操作都不会出现反应，这种现象称为“死机”。这时要关闭计算机需要强行关闭计算机，方法是按住主机电源开关 5 秒钟左右，主机电源才会关闭。

相关知识

操作系统是一个庞大的管理控制程序，大致包括进程与处理机管理、作业管理、存储管理、设备管理、文件管理 5 个方面的管理功能。目前微机上常见的操作系统有 UNIX、Linux 与 Windows 等。

Windows XP 是美国 Microsoft 公司开发的系列操作系统之一，常用的还有 Windows 2007、Windows Vista 等。Windows XP 集安全性、可靠性和管理功能，以及即插即用功能、简单用户界面和创新支持服务、多任务并行操作等各种先进功能于一身，是目前个人计算机上比较优秀的 Windows 操作系统。

目前 Microsoft 推出了 3 个 Windows XP 版本，以满足用户在家庭和工作中的需要，应用最为广泛。Windows XP Professional 是为商业用户设计的，有最高级别的可扩展性和可靠性。Windows XP Home Edition 有最好的数字媒体平台，是家庭用户和游戏爱好者的最佳选择。Windows XP 64-Bit Edition 可满足专业的技术工作站用户的需要。

实战训练

分别选择“关闭计算机”对话框中的“待机”、“关闭”和“重新启动”选项，观察三者的操作有什么不同。

任务 2　认识 Windows XP 界面

任务内容

在该任务中我们主要完成以下 3 个内容的学习。

- Windows XP 桌面的组成；
- 图形界面的基本元素；
- Windows XP 窗口与对话框的基本操作。

任务分析

通过对本任务的学习，能够使读者掌握 Windows XP 桌面的组成，以及各基本元素的操作，为进一步学习 Windows XP 操作系统奠定基础。本任务分为以下几个步骤进行。

- ✧ 认识 Windows XP 界面；
- ✧ 设置桌面图标；
- ✧ 设置任务栏和开始菜单；
- ✧ 操作 Windows XP 窗口与对话框。

任务实施步骤

【第一步】认识 Windows XP 界面

Windows 启动后所显示的整个屏幕称为桌面，如图 2-3 所示，一般由图标、任务栏和“开始”按钮等组成。

图2-3　Windows XP桌面组成

“开始”按钮一般位于桌面底端任务栏的最左边，单击它可以打开“开始”菜单，可以实现 Windows 的所有功能。

任务栏一般位于桌面的底端，主要包括快速启动工具栏、当前已启动的程序或所打开窗口的“任务按钮”，以及计划任务、语言指示器、音量控制等信息提示。

图标是代表 Windows 的各种对象的图形标志并附有文字说明。桌面图标主要由我的文档、我的电脑、网上邻居、回收站和 Internet Explorer 浏览器等组成。

【第二步】设置桌面图标

可以根据用户的需要对桌面的图标进行隐藏、显示或更改图标样式。

（1）右击（用鼠标右键单击）桌面空白处，在弹出的快捷菜单中选择“属性”命令，弹出“显示 属性”对话框，选择“桌面”选项卡，如图 2-4 所示。

图2-4 “显示 属性”对话框

（2）单击“桌面”选项卡中的“自定义桌面”按钮，打开“桌面项目”对话框，可以在该对话框中选择要显示或隐藏的桌面图标，如图 2-5 所示。

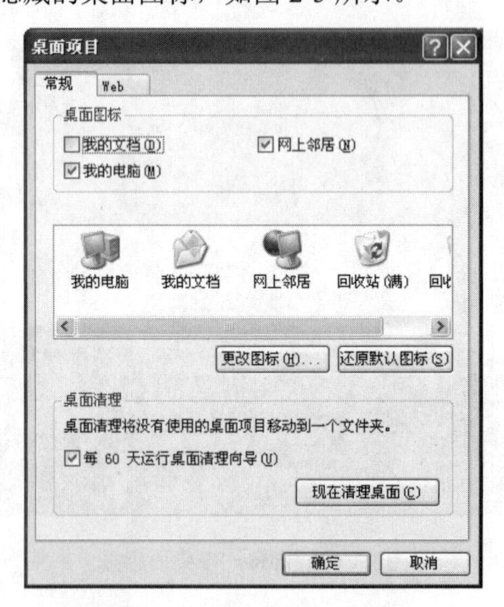

图2-5 “桌面项目”对话框

（3）选择“我的文档”图标，单击“更改图标”按钮，可更改它的图标样式。

（4）依次单击“确定”按钮，完成设置。

【第三步】设置任务栏和开始菜单

1）设置任务栏

改变任务栏的大小：将鼠标放在任务栏的边框处，当鼠标指针变为双箭头时，拖动鼠标可以调整任务栏的大小。

改变任务栏的位置：将鼠标放在任务栏的空白处，拖动鼠标到桌面四周后，松开鼠标即可移动任务栏到相应位置。

设置任务栏：用鼠标在任务栏空白处单击右键，在弹出的快捷菜单中选择“属性”命令，打开“任务栏和「开始」菜单属性”对话框，可以在“任务栏”选项卡中进行设置，如图 2-6 所示。

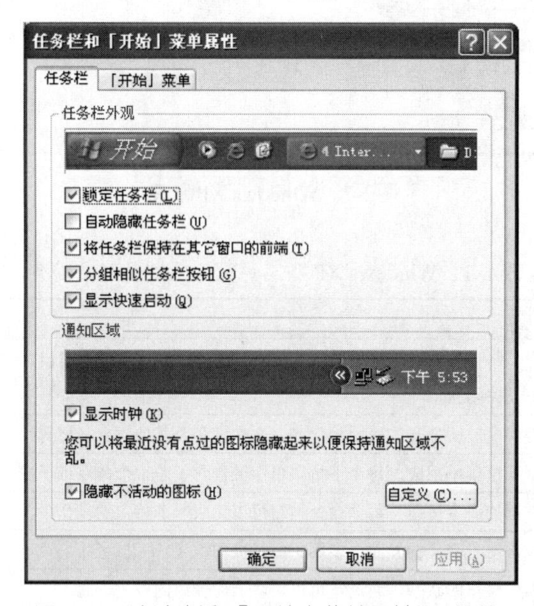

图2-6 “任务栏和「开始」菜单属性”对话框

小提示

如果任务栏处于锁定状态，则无法进行改变大小及调整位置的操作。右击任务栏空白处，在弹出的快捷菜单中单击“锁定任务栏”选项，即可在锁定任务栏和取消锁定任务栏之间进行切换，在“锁定任务栏”选项前出现“√”号，表示任务栏为锁定状态。

2）设置开始菜单

用户可以在如图 2-6 所示的“任务栏和「开始」菜单属性”对话框的“「开始」菜单”选项卡中设置“开始”菜单的属性。

【第四步】操作 Windows XP 窗口及对话框

1）Windows XP 窗口

Windows XP 以窗口的形式管理各类项目，一个窗口代表着正在执行的一种操作。Windows XP 中的窗口组成基本相同。一个典型的窗口如图 2-7 所示，由标题栏、菜单栏、工具栏、工作区和状态栏等组成，各组成对象的具体功能如表 2-1 所示。

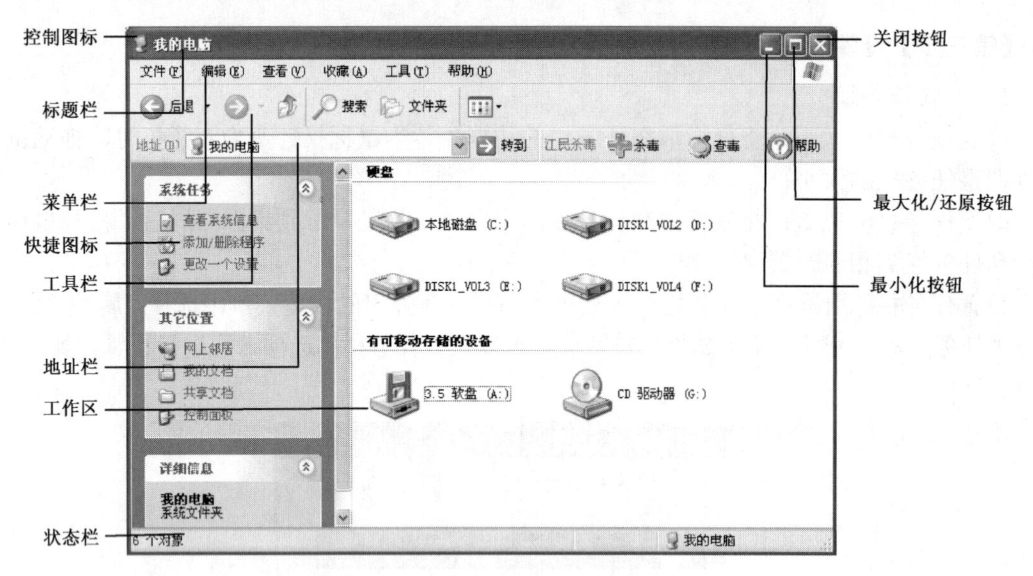

图2-7 Windows XP窗口

表 2-1 Windows XP 中常见窗口区域及对象简介

区域及对象	含 义
控制图标	由一组控制菜单命令组成，通过这些控制菜单命令可以移动窗口、改变窗口大小、最小化、最大化、还原及关闭窗口
标题栏	显示当前窗口所打开的应用程序名、文件夹名及其他对象名称等
菜单栏	由多个下拉菜单组成，每个下拉菜单中又包含了若干个命令或子菜单选项
工具栏	用户常用的命令按钮，每个命令按钮可以完成一个特定的操作
工作区	是系统与用户交互的界面，多用于显示操作结果
状态栏	显示当前操作的状态，通过它可以了解当前窗口的有关信息
最小化按钮	单击该按钮，窗口将被最小化为任务栏中的一个图标
最大化/还原按钮	单击该按钮，窗口将以全屏的方式显示。如果窗口被最大化后，单击还原按钮，可以将窗口恢复到原来大小
关闭按钮	单击该按钮，关闭窗口
滚动条	窗口的底部、状态栏之上可能有一个水平滚动条，在工作区的右边可能有一个垂直滚动条。滚动条是由系统窗口的大小决定的，当窗口的大小不能容纳其中的内容时，窗口中会出现滚动条。通过滚动条，可以浏览窗口中的所有内容

菜单栏上带有下画线的字母，又称为热键，表示在键盘上按【Alt】键和该字母键可以打开该菜单。例如，“查看(V)”菜单项，可以直接按【Alt+V】组合键，打开“查看”菜单。

在计算机操作过程中，有时需要经常调整窗口的大小，而不是简单地最大化或最小化窗口。调整窗口大小的操作步骤如下。

（1）将鼠标指针指向窗口的边框，根据指向位置的不同，鼠标指针会变成如表 2-2 所示的不同形状。

表2-2 调整窗口大小时鼠标指针的形状及其功能

指针在窗口中的位置	指针形状	功能
上、下边框	↕	沿垂直方向调整窗口
左、右边框	↔	沿水平方向调整窗口
四个对角	↘ ↙	沿对角线方向调整窗口
标题栏	✥	拖动标题栏按任意方向移动窗口

（2）按下鼠标左键，并拖动鼠标至适当的位置，然后放开。当将鼠标移到窗口的边角上，指针变为对角双向箭头时，可对窗口的长和宽同时进行缩放。

（3）单击窗口标题栏并按住鼠标左键，拖动窗口可将窗口移到任意位置。

2）Windows XP 对话框

对话框是一种特殊的 Windows 窗口，由标题栏和不同的元素对象组成，用户可以从对话框中获取信息，系统也可通过对话框获取用户的信息。对话框可以移动，但不能改变其大小。

对话框标题栏的右上角有两个按钮，一个是"关闭"按钮，单击它可以关闭对话框；另一个是"帮助"按钮，通过它用户可以获得对话框中有关选项的帮助信息。一个典型的对话框通常由以下元素对象组成，如图2-8所示。

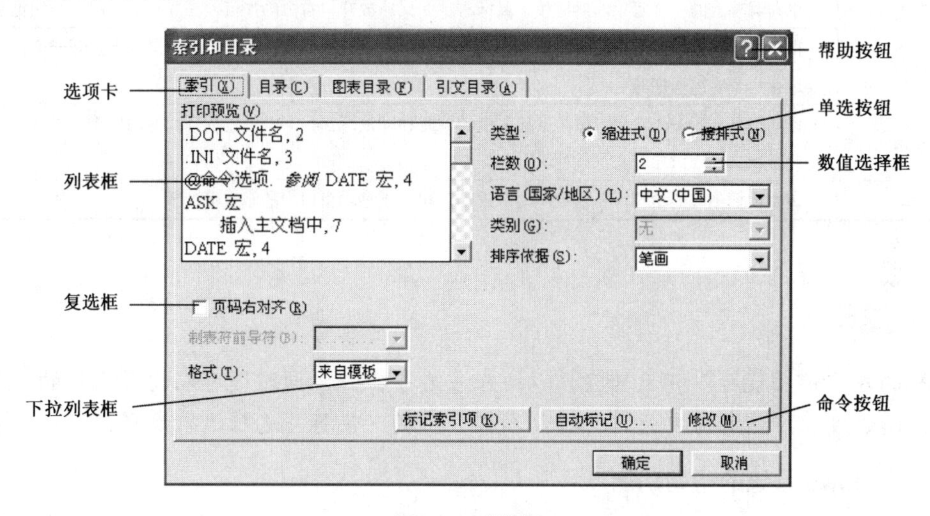

图2-8 对话框

- ✧ 命令按钮：单击命令按钮，能够完成该按钮上所显示的命令功能。例如，"修改"、"确定"、"取消"命令按钮等。
- ✧ 文本框：可以直接输入数据信息。例如，输入名称等。
- ✧ 列表框：直接列出所有的选项，供用户选择其中的一组。
- ✧ 下拉列表框：下拉列表框是一个右侧带有下箭头的单行文本框。单击该箭头，出现一个下拉列表，用户可以从中选择一个选项。
- ✧ 单选按钮：单选项是一个左侧带有一个圆形的选项按钮，有两个以上的选项排列在一起，它们之间相互排斥，只能选定其中的一个。
- ✧ 复选框：复选框是一个左侧带有小方框的选项按钮，用户可以勾选其中的一个或多个选项。

✧ 选项卡：一个选项卡代表一个不同的页面。
✧ 数值选择框：由一个文本框和一对方向相反的箭头组成，单击向上或向下的箭头可以增加或减少文本框中的数值，也可以直接从键盘上输入数值。
✧ 帮助按钮：单击“帮助”按钮，这时鼠标指针带有“?”号，将指针在对话框中的一个元素对象上单击，系统将给出该对象的功能提示信息。

1．鼠标的使用

鼠标是计算机操作中常用的输入设备，目前主要有机械式和光电式两种类型。现在的鼠标除了有左右两个按键外，中间还有一个滚轮，这为操作计算机提供了方便。

人们一般习惯用右手操作鼠标，在桌面上进行拖动，鼠标在屏幕上控制的是一个指针，指针随着鼠标的移动而移动。如表 2-3 所示列出了鼠标的多种操作方法及含义。

表 2-3 鼠标的多种操作方法及含义

操作方法	含义
指向	移动鼠标，将指针移到一个对象上，如指向文件名或文件夹图标
单击	指向屏幕上的一个对象，然后按下鼠标左键并快速放开。一般用于选择一个对象
右击	指向屏幕上的一个对象，然后按下鼠标右键并快速放开。右击操作可以在屏幕上弹出一个快捷菜单
双击	指向屏幕上的一个对象，然后快速连续按下鼠标左键两次。双击操作可以在屏幕上打开一个对话框或运行一个应用程序等
拖动	指向屏幕上的一个对象，按住鼠标左键的同时移动鼠标到另一个位置放开。拖动操作可以选择、移动或复制文件或对象等
滚动	使用鼠标中间的滚轮，在窗口中上下滚动，相当于移动窗口中的垂直滚动条

鼠标的左右键功能可以相互转换，以适应左右手操作；同时还可以设置指针的形状、移动和双击的速度等，这都需要通过“控制面板”中的“鼠标”选项进行设置。

2．Windows 系统的帮助功能

Windows 系统中的应用程序一般都提供帮助功能，通过此功能可以了解相应应用程序的操作方法及功能，或者直接通过单击“开始”按钮，从“开始”菜单中选择“帮助”命令，以打开 Windows 系统的帮助窗口。

3．快捷键的使用

对 Windows 系统的操作一般情况下可以利用鼠标操作来完成，但也支持键盘操作，并提供了一些组合键（快捷键）来快速完成某个功能。

如【F1】键可以打开帮助窗口，【Alt+F4】组合键可以关闭应用程序或关闭 Windows 系统；【Ctrl+Esc】组合键可以打开“开始”菜单；当某个应用程序运行出现异常时，可以利用【Ctrl+Alt+Del】组合键来中断程序的运行。

实战训练

（1）双击桌面上的“我的文档”图标，观察打开的窗口，指出窗口的各组成部分的名称，然后分别单击窗口右上角的、和按钮，观察窗口发生怎样的变化。

（2）通过 Windows XP 桌面，打开“我的电脑”窗口，并完成移动窗口、改变窗口大小、排列窗口（打开多个窗口）、最大化、最小化和关闭窗口等操作。

（3）在“我的电脑”窗口中观察“查看”菜单中哪些菜单能打开对话框，哪些菜单含有下一级菜单。

（4）双击桌面“我的电脑”图标，打开“我的电脑”窗口，分别浏览“文件”菜单和“编辑”菜单，观察其所包含的菜单项以及相应的快捷键。

学习单元2.2　管理文件资料

在计算机操作中，文件和文件夹是用户经常使用的对象，Windows 系统是通过文件来管理数据的。Windows XP 系统提供了资源管理器，帮助用户快速方便地管理和使用文件资源。

通过对本单元的学习，要理解文件和文件夹的概念与作用，并能使用资源管理器对文件等资源进行管理，能进行文件和文件夹的基本操作。

本学习单元的内容将分解为以下两个任务来完成。

- 使用资源管理器；
- 管理文件。

任务 1　使用资源管理器

任务内容

在该任务中我们主要完成以下两个方面的学习。

- 熟悉资源管理器的使用；
- 理解文件和文件夹的概念。

任务分析

通过对本任务的学习，要使读者能够熟练使用 Windows 资源管理器来管理自己的数据资源。本任务主要包括资源管理器，以及文件、文件夹显示属性的设置等内容。本任务分为以下几个步骤进行。

- 打开“资源管理器”；
- 认识“资源管理器”；
- 使用文件夹列表；
- 设置文件与文件夹的显示方式。

任务实施步骤

【第一步】打开“资源管理器”

资源管理器是 Windows 中的一个重要的管理工具，它能同时显示文件夹列表和文件列表，便于用户浏览和查找本地计算机、内部网络及 Internet 上的资源。使用资源管理器可以创建、复制、移动、发送、删除或重命名文件或文件夹。例如，可以打开要复制或移动的文件所在的文件夹，然后将文件拖动到目标文件夹中，这样即实现了文件的复制

打开资源管理器的方法很多，常用的操作方法有以下两种。

（1）单击“开始”→“所有程序”→“附件”→“Windows 资源管理器”命令，打开“资源管理器”窗口，如图 2-9 所示。

（2）右击桌面上“我的电脑”图标或“开始”菜单，从弹出的快捷菜单中，单击“资源管理器”命令，即可打开“资源管理器”窗口。

图2-9 “资源管理器”窗口

可以通过快捷键【Windows+E】打开资源管理器窗口。

【第二步】认识“资源管理器”

资源管理器窗口自上而下依次是标题栏、菜单栏、工具栏、地址栏、列表窗口和状态栏等。

在通常情况下，资源管理器窗口分为左右两个部分，以树状结构显示计算机上的所有资源，如图 2-9 所示。左侧是文件夹列表窗口，一般是按树状结构显示所有的文件夹，它包括本地的磁盘驱动器和网上邻居的可用资源。右侧是列表窗口，单击左侧窗口中的任何一个文件夹，右侧窗口中就会显示该文件夹所包含的所有项目。这样就可以通过浏览窗口找到需要打开的文件夹了。

用户可以方便地调整窗口的大小和位置。操作方式是将鼠标指针移到窗口的边框上，当指针变为双向箭头时，按住并拖动鼠标，可以任意改变窗口的大小。拖动标题栏，可以移动整个窗口的位置。

资源管理器的左右两个窗口可以通过移动中间的分隔条来调整大小。具体操作方法是将鼠标指针指向分隔条，当指针变为“⟷”形状时，按住鼠标左键，左右拖动分隔条，从而调整左右窗口的大小。

【第三步】使用文件夹列表

在资源管理器窗口左侧的文件夹列表中，大部分图标前面都有一个“+”或“–”符号。

✧　“+”：表示该文件夹中还含有子文件夹。

✧　“–”：表示该文件夹是一个被展开的文件夹。

单击“+”号，可以展开该文件夹，显示其所包含的子文件夹，如图 2-9 所示。展开后的文件夹左边的“+”号变为“–”号。单击“–”号可折叠文件夹下的子文件夹，这时的“–”号变为“+”号，如图 2-10 所示。

图2-10　折叠后的文件夹列表

资源管理器窗口中左侧的文件夹列表的显示是可以控制的。单击文件夹列表窗口右上角的×图标，则关闭文件夹列表。关闭文件夹列表后，单击“查看”→“浏览器栏”→“文件夹”命令，可以重新显示文件夹列表，点击地址栏上方的“文件夹”按钮也可实现相同的功能。

在 Windows 中可以同时打开多个窗口，但某一时刻只有一个窗口是活动的。如果要在不同窗口之间进行切换，除了单击任务栏中各窗口的任务条外，还可以使用【Alt+Tab】组合键进行切换。

【第四步】设置文件与文件夹的显示方式

在资源管理器中，通过“查看”菜单中的“缩略图”、“平铺”、“图标”、“列表”和“详细信息”选项（如图 2-11 所示），可以设置一种文件或文件夹的显示方式。如果文件夹中含有图片格式的文件（如 bmp、jpg 等），“查看”菜单中还会包含“幻灯片”选项。以“图标”方式和以“列表”方式显示文件及文件夹的区别如图 2-11 和图 2-12 所示。

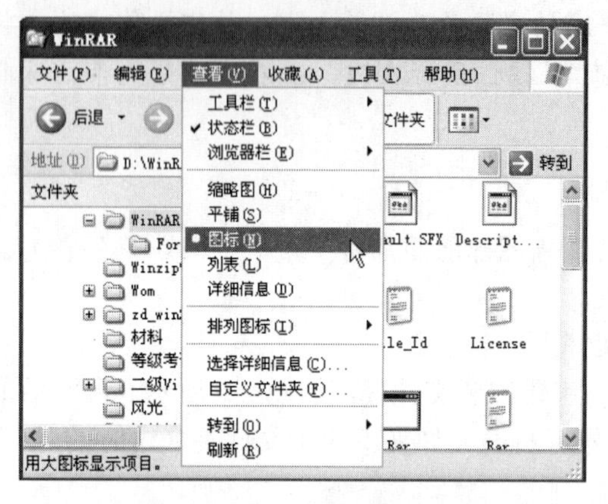

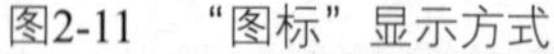
图2-11　“图标”显示方式

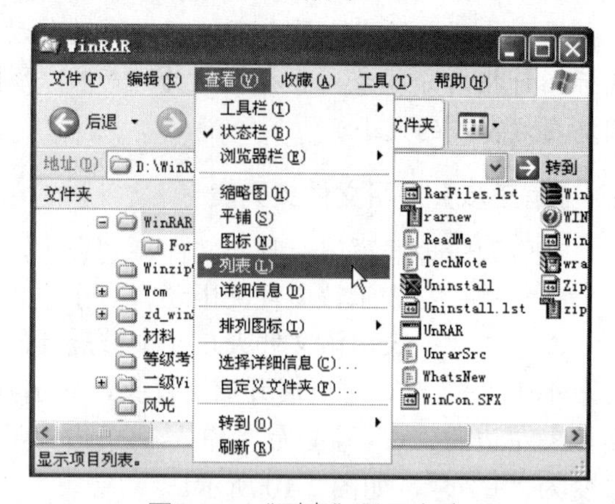

图2-12　“列表”显示方式

如果要尽可能多地显示文件和文件夹，可以选择“列表”方式。如果要更详细地查看文件的信息，如文件大小、类型、建立或修改时间等，可以选择“详细信息”方式。“缩略图”方式能比较直观地以缩略图显示文件和文件夹，一般用于显示图片类文件，以便用户快速查看图片。

1．文件及文件系统

文件是数据信息在计算机磁盘上的组织形式，是具有某种相关信息的集合。任何数据要存储在磁盘上都必须以文件的形式进行保存。为了区分不同的文件，必须给每个文件命名，主要命名规则有以下几点。

（1）文件名最长可以使用 255 个字符（一个汉字相当于两个字符），不推荐使用很长的文件名。

（2）文件名一般由名字（前缀）和扩展名（后缀）两部分组成。名字和扩展名之间用“.”分开，扩展名一般表示文件的类型。例如，文件名“myfile.doc”，其中“myfile”是文件名的前缀，“doc”是后缀，这说明它是一个 Word 文档。可以使用多间隔符的扩展名，如 win.ini.tex 是一个合法的文件名，但其文件类型由最后一个扩展名决定。

（3）文件名中允许使用空格，但不允许使用下列字符：尖括号“<>”、正斜杠“/”、反斜杠“\”、竖杠“|”、冒号“:”、双撇号“””、星号“*”、问号“?”等。

（4）Windows 系统对文件名中字母的大小写在显示时有不同，但在使用时不区分大小写。

（5）在同一个文件夹下不能有同名的文件（文件名和扩展名完全相同）。

（6）在查找文件名时可以使用通配符“*”和“?”。前者代表任意个任意字符，后者代表任意一个字符。

在 Windows XP 中，文件可以划分为多种类型，如文本文件、程序文件、图像文件、多媒体文件和数据文件等，每一个文件都对应相应的图标，如表 2-4 所示。

表 2-4　Windows XP 中常见的文件扩展名及其图标

图　标	扩 展 名	文 件 类 型	图　标	扩 展 名	文 件 类 型
	doc	Word 文档文件		xls	Excel 电子表格文件
	html	HTML 文件		txt	文本文件
	bmp	位图文件		avi	视频剪辑文件
	exe	程序文件		ppt	PowerPoint 幻灯片文件
	mdb	Access 数据库文件		dbf	Visual FoxPro 数据表文件

小提示

在 Windows XP 中，用户可以为文件或文件夹设置 3 种属性，分别为“只读”、“隐藏”和“存档”。右击文件或文件夹，在弹出的快捷菜单中选择“属性”命令，就会弹出“属性”对话框，可以在该对话框中对其属性进行设置。文件的默认属性是“存档”，在 NTFS 文件系统中不显示该属性；“只读”表示文件只能读取，但不能被修改，主要是起保护文件数据的作用；“隐藏”表示文件在“不显示隐藏的文件和文件夹”条件下可以被隐藏起来，也可以保护文件数据。

操作技巧

通常情况下，在文件夹窗口中显示的文件只包含图标和文件名（不含扩展名）。如果要显示文件的扩展名，可单击“文件夹”窗口菜单中的“工具”→“文件夹选项”命令，在弹出的“文件夹选项”对话框的“查看”选项卡中取消“隐藏已知文件类型的扩展名”前的对钩，如图 2-13 所示。关闭“文件夹选项”对话框，在文件夹窗口中列出的文件即包含了图标、文件名和扩展名。

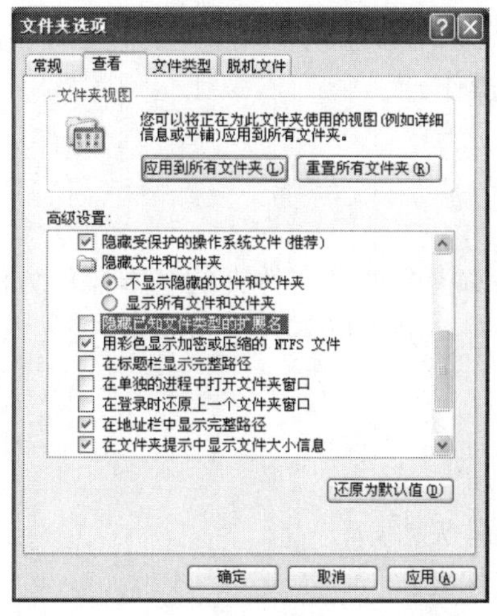

图2-13　“文件夹选项”对话框

2．文件夹

计算机有成千上万的各种类型的文件，为便于统一管理这些文件，通常要对这些文件进行分类和汇总。Windows 中引进了文件夹的概念对文件进行管理。文件夹可以看成是存储文件的容器，以图形界面（图标）呈现给用户。如表 2-5 所示列出了常见的文件夹图标。

表 2-5　Windows XP 中常见的文件夹图标

图　　标	文件夹类型	图　　标	文件夹类型
	“我的视频”文件夹		“图片收藏”文件夹
	“我的音乐”文件夹		“我的文档”文件夹
	共享文件夹		用户文件夹

在 Windows XP 中常见的文件夹用图标来表示，但还提供了特殊的文件夹，如表 2-5 中所示的文件夹。用户在使用计算机时，一般要建立多个文件夹，分别存储不同类型的文件，文件夹没有扩展名，命名规则同文件的命名规则基本相同。

实战训练

（1）打开“我的文档”文件夹，查看它包含哪几种不同类型的文件夹图标?

（2）在“资源管理器”窗口中展开一个文件夹，再分别使用“查看”菜单中的“名称”、“类型”、“大小”和“修改时间”选项排列图标，观察窗口文件列表的排列方式有何不同。

（3）启动“资源管理器”，以“缩略图”的方式查看 D 盘 Picture 文件夹下的所有图片文件，并显示文件的扩展名。

任务 2　管理文件

在该任务中我们主要完成以下任务的学习。

➢ 文件及文件夹的基本操作。

任务分析

通过对本任务的学习，要掌握文件及文件夹的基本操作方法，如文件及文件夹的创建、选择、复制和删除等操作。本任务分为以下几个步骤进行。

✧ 新建文件和文件夹；
✧ 重命名文件和文件夹；
✧ 选择文件或文件夹；
✧ 复制、移动文件和文件夹；
✧ 删除与恢复文件和文件夹。

任务实施步骤

【第一步】新建文件和文件夹

用户可以创建自己的文件，并通过文件夹来分类管理各类文件。创建文件可以通过应用程序来创建相应的文件。例如，使用 Word 创建自己的文档，该文档的扩展名为 doc。使用应用程序建立的文件扩展名一般由系统默认指定，用户也可以不通过运行应用程序而直接建立文件，操作步骤如下。

（1）打开要新建文件的文件夹窗口，在窗口的空白处右击，从弹出的快捷菜单中选择要建立的文件类型。也可以单击“文件”→“新建”命令，选择要建立文件的类型。例如，选择“Microsoft Word 文档”选项，如图 2-14 所示。

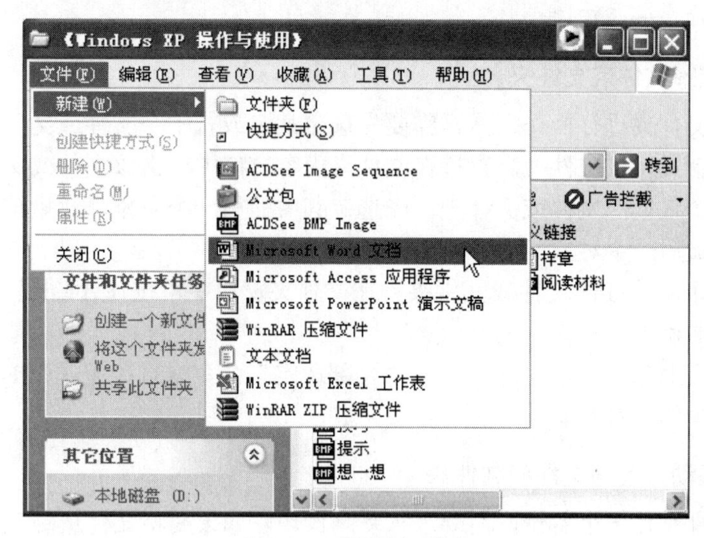

图2-14　“新建”菜单

（2）此时在窗口中出现一个新建文件名，用户可以重新命名该文件，按回车键确定。

（3）用同样的方法，选择“新建”→“文件夹”命令，也可以创建一个文件夹。

（4）利用上述方法完成下列创建操作：

✧ 在 D 盘根目录中创建“Student”文件夹；

✧ 在“Student”文件夹中创建“图片”文件夹和“数据”文件夹；

✧ 在“图片”文件夹中新建文件“青岛.bmp”和“学生信息.doc”；

✧ 在“数据”文件夹中新建“成绩.doc”文件。

小提示

用户要打开文件或文件夹，应先选中该文件或文件夹，然后单击“文件”菜单中的“打开”命令，也可以双击文件或文件夹，打开相应的文件或文件夹。

【第二步】重命名文件和文件夹

在操作过程中，有时需要对文件或文件夹进行重命名。重命名文件或文件夹的操作方法如下。

（1）在“资源管理器”窗口中选定要重命名的文件或文件夹，如选择“Student”文件夹。

（2）单击“文件”→“重命名”命令，或再一次单击该文件或文件夹，文件或文件夹名将处于被编辑状态。

（3）输入新名称“学生”，然后按【Enter】键确认。

（4）用同样的方法完成以下重命名操作：

✧ 将“青岛.bmp”文件更名为“北京.bmp”；

✧ 将“数据”文件夹重命名为“学生数据”。

Windows XP 中可以一次对多个文件或文件夹进行重命名。选中多个要重命名的文件或文件夹，重命名其中的一个文件或文件夹名后，如输入文件名为 music，其他文件名依次自动命名为 music(1)、music(2)等。

【第三步】选择文件或文件夹

要对文件或文件夹进行操作，常常需要先选定某个或若干个文件或文件夹。

（1）选定单个文件或文件夹。直接在文件夹内容窗口中单击该文件或文件夹即可。

（2）选定多个连续的文件或文件夹。先选定其中的第一个对象，然后按住【Shift】键不放并单击其中的最后一个对象。

（3）选择多个不连续的文件或文件夹。在文件夹窗口中，按住【Ctrl】键不放依次单击需要选定的对象即可。

（4）选定所有对象。单击“编辑”→“全部选定”命令或直接按【Ctrl+A】组合键即可选定当前文件夹中的所有对象。

【第四步】移动、复制文件和文件夹

如果要为文件制作一个备份，需要进行复制操作。如果要将文件从磁盘的一个位置移到另一个位置，需要进行移动操作。Windows 中复制和移动文件或文件夹是经常用到的一种操作。

1）复制文件或文件夹

为了避免计算机中重要数据的损坏或丢失，有时也为了随身携带方便（如闪存、移动硬盘），需要对指定的文件或文件夹中的数据进行复制。

复制文件或文件夹的方法很多，使用菜单方式复制文件或文件夹的操作步骤如下。

（1）打开“资源管理器”，选定要复制的文件或文件夹，如选择“图片”文件夹下的“北京.bmp”文件。

（2）单击“编辑”→“复制”命令，如图 2-15 所示，然后打开要复制文件或文件夹的目标位置，此处选择“学生数据”文件夹。

（3）单击“编辑”→“粘贴”命令，完成复制操作，将“北京.bmp”复制到“学生数据”文件夹中。

在同一个文件夹内复制文件或文件夹，系统会自动在复制的文件或文件夹名前加上“复件”二字。复制操作后的源文件或文件夹不会发生任何变化。

2）移动文件或文件夹

移动文件或文件夹与复制文件或文件夹的操作类似，但结果不同。移动操作是将文件或文件夹移动到目标位置上，同时在原来的位置上删除移动的源文件或文件夹。

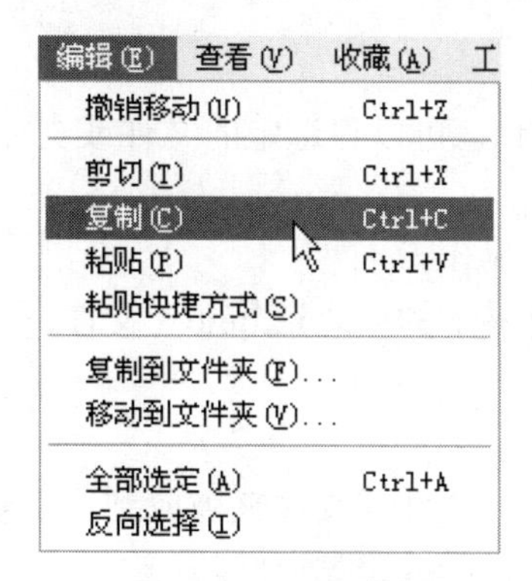

图2-15 “编辑”菜单

移动文件或文件夹的方法很多，使用菜单方式移动文件或文件夹的操作步骤如下。

（1）打开“资源管理器”，选定要移动的文件或文件夹，如“学生信息.doc”文件。

（2）单击“编辑”菜单中的“剪切”命令，然后打开要移动文件或文件夹的目标位置，如“学生数据”文件夹。

（3）单击“编辑”菜单中的“粘贴”命令，完成移动操作，将“学生信息.doc”文件移动到“学生数据”文件夹中。

将选定的文件或文件夹复制或移动到其他文件夹中，还有一种简便的操作方法，即选中要复制或移动的文件或文件夹，单击“编辑”→“复制到文件夹”或“移动到文件夹”命令，然后从打开的“复制项目”或“移动项目”对话框中选择要复制或移动的目标文件夹，单击“复制”或“移动”按钮即可。如果目标文件夹不存在，还可以新建一个文件夹。

另外还可以通过快捷键完成复制和移动的操作。其中复制的快捷键为【Ctrl+C】，剪切的快捷键为【Ctrl+X】，粘贴的快捷键为【Ctrl+V】。

【第五步】删除与恢复文件和文件夹

在计算机的使用过程中，应及时删除不再需要的文件或文件夹，以释放磁盘空间，提高运行效率。

1）删除文件或文件夹

删除文件或文件夹的方法很多，常用的删除文件或文件夹的操作步骤如下。

（1）选定要删除的文件或文件夹。

（2）单击“文件”→“删除”命令，或单击【Del】键，打开“确认文件删除”对话框，如图 2-16 所示。

图2-16 “确认文件删除”对话框

（3）确定删除后，单击“是”按钮，被删除的文件或文件夹即被放入“回收站”；否则单击“否”按钮，取消删除操作。

另外，在删除文件或文件夹时，可以将选定的文件或文件夹直接拖放到桌面的“回收站”中，这时系统不给出提示信息。

（4）利用上述方法完成以下操作：

✧ 删除“学生数据”文件夹下的“北京.bmp”文件；

✧ 删除“图片”文件夹。

2）恢复文件或文件夹

在系统默认的状态下，删除的文件或文件夹被放到了回收站，并没有被真正删除，只有在清空回收站时，才能彻底删除，释放磁盘空间。

如果发现错删了文件或文件夹，可以利用“回收站”来还原，这样可以挽救一些误删除的操作。还原文件或文件夹的操作步骤如下。

（1）打开回收站，选择要还原的文件或文件夹，如“图片”文件夹。

（2）单击“文件”→“还原”命令，或单击鼠标右键，在弹出的快捷菜单中单击“还原”命令，则可将回收站“图片”文件夹恢复到原来的位置。

按下【Shift】键后再进行删除操作，系统将删除所选中的文件，而且不将其放入回收站，也不能将其恢复。这是一种简便快捷的物理删除操作。

1．回收站

Windows 系统为用户设置了“回收站”，用来暂时存放用户删除的文件，对误删除操作进行保护。从硬盘删除任何项目时，Windows 都会将该项目放在“回收站”中，而且“回收站”的图标从空更改为满。从软盘或网络驱动器中删除的项目不能发送到回收站，而是被永久删除。

2．文件或文件夹的搜索

如果用户要快速在文件、文件夹、计算机、网上用户或因特网上定位所需要的文件或文件夹，可以使用 Windows XP 为用户提供的搜索文件或文件夹的查找工具。

Windows XP 提供了多种搜索文件或文件夹的方法，下面介绍常用的搜索方法。

（1）在资源管理器窗口中，单击地址栏上方的“搜索”按钮，或打开“开始”菜单，单击其中的“搜索”命令，出现如图 2-17 所示的“搜索助理”栏。

（2）根据要搜索的内容，选择相应的选项。例如，选择“图片、音乐或视频”，打开如图 2-18 所示的“图片、音乐或视频”栏。

（3）可以搜索一个类型的所有文件，或按名称进行搜索。例如，要搜索文件名中含有“海”字的所有文件，在“全部或部分文件名”文本框中输入“海”，如图 2-18 所示。如果需要设置其他选项，可以单击“更多高级选项”复选框，打开如图 2-19 所示的选项，单击“在这里寻找”下拉列表框，可以选择文件存在的位置。

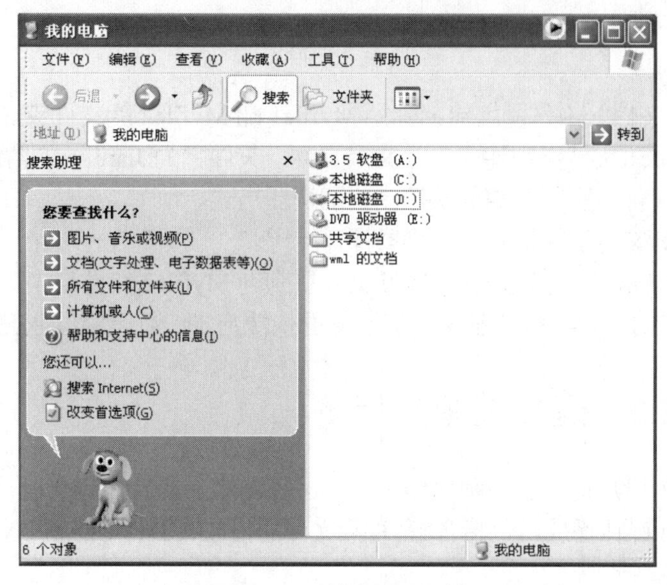

图2-17　“搜索助理”栏

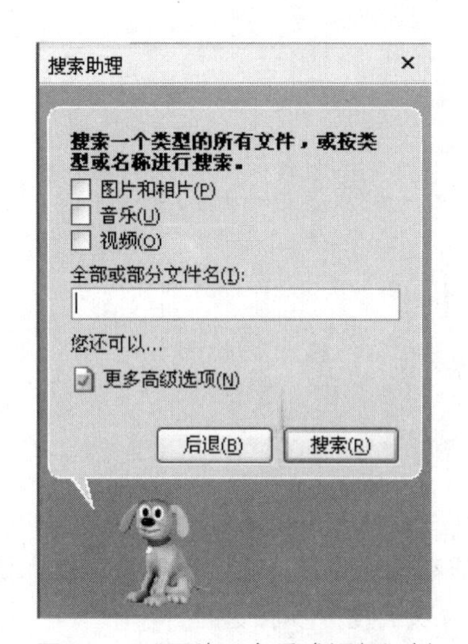

图2-18　“图片、音乐或视频”栏

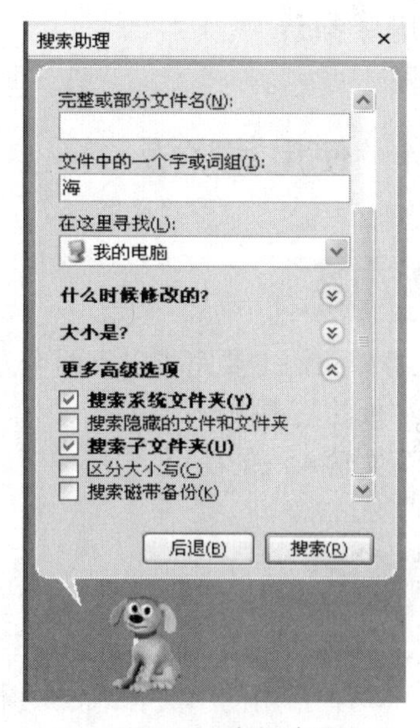

图2-19　高级选项

（4）单击“搜索”按钮，开始搜索，搜索结果显示在右侧的窗口中。

如果搜索的文件过多，应尽量使用搜索选项，这样可以通过设置条件以缩小搜索范围，提高搜索的速度。

在查找文件或文件夹时，可以使用通配符“*”或“?”。一个“*”可以代替多个字符，一个“?”只代替一个字符。例如，输入“FILE*”，则可以搜索到以“FILE”开头的所有文件或文件夹名。

实战训练

（1）在“我的文档”中分别创建名称为 Myfile1 和 Myfile2 的文件夹。
（2）在该 Myfile1 文件夹中建立一个文本文件，文件名为 Jianli，内容自定。
（3）对 Jianli 文件分别创建桌面快捷方式和快捷方式。
（4）双击 Jianli 文件的快捷方式，观察操作结果。
（5）至少采用 3 种不同的方法将 Jianli 文件复制到 Myfile2 文件夹中。
（6）删除 Myfile1 和 Myfile2 的文件夹及桌面快捷方式，并清空回收站。

学习单元2.3 建立简单文档

Windows XP 为用户提供了多种媒体工具，这些媒体工具包括写字板、记事本、计算器、画图及媒体播放器。媒体播放器包括音频、视频文件的播放、CD、VCD 和 DVD 的播放、Internet 媒体的播放等。

本学习单元的内容将分解为以下两个任务来完成。

- 使用写字板；
- 画图。

任务 1 使用写字板

任务内容

在该任务中我们主要完成以下两个方面的学习。

➢ 写字板的基本操作；
➢ 中英文输入法的使用。

任务分析

通过对本任务的学习，使读者了解写字板的基本操作方法，能进行中英文输入法的切换，并熟练掌握一两种常用的中文输入法。本任务分为以下几个步骤进行。

✧ 使用写字板；
✧ 中英文输入法。

任务实施步骤

【第一步】使用写字板

Windows 提供了两个文字处理程序：记事本和写字板。每个程序都提供了基本的文本编辑功能，但写字板的功能比记事本的功能更强大。在写字板中不仅可以创建和编辑简单文本文档或有复杂格式和图形的文档，还可以将信息从其他文档链接或嵌入写字板文档。可以将使用写字板建立或编辑的文件保存为文本文件、多信息文本文件、MS-DOS 文本文件或者 Unicode文本文件。

启动写字板的操作方法是：单击“开始”→“所有程序”→“附件”→“写字板”命令，打开如图 2-20 所示的“写字板”窗口。

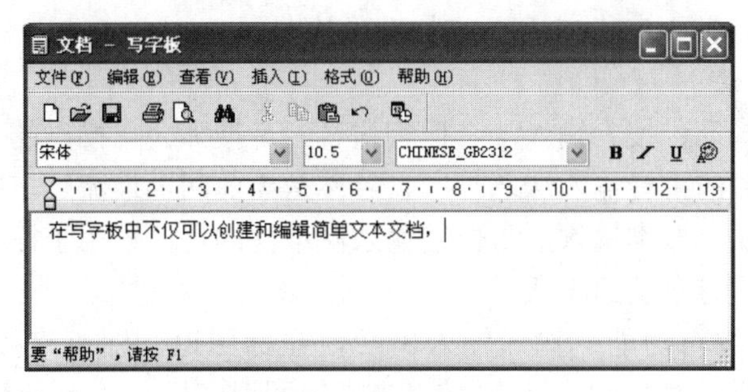

图2-20 “写字板”窗口

启动写字板后是一个默认格式的空白文档，用户可以直接输入文本并进行编辑，也可以打开一个文档。当编辑文档结束后，可以保存所创建的文档。编辑文档最基本的操作有剪切、复制、粘贴或删除文本，段落缩进，字体、字形或大小的设置，将对象链接或嵌入到写字板中，打印文档等。

通过单击“文件”菜单，然后单击“新建”、“打开”或“保存”命令，可以创建、打开和保存写字板文档，其保存文档的默认格式为 TRF 格式。

【第二步】中英文输入法的使用

利用写字板创建文档后，用户便可以直接输入编辑文本了。

当然，对于广大的中国计算机用户来说，除了英文及英文输入外，在计算机使用过程中更离不开中文及中文输入。熟练使用中文输入是衡量一个用户对计算机操作熟练程度的标准之一。到目前为止，已经有成百上千种中文输入法，在中文 Windows XP 系统中使用的中文输入法很多，目前常见的有搜狗拼音输入法、谷歌拼音输入法、微软拼音输入法、智能 ABC 输入法、全拼、郑码、增强区位输入法，还可以使用外挂的五笔字型输入法（王码）、紫光拼音输入法等。

1）微软拼音输入法

微软拼音输入法 2007 是微软拼音输入法的最新版本，已随 Office 2007 一起发布。改进了自学习功能，可以自动快速地学习未收录的新词，如人名、地名、网络用语或专业词汇。特别推出网络流行词汇，海量网络新词一网打尽，大大提高了网络常用语的输入准确率。

使用微软拼音输入法时，输入的汉字拼音之间无须用空格间隔，输入法可自动切分相邻汉字的拼音。如果在列出的汉字中没有需要的字，可以通过单击翻页按钮或使用键盘上的【]】、【=】或【Page Down】键向前翻阅；按【[】、【-】或【Page Up】键向后翻阅。

为加快汉字的输入速度，应尽可能使用词组进行输入。输入词组时一次将词组中所有汉字的汉语拼音全部输入，然后再按空格键。这时会在候选窗口中出现相应的词组列表，选择需要的词组即可。

当用户连续输入一连串汉语拼音时，微软拼音输入法会通过语句的上下文自动选取最合适的字词。但有时自动转换的结果与用户希望的有所不同，以致出现错字、错词。这时可以使用光标键将光标移到错误字词处，在候选窗口中选择正确的字词，修改完后按【Enter】键确认。

使用微软拼音输入法时，如果词库中没有所输入的词组，这时可以逐个字选择，当输入一次该词组后，它会自动加入到词库中，以后再输入该词组时，该词组会出现在列表中。

例如，若要输入“青岛国际啤酒节”则可以在写字板中单击鼠标后，连续输入“qingdaoguojipijiujie”，按下空格或【Enter】键确认即可。

2）*搜狗拼音输入法*

搜狗拼音输入法（简称搜狗输入法、搜狗拼音）是搜狐公司推出的一款汉字拼音输入法软件，是目前国内主流的拼音输入法之一。它号称是当前网上最流行、用户好评率最高、功能最强大的拼音输入法。搜狗输入法与传统输入法不同的是，采用了搜索引擎技术，是第二代的输入法，输入速度有了质的飞跃。

人性化的候选项编辑功能：输入输入串后，光标回退，即可直接编辑候选，如输入“sogoushurufa”，首选为“搜狗输入法”，按左方向键回退光标至“sogou”与“shurufa”之间，“搜狗”不变，可以直接通过选词编辑“shurufa”匹配的选项。

英文输入法：支持嵌入显示模式，可直接按首选补全，并且支持通配符功能，可以用“*”替代遗忘的单词字母，也可以快速输入长词，如想输入“hello”，可直接输入“he*o”，此时“*”代表了“ll”；类似“especially ”的长词，只需要输入“es*y”即可快速得到所需候选。

智能模糊音：输入法智能判断用户是否可能需要模糊音并会在右上方给出模糊音候选，如误输“guanglong”，“光荣（rong）”会在输入栏右上方提示；如果用户选择了“光荣（rong）”，下一次可以直接通过“guanglong”输入“光荣（rong）”词。

3）*五笔字型输入法*

五笔字型输入法是众多输入法中的一种，它采用了字根拼形输入方案，即根据汉字组字的特点，将汉字的基本笔画分为横、竖、撇、捺、折 5 种，并把一个汉字拆成若干字根，用字根输入，然后由计算机拼成汉字。例如，“明”字由“日”和“月”构成，“日”和“月”为字根。目前最具代表性的有王码五笔，另外还有陈桥五笔、万能五笔、极品五笔等。

1．输入法选择

Windows XP 默认的是英文输入状态。单击任务栏右下角的 EN 按钮，弹出如图 2-21 所示的菜单，可以在中英文之间进行切换。在中文输入状态下，单击“输入法”按钮，可以弹出如图 2-22 所示的中文输入法列表。此时，只需单击所需的输入法，即可选择相应的中文输入法，系统会同时在桌面右下角显示输入法的状态条，如图 2-23 所示为搜狗拼音输入法的状态条及各按钮的作用。

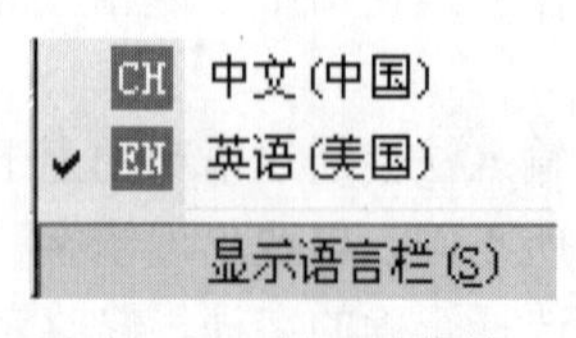

图2-21　输入法菜单

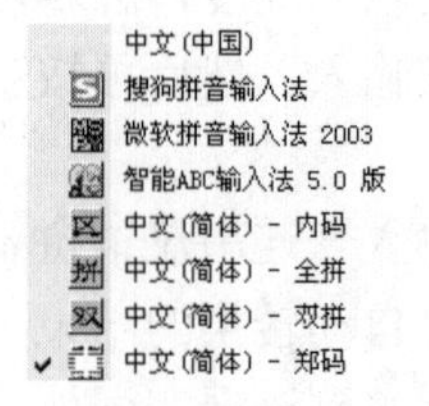

图2-22　中文输入法列表

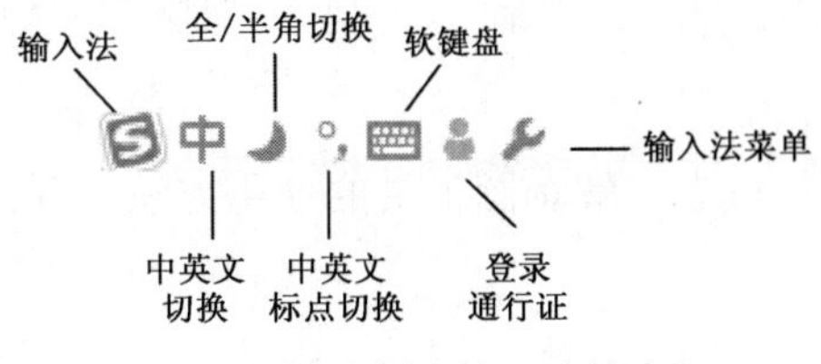

图2-23 搜狗拼音输入法状态条

按【Ctrl+空格】组合键可以实现中、英文输入法的切换，按【Ctrl+Shift】组合键可以在各种输入法之间转换。

2. 汉字编码方法

1）汉字的输入

为统一标准，1980 年我国公布了《信息交换用汉字编码字符集基本集》(GB2312—80)。在此方案中，共收录了 6 763 个常用汉字，其中较常用的 3 755 个汉字组成一级字库，按拼音顺序排列；其余 3 008 个汉字组成二级字库，按部首顺序排列。有了这个基本集，就可对这汉字集内的每个汉字编成相应的一组英文或数字代码，使其能直接使用西文键盘输入汉字。

2）汉字的存储

在实际汉字系统中，都是用两个字节来表示一个汉字的，即一个汉字对应两个字节的二进制码。也就是说，用两个字节对汉字进行编码，这样可将汉字编入标准汉字代码中，输入计算机的就是这两个字节的汉字代码，存储亦然。

3）汉字的输出

在微机上，大多数的文字或图形的形状都是用“点”来描述的。存储这些点由 1 和 0 来实现，输出时，计算机把 1 解释成“有点”，把 0 解释为“无点”。这样，汉字的点阵数据就与屏幕上的图形对应起来了。

实战训练

打开写字板，使用搜狗拼音输入法或其他输入法，输入如下一段文字，然后保存起来。

极光是一种大气光学现象。当太阳黑子、耀斑活动剧烈时，太阳发出大量强烈的带电粒子流，沿着地磁场的磁力线向南北两极移动，它以极快的速度进入地球大气的上层，其能量相当于几万或几十万颗氢弹爆炸的威力。由于带电粒子速度很快，碰撞空气中的原子时，原子外层的电子便获得能量。当这些电子获得的能量释放出来，便会辐射出一种可见的光束，这种迷人的色彩就是极光。

任务 2 画图

在该任务中主要学习画图工具的使用。

任务分析

通过对本任务的学习，使读者了解画图工具的使用方法，并能进行简单的图片处理。本任务分为以下几个步骤进行。

✧ 启动画图程序；

✧ 创建及处理图片。

任务实施步骤

【第一步】启动画图程序

画图是一个位图编辑工具，有很强的图形绘制和编辑功能，可以编辑或绘制各种类型的位图（.bmp）文件。使用画图工具可以绘制出各种多边形、曲线、圆形等标准图形，还可以处理图片（如.jpg、.gif 文件），查看和编辑扫描好的照片，既可以将画图中的图片粘贴到其他文档中，也可以用做桌面背景，还可以在图形中插入文本，进行剪切、粘贴、旋转等操作，甚至还可以使用画图程序以电子邮件形式发送图形，使用不同的文件格式保存图像文件。

启动画图程序的操作方法是，单击“开始”→“所有程序”→“附件”→“画图”命令，打开如图 2-24 所示的“画图”窗口。

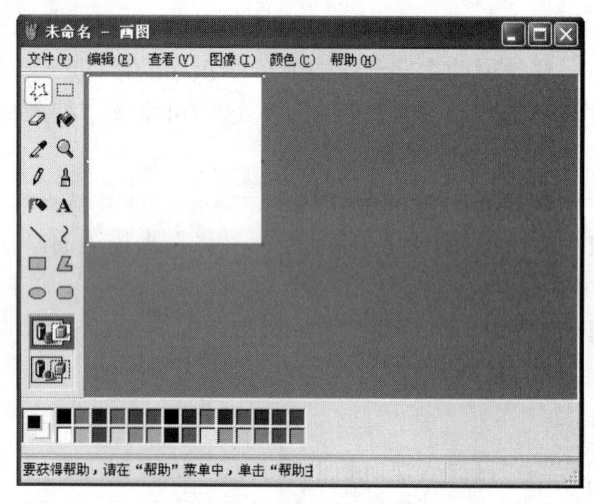

图2-24 “画图”窗口

【第二步】创建及处理图片

画图程序窗口的左侧两列是由许多工具按钮组成的绘图工具箱，下方是颜料盒，又称调色板，含有多种可用的颜色，可用于图形填色、填充模式选择和背景设置等。

绘图工具箱中由 16 个绘图工具和 1 个辅助选择框组成，其中辅助选择框中提供的选项内容对应所选择的绘图工具。辅助选择框中一般提供可供选择的线条粗细、点的大小、填充方式或绘图模式等。通过这些绘图工具可以完成绘图、编辑和修改等操作。

画图程序除了可以绘制一些简单的图形之外，还可以作为编辑器，对一些图片进行编辑，甚至可以对图片的颜色进行设置，以使图片更加美观。在复制、移动图片区域之前必须先选定要复制或移动的区域。选定区域可以使用选取和任意形状剪裁工具。处理图像包括对图片进行翻转/旋转、拉伸/扭曲、反色、设置属性等操作。

在使用直线、矩形、椭圆和圆角矩形工具按钮的过程中，如果按住【Shift】键不动，则分别只能绘制水平线（垂直线、45 度角倾斜直线）、正方形、圆和圆角正方形。

实战训练

（1）使用画图程序打开一幅图片，将图片分别进行水平翻转、垂直翻转及按一定角度旋转。

（2）使用画图程序绘制一个奥运五环标记。

学习单元2.4　管理计算机

控制面板是 Windows 系统提供给用户的一组应用程序工具集，利用其中的工具，用户能根据自己的喜好和实际需要，对计算机的系统资源进行相应的设置，以便更方便、更有效地使用计算机。

本单元将通过对计算机软/硬件资源的设置操作，使读者了解控制面板的功能。学习内容包括使用控制面板配置系统（如显示属性、鼠标、输入法的设置），安装和卸载应用软件，添加打印机等外部设备驱动程序，以及压缩工具软件的使用等。

本学习单元的内容将分解为以下两个任务来完成。

- 设置系统属性；
- 软件的安装与卸载。

任务 1　设置系统属性

任务内容

在该任务中我们主要完成以下两个方面的学习。

➢ 控制面板的功能；
➢ 利用控制面板配置系统的基本方法。

任务分析

通过对本任务的学习，使读者熟悉利用控制面板设置系统属性的基本方法，包括桌面、鼠标等属性的设置。本任务分为以下几个步骤进行。

✧ 认识“控制面板”窗口；
✧ 设置鼠标和键盘；
✧ 美化桌面。

任务实施步骤

【第一步】认识“控制面板”窗口

Windows XP 系统中的控制面板提供了丰富的专门用于更改 Windows 外观和行为方式的工具。单击“开始”→“控制面板”命令，即可打开“控制面板”窗口，其中包含了多个进行系统设置的应用程序图标，双击相应的图标即可启动相应的应用程序进行设置。

可以通过“切换到分类视图”选项在控制面板的经典视图和分类视图间进行切换，如图 2-25 和图 2-26 所示。

图2-25 “控制面板”的经典视图窗口

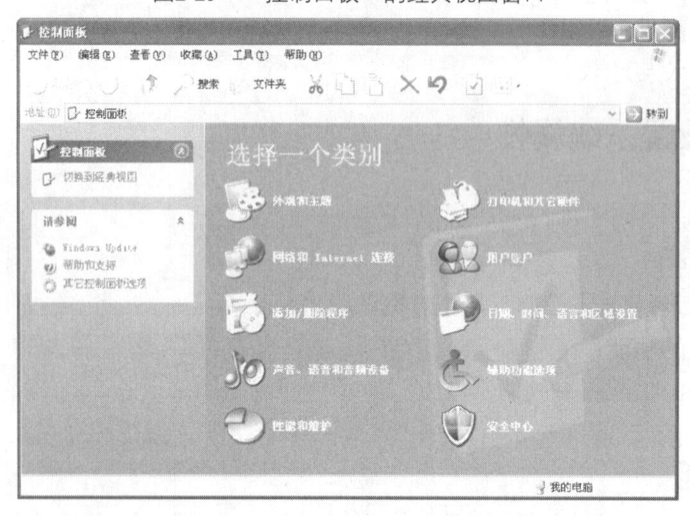

图2-26 “控制面板”的分类视图窗口

【第二步】设置键盘和鼠标

1）键盘的设置

双击“控制面板”窗口中的“键盘”图标，打开“键盘 属性”对话框，如图 2-27 所示，用户可以通过调节滑块来设置字符重复的延缓时间和速度，以及光标闪烁的速度等。

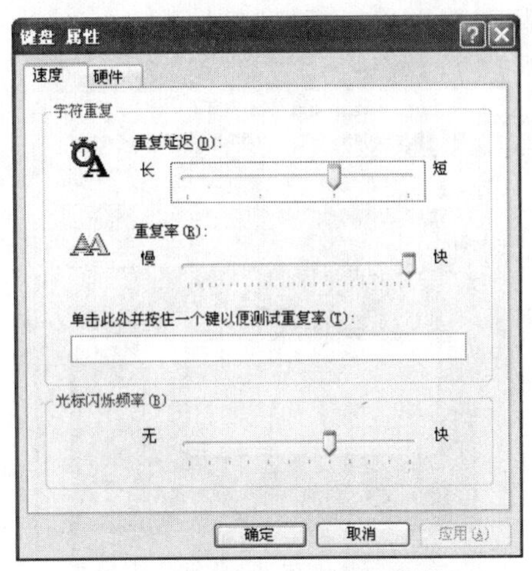

图2-27　“键盘 属性”对话框

2）鼠标的设置

由于 Windows 是图形界面的操作系统，在计算机操作过程中，离开鼠标极不方便。Windows XP 进一步增强了鼠标的控制功能，如可以配置左右手习惯、双击速度、单击锁定、鼠标指针形状和移动速度等，这些都可通过鼠标属性来设置。

双击“控制面板”窗口中的“鼠标”图标，打开“鼠标 属性”对话框，如图 2-28 所示，可以在各个选项卡中设置鼠标的相应属性。

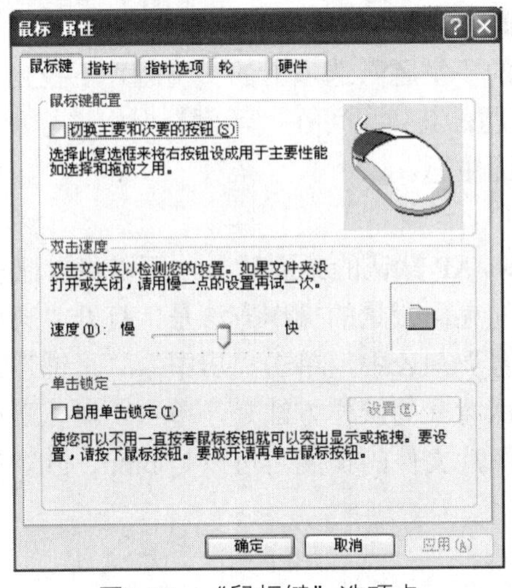

图2-28　“鼠标键”选项卡

鼠标和键盘的设置还可以通过双击“控制面板”分类视图中的“打印机和其他硬件”图标来实现。

【第三步】美化桌面

一个美丽的桌面能给人一种美的感受，同时可以体现用户的个性。Windows XP 个性化的桌面能够使用户操作简捷、方便，提高工作效率。

双击“控制面板”中的显示图标，或在桌面的空白处单击鼠标右键，单击快捷菜单中的

“属性”命令，都会打开“显示 属性”对话框，如图 2-29 所示。

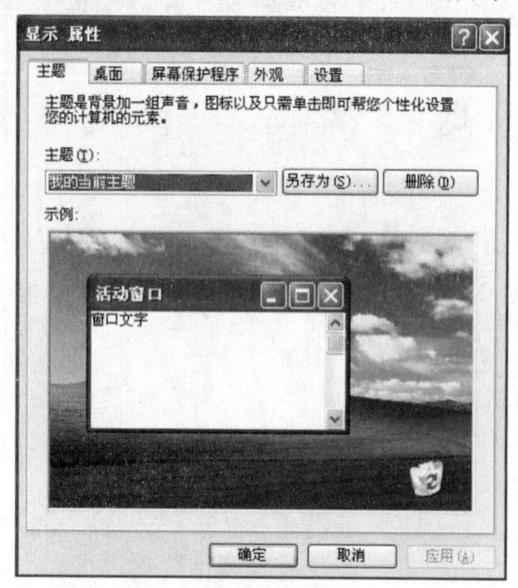

图2-29 “显示 属性”对话框

在“显示 属性”对话框中，可以对桌面的主题、背景、屏幕保护程序、外观、屏幕的分辨率及颜色进行设置。

1）设置桌面主题

桌面主题是指系统为用户提供的桌面配置方案，包括图标、字体、颜色、声音事件及其他窗口元素，它使用户的桌面具有统一且与众不同的外观。用户可以切换主题、创建自己的主题，或者恢复传统的 Windows 经典外观作为主题。

在“显示属性”对话框的“主题”选项卡的“主题”下拉列表中，选择一个主题，如选择“Windows 经典”作为主题，其效果可在“示例”框中进行预览。单击“应用”按钮，则使用所选择的主题为当前桌面主题。

2）设置桌面背景

用户如果不喜欢 Windows XP 默认的桌面背景，可以将自己喜欢的图片作为桌面背景。

选择 Windows XP 提供的桌面背景的操作方法是，打开“桌面”选项卡，单击“背景”列表中的某一图片，在“位置”列表中，单击“居中”、“平铺”或“拉伸”。

选择自己的图片作为桌面背景的操作方法是，单击“浏览”按钮，从打开的“浏览”对话框中选择背景图片。背景图片文件的扩展名可以是 bmp、gif、jpg、dib、png 和 htm 等。

双击“控制面板”分类视图中的“外观与主题”图标也可以打开“显示 属性”对话框。

1．键盘鼠标

在“键盘属性”对话框的“速度”选项卡中有“字符重复”和“光标闪烁频率”两个选项组，选项组里各选项的含义如下。

✧ 重复延迟：当按住键盘上的某一个键时，系统输入第一个字符和第二个字符之间的间隔。通过调整标尺上的滑块，可以增加或减少重复延迟的时间。

✧ 重复率：按住键盘上的某一个键时，系统重复输入该字符的速度。通过调整标尺上的滑块，可以增大或减小字符的重复率。在该项标尺下面的文本框中可以按住键盘的某一键，测试重复字符的重复延迟和重复率。
✧ 光标闪烁频率：在输入字符的位置，光标闪烁的频率。光标闪烁太快，容易引起视觉疲劳。光标闪烁太慢，容易找不到光标的位置。

2．屏幕保护程序

如果长时间不用计算机，可以让计算机保持较暗或活动的画面，以避免一个高亮度的图像长时间停留在屏幕的某一位置而对显示器产生损坏，这时可以启用屏幕保护程序。

启动屏幕保护程序的操作方法是，在“显示 属性”对话框的“屏幕保护程序”选项卡中，从“屏幕保护程序”下拉列表中选择一个屏幕保护程序，在屏幕的预览窗口中可以观察其效果。单击“预览”按钮可以观察全屏效果。

✧ 等待：是指在没有键盘和鼠标输入的时间间隔后启用屏幕保护程序。
✧ 在恢复时使用密码保护：在启用屏幕保护程序后，如果有键盘或鼠标输入，系统会要求输入密码，输入当前用户或系统管理员的密码，即可恢复到正常的工作窗口。这样可以在暂时离开计算机时，防止他人使用该计算机。

实战训练

（1）设置鼠标指针方案为“变奏”，观察设置的效果。

（2）分别设置鼠标滚轮的滚动幅度为 4 行和一个屏幕，然后打开一个含有多页的长文档，观察设置的效果。

（3）设置桌面的主题和背景。

① 在“显示属性”对话框的“主题”下拉列表中，分别选择“Windows XP”和“Windows 经典”作为主题，观察屏幕设置效果。

② 在“桌面”选项卡中，选择不同的背景文件名，观察预览效果。

③ 在“桌面”选项卡中，找一张照片作为桌面背景。

（4）设置屏幕保护程序和外观。在“屏幕保护程序”选项卡中，选择屏幕保护图形为“飞越星空”，等待时间为 1 分钟，并预览效果。

任务 2　软件的安装与卸载

任务内容

在该任务中我们主要完成以下 3 个方面的学习。

➢ 应用软件的安装与卸载；
➢ 使用 WinRAR 软件；
➢ 安装和使用打印机。

任务分析

通过对本任务的学习，使读者学会应用软件的安装、卸载，以及外部设备驱动程序的安装操作，并了解 WinRAR 软件的使用方法。本任务分为以下 3 个步骤进行。

- ✧ 安装和卸载 WinRAR 软件；
- ✧ 使用 WinRAR 软件（文件压缩的相关知识）；
- ✧ 安装和使用打印机。

任务实施步骤

【第一步】安装和卸载 WinRAR 软件

WinRAR 是一款强大的压缩文件管理器，它可以把一个大的文件压缩成一个容量相对较小的文件，以节省磁盘的存储空间。

1）安装 WinRAR 软件

① 软件安装前，首先要准备好安装程序，可以通过网络免费下载 WinRAR 软件的安装文件。

② 双击 WinRAR 软件的安装文件，在弹出的“WinRAR 3.90 beta 4 简体中文版”对话框中（如图 2-30 所示），单击“安装”按钮，开始安装软件。

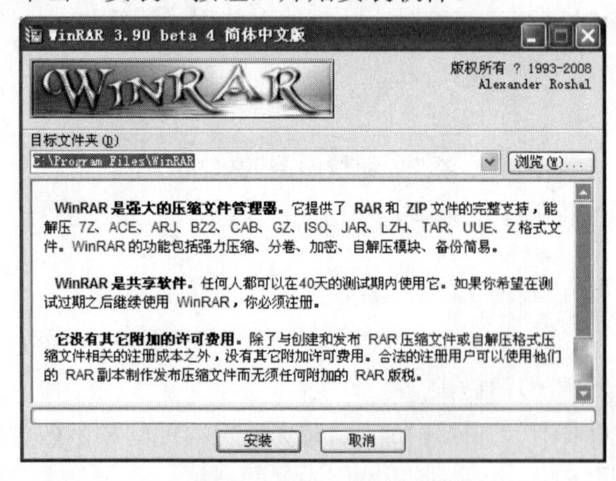

图2-30 “WinRAR 3.90 beta 4 简体中文版”对话框

③ 安装结束后，出现如图 2-31 和图 2-32 所示的提示框，设置相应选项后，单击“确定”按钮，再单击“完成”按钮即可。

Windows 的应用软件通常来自 CD 光盘或网络，它们通常都带有一个名为 setup.exe 的安装文件，双击该文件便可启动安装向导，用户可根据向导对话框的提示选择安装目录、组件等。有些应用程序光盘上带有自动播放程序 autorun.inf，当将光盘插入 CD-ROM 驱动器后，系统会自动播放光盘上的内容或运行安装程序。

2）卸载 WinRAR 软件

在 Windows XP 中，不能直接通过删除应用程序所在文件夹的方法来删除应用软件，而必须运行软件本身自带的卸载程序或使用 Windows XP 提供的添加或删除程序来完成。

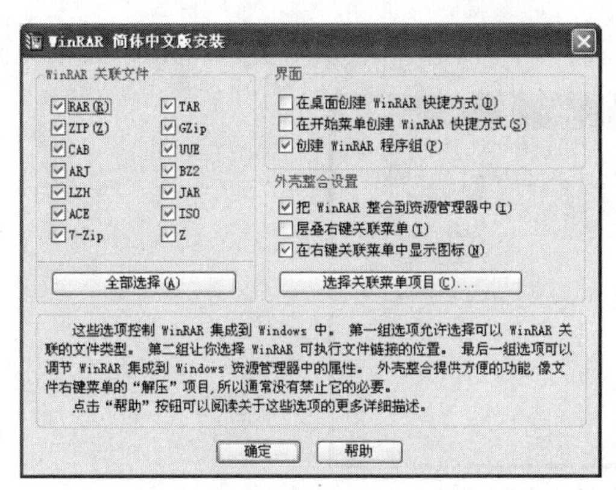

图2-31 安装选项对话框

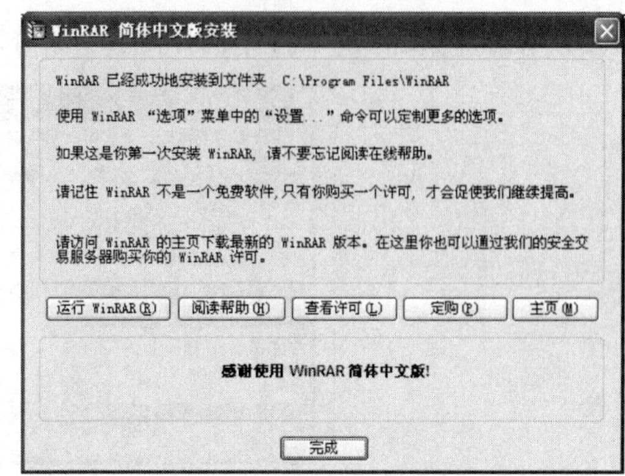

图2-32 完成提示框

卸载 WinRAR 软件的操作步骤如下。

（1）在“控制面板”窗口中双击“添加或删除程序”图标，打开“添加或删除程序”窗口。

（2）选择要删除的程序“WinRAR 压缩文件管理器”，并单击右侧的“删除”按钮，如图 2-33 所示。

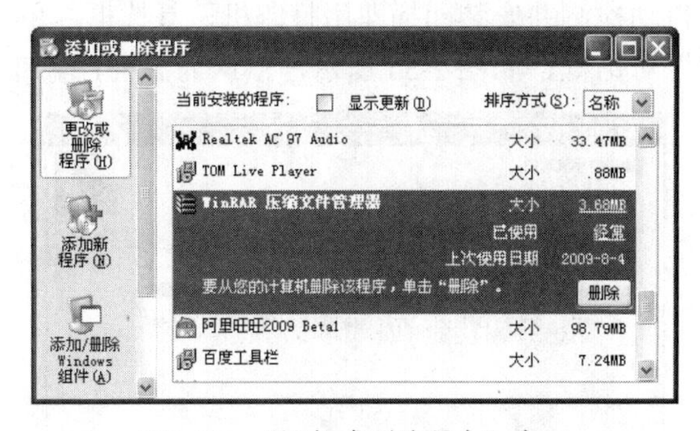

图2-33 “添加或删除程序”窗口

（3）单击“删除”按钮后，会弹出一个提示框，询问用户是否真的删除程序，单击“确定”按钮后，开始卸载程序。

删除应用程序的操作也可以通过 360 等软件管理工具来完成，实现应用程序文件与注册信息的彻底删除。

【第二步】安装和使用打印机

市面上较常见的打印机大致分为喷墨打印机、激光打印机和针式打印机。随着价格的不断下调，它们现在已经广泛应用于办公自动化（OA）和各种计算机辅助设计（CAD）系统领域。

连接计算机的打印机多为并口，也有 USB 接口的打印机。安装 USB 接口的打印机比较简单，只需连接好 USB 数据线和打印机电源后，系统便会自动搜寻并安装驱动程序。如果找不到安装程序，系统提示用户指定安装程序，然后自动完成安装。

下面以安装本地打印机为例，介绍打印机的一般安装方法。

（1）将打印机的数据线连接到计算机的 LPT1 端口上，然后接通电源打开打印机。

（2）单击“开始”→“打印机和传真”命令，打开“打印机和传真”窗口，如图2-34所示。

图2-34 “打印机和传真”窗口

（3）单击“文件”菜单中的“添加打印机”命令，打开“添加打印机向导”对话框。单击“下一步”按钮，打开“本地或网络打印机”对话框。

（4）选中“连接到此计算机的本地打印机”单选按钮，如果选中“自动检测并安装即插即用打印机”复选框，系统会自动检测打印机型号、连接端口，并自动搜索、安装打印机驱动程序。如果不选中“自动检测并安装即插即用打印机”复选框，单击“下一步”按钮，会出现“选择打印机端口”对话框，如图2-35所示，默认为LPT1端口。

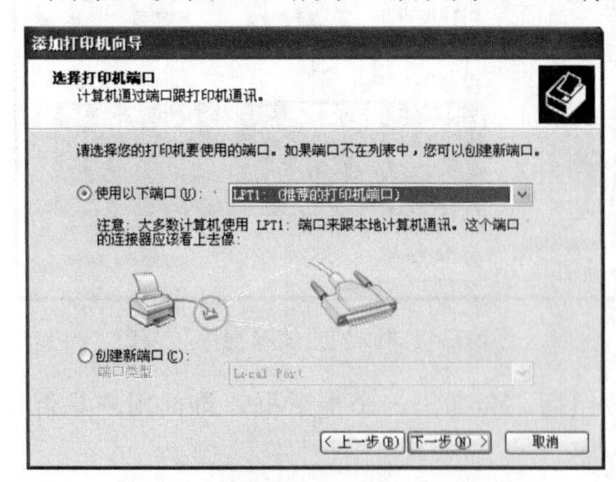

图2-35 “选择打印机端口”对话框

（5）单击“下一步”按钮，出现“安装打印机软件”对话框。如果系统中没有该打印机的驱动程序，单击“从磁盘安装”按钮，选择驱动程序的位置，然后按向导的提示安装即可。

安装好打印机后，就可以使用打印机开始打印了。

1．使用WinRAR压缩文件

将D盘中的“picture”文件夹压缩为“图片.rar”，并保存在F盘中。

（1）右击“picture”文件夹，在弹出的快捷菜单中选择“添加到压缩文件”命令，打开“压缩文件名和参数”对话框，如图2-36所示。

（2）在“常规”选项卡的“压缩文件名”文本框中修改压缩文件名为“图片.rar”。

（3）单击“浏览”按钮，在弹出的“查找压缩文件”对话框（如图2-37所示）中选择压缩文件的保存位置为F盘，单击“打开”按钮，返回“压缩文件名和参数”对话框。

（4）单击“确定”按钮进行文件压缩。压缩后的文件如图 2-38 所示。

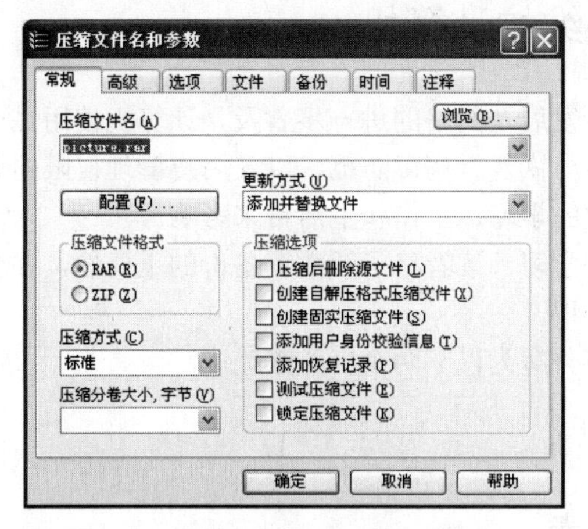

图2-36　“压缩文件名和参数”对话框

图2-37　“查找压缩文件”对话框

图2-38　压缩文件图标

2．使用 WinRAR 解压压缩文件

压缩文件在使用前需要先进行解压操作，如解压上面的“图片.rar”的操作如下。

（1）右击“图片.rar”文件，在弹出的快捷菜单中选择“解压文件”命令，打开“解压路径和选项”对话框。

（2）在“常规”选项卡中设置解压后文件的名称及保存位置，单击“确定”按钮。

3．外部设备的安装

目前，计算机常用的外部设备有打印机、扫描仪、摄像头和手写板等。在安装这些外部设备时，必须安装相应的驱动程序，安装方法与打印机类似。

实战训练

（1）将你计算机中的 WinRAR 软件卸载，并重新下载安装 WinRAR 软件的最新版本。

（2）利用 WinRAR 软件将“我的文档”文件夹压缩为“我的文档.rar”，并保存到 D 盘中。

（3）如果有扫描仪或数码相机，试将其连接到计算机上。

学习单元2.5 维护计算机

随着信息技术的不断发展及网络的进一步普及，计算机使用过程中面临越来越多的系统维护问题，如数据的备份与恢复、病毒防范，以及用户管理权限的设置等，如果不能及时有效地处理好，将会给正常的学习、工作和生活带来影响。

通过对这部分知识的学习，读者将了解数据备份的重要性，并会进行数据备份，同时掌握计算机病毒的防治等知识。

本学习单元的内容将分解为以下两个任务来完成。

- 防治病毒；
- 数据的备份与恢复。

任务1 防治病毒

任务内容

在该任务中我们主要完成以下两个方面的学习。

➢ 计算机病毒的基本知识；

➢ 防病毒软件的使用。

任务分析

随着网络的迅猛发展，各种病毒也层出不穷，给人们的工作和生活带来了极大的危害。本任务主要教给读者防病毒的基本知识，分以下两个步骤进行。

✧ 了解计算机病毒；

✧ 使用360安全卫士。

任务实施步骤

【第一步】了解计算机病毒

1）计算机病毒

计算机病毒实质上是指编制的或在计算机程序中插入的破坏计算机功能、数据、影响计算机使用，并能自我复制的一组计算机指令或程序代码。

2）计算机病毒的特点

计算机病毒一般具有可执行性、传染性、潜伏性、可触发性、针对性和隐蔽性等特性。

3）计算机病毒的分类

常见的计算机病毒有网络蠕虫病毒、木马程序、文件型病毒、宏病毒和脚本病毒等。

4）目前常用的防杀病毒软件

目前常用的防杀病毒软件有瑞星杀毒软件、江民杀毒软件、卡巴斯基 Kaspersky Anti-Virus、360安全卫士、ESET NOD32等。

5）个人计算机防毒的基本方法

（1）慎用光盘、U 盘等移动存储介质。

（2）正确使用反病毒软件，及时升级，并开启软件的实时监控功能。

（3）对免费、共享软件先查毒后使用。

（4）定期备份重要数据。

（5）不要轻易打开电子邮件中的附件。

（6）上网时，不要随易访问陌生网站，避免成为网络病毒的传播者。

【第二步】使用 360 安全卫士

360 安全卫士是一款能强力查杀木马、防盗号、修复系统漏洞、清理恶意插件、清理系统垃圾的免费软件。可以在 360 官方网站下载它的安装程序。

安装后，双击 360 安全卫士图标，即可进入 360 安全卫士主界面，如图 2-39 所示。该软件提供了“常用”、“高级”、“实时保护”、“杀毒”、“装机必备”和“求助中心”6 大功能。

在“常用”功能中，可以检测电脑的安全指数、查杀流行木马、清理恶意插件、修复系统漏洞、清理系统垃圾、清理使用痕迹、管理应用软件。使用“高级”功能，能修复 IE、查看系统进程状态、检测网络连接状态等。通过“实时保护”功能可以开启防火墙，以防止系统被病毒侵袭。而“杀毒”功能可以在线查杀病毒，并下载各种杀毒软件和病毒专杀工具，更好地保护计算机安全。使用时，选择相应的选项卡，即可通过提示完成各种操作。

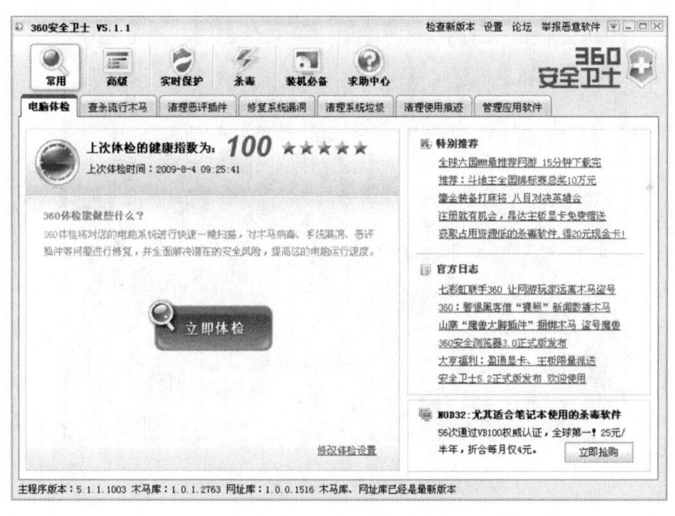

图2-39　360安全卫士主界面

如要查杀木马，就可以单击“常用”功能下的“查杀流行木马”选项卡，再选择“快速扫描木马”、“自定义扫描木马”或“全盘扫描木马”等方式查杀木马，如图 2-40 所示。

相关知识

安装 360 安全卫士后，还可以下载 360 免费半年版的 ESET NOD32 杀毒软件。它采用独有的高级启发式引擎，对广告软件、Root Kit、间谍软件、木马、病毒、蠕虫等恶意软件具有极高的侦测率，能够为用户的数据安全、个人隐私等提供有效的保护。

一台计算机可以被多个用户使用。使用时，最好创建多个用户账户，并为不同账户设置一定的计算机管理权限，以保护计算机的数据安全。例如，建立和使用自己的文件、文件夹，无法安装软件或硬件，但可以访问已经安装在计算机上的程序等，这样就不会影响其他用户和本地计算机的安全了。

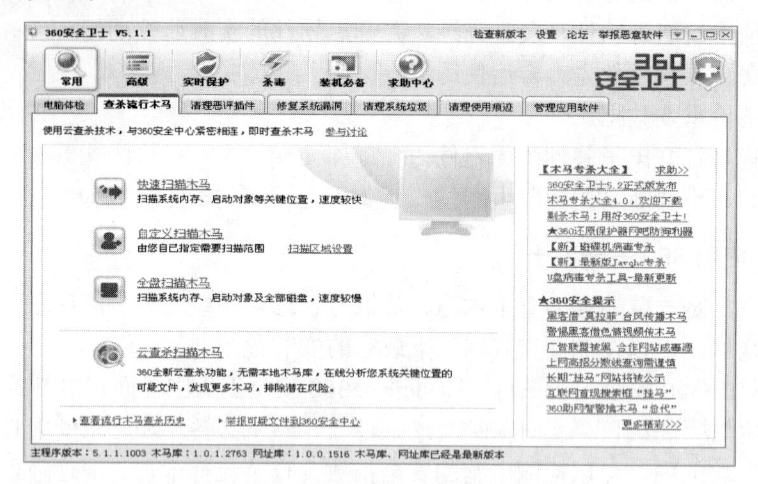

图2-40　“查杀流行木马”选项卡

创建用户账户的操作步骤如下。

（1）以管理员的身份登录计算机，打开“控制面板”，双击“用户账户”图标，打开“用户账户”窗口，如图 2-41 所示。

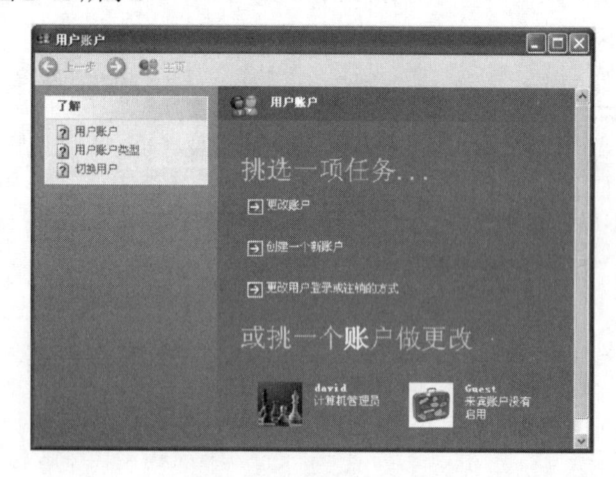

图2-41　“用户账户”窗口

（2）单击任务列表中“创建一个新账户”命令，出现“为新账户起名”窗口，输入新用户账户名称（如输入 wml）。

（3）单击“下一步”按钮，出现“挑选一个账户类型”窗口。

（4）选择账户类型，如选择“受限”，然后单击“创建账户”按钮。

这样就创建了一个新账户用户，在返回到用户账户窗口中可以看到新建的 wml 受限账户，以后就可以使用该用户账户来登录计算机了。

通过“用户账户”窗口还可以为账户设置密码、删除账户和更改账户信息。

（1）下载安装 360 安全卫士，使用它提供的各种功能保护计算机的安全。

（2）下载安装 ESET NOD32 软件，并使用其查杀病毒。

任务 2　数据的备份与恢复

在该任务中我们主要完成以下两个方面的学习。

- 了解数据备份的重要性；
- 数据的备份与恢复操作。

在计算机的使用过程中，要养成定期备份重要数据的习惯，以避免因不当操作导致数据丢失，给自己的学习和工作带来一定的麻烦。本任务将教给大家备份和还原数据的基本方法，主要分为以下两个步骤进行。

- ✧ 备份数据；
- ✧ 还原数据。

任务实施步骤

【第一步】备份数据

Windows XP 操作系统的附件中自带了备份工具，可以轻松地进行备份操作。具体方法如下。

（1）单击“开始”→“所有程序”→“附件”→“系统工具”→“备份”命令，打开“备份或还原向导”对话框，如图 2-42 所示。

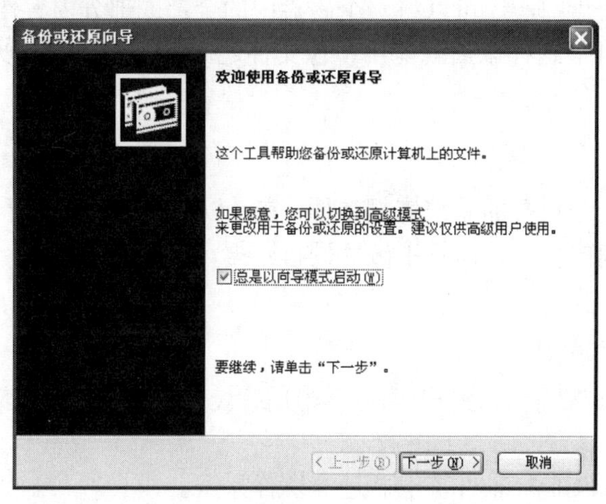

图2-42　“备份或还原向导”对话框

（2）在“备份或还原向导”对话框中单击“下一步”按钮，选择“备份文件和设置”单选按钮，单击“下一步”按钮。

（3）选择要备份的内容，如“我的文档和设置”，单击“下一步”按钮。

（4）选择备份文件的保存位置，单击“下一步”按钮，如图2-43所示。

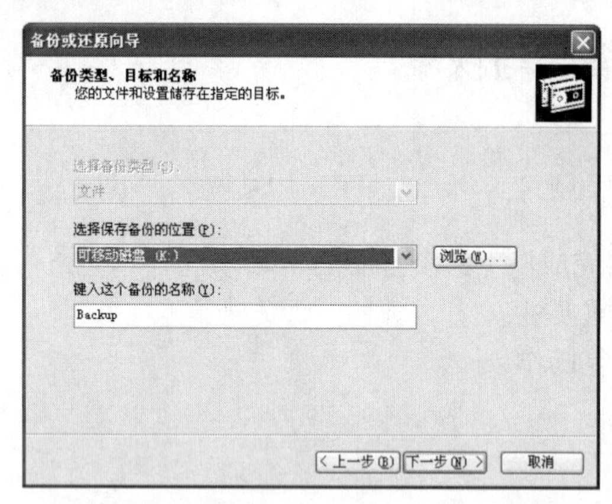

图2-43　“备份类型、目标和名称”对话框

（5）单击“完成”按钮开始备份，结束后，关闭对话框即可。

【第二步】还原数据

还原数据是备份数据的相反过程，与备份数据的操作类似，主要是在“备份或还原向导”对话框中选择“还原文件和设置”选项，然后根据向导提示完成还原操作。

相关知识

除了Windows XP操作系统自带的备份和还原工具外，还可以利用软件备份数据文件或操作系统。

1．Norton Ghost

Norton Ghost是一个功能强大的“克隆”工具，它不但可以把硬盘中的全部内容完全复制（备份）到另一个硬盘中，还可以将一个磁盘中的全部或部分内容作为一个镜像文件复制（备份）到另一个磁盘中，这样以后就能用镜像文件还原系统或数据，以减少安装操作系统和恢复数据的时间。

2．一键还原精灵

一键还原精灵是一个免费的系统恢复软件，它是以Ghost为基础开发设计的，具有备份、恢复安全、稳定和快速的特点，而且不破坏硬盘数据。

实战训练

（1）利用Windows XP操作系统自带的备份工具，将D盘中的“学生数据”文件夹中的数据备份到U盘中。

（2）试利用Norton Ghost软件备份和还原操作系统。

本 章 小 结

通过对本章的学习，大家对 Windows XP 操作系统已经有了全新的认识，知道怎样管理系统文件、设置系统属性、安装和使用各种软件、防治病毒与备份数据等。

思考与练习

一、填空题

1．Windows XP 为用户提供了＿＿＿＿＿和＿＿＿＿＿两种注销方式。

2．桌面上的图标实际就是某个应用程序的快捷方式，如果要启动该程序，只需＿＿＿＿＿该图标即可。

3．在 Windows XP 中，要弹出某文件夹的快捷菜单，可以将鼠标指向该文件夹，然后按＿＿＿＿键。

4．要重新将桌面上的图标按名称排列，可以用鼠标在桌面空白处右击，在出现的快捷菜单中，选择＿＿＿＿＿中的“名称”命令。

5．在 Windows XP 中，可以按住＿＿＿＿键，然后按【↑】或【↓】键可选定一组连续的文件。

6．如果已经选定了多个文件，要取消其中的几个文件的选定，应在按住＿＿＿＿＿键的同时依次单击这几个文件。

7．在鼠标属性的＿＿＿＿＿＿选项卡中可知“↖?”表示＿＿＿＿＿＿＿＿，“⌛”表示＿＿＿＿＿＿＿。

8．在 Windows XP 中，为了弹出“显示 属性”对话框，应用鼠标右键单击桌面空白处，然后在弹出的快捷菜单中选择＿＿＿＿＿选项。

9．选择一张图片作为 Windows XP 的桌面背景，该图片在桌面的显示位置有＿＿＿＿＿、＿＿＿＿＿和＿＿＿＿＿3 种方式。

10．在 Windows XP 中，删除应用程序通常是运行软件本身自带的卸载程序或通过＿＿＿＿＿＿＿＿窗口删除程序。

二、选择题

1．Windows XP 的整个显示屏幕称为（　　）。

A．窗口　　B．操作台　　C．工作台　　D．桌面

2．在 Windows XP 窗口的菜单项中，有些菜单项呈灰色显示，它表示（　　）。

A．该菜单项已经被使用过　　B．该菜单项已经被删除

C．该菜单项正在被使用　　D．该菜单项当前不能被使用

3．在 Windows XP 中随时能得到帮助信息的快捷键是（　　）。

A．【Ctrl+F1】组合键　　B．【Shift+F1】组合键

C．【F3】键　　D．【F1】键

4．将 Windows XP 的窗口和对话框进行比较，窗口可以移动和改变大小，而对话框（　　）。

A．既不能移动也不能改变大小　　B．仅可以移动，不能改变大小

C．仅可以改变大小，不能移动　　　　D．既能改变大小，也能移动

5．在 Windows XP 中，要浏览本地计算机上的所有资源，可以实现的是（　　）。

A．回收站　　　B．任务栏　　　C．资源管理器　　　D．网上邻居

6．当选定文件或文件夹后，不将文件或文件夹放到“回收站”中，而直接删除的操作是（　　）。

A．按【Del】键

B．用鼠标直接将文件或文件夹拖放到“回收站”中

C．按【Shift + Del】组合键

D．用“我的电脑”或“资源管理器”窗口中的“文件”菜单中的删除命令

7．在 Windows XP 默认环境中，用于中英文输入方式切换的组合键是（　　）。

A．【Alt+空格】　　　　B．【Shift+空格】

C．【Alt+Tab】　　　　D．【Ctrl+空格】

8．下列程序不属于附件的是（　　）。

A．计算器　　　B．记事本　　　C．网上邻居　　　D．画笔

9．当鼠标光标变成形状时，通常情况是表示（　　）。

A．正在选择　　　B．系统忙　　　C．后台运行　　　D．选定文字

10．下列不属于显示器的外观设置的是（　　）。

A．窗口和按钮　　　B．色彩方案　　　C．字号大小　　　D．分辨率

第 3 章　探索 Internet

学习情境

随着计算机技术和通信技术的发展，计算机网络不再仅仅局限于某些专业的领域。曾经让许多人感到神秘而又陌生的计算机网络，已经因为 Internet 的蓬勃发展而进入到千家万户，人们在各种场合通过各种手段享受着 Internet 提供的服务。美国军方也许不会想到，当初出于军事实验目的而建立的阿帕网（ARPANET），经过几十年的发展成为了今天的 Internet，它正悄悄地改变着整个世界的生活方式。如今，很多人在一起谈论的话题都与 Internet 有关，“上网”已经成为人们娱乐、工作的重要手段之一，学习 Internet 的操作技能有助于人们更好地使用计算机网络。

大家在浏览 Internet 时，也许会遇到这样或者那样的问题。比如，上网浏览网页应使用什么软件，如何将计算机接入 Internet，怎样在 Internet 中与其他人进行交流，如何进行网上资源的搜索。这些问题归纳起来就是两点：一是用户可以在 Internet 中做些什么；二是用户应当掌握哪些技能，以便于更好地运用 Internet。这正是本章的主要学习内容。

本章将通过一系列任务和实例的操作，介绍 Internet 的有关常识，学习使用 IE 浏览器（Internet Explorer），并最终掌握在 Internet 中实现数据传输和资源共享的方法。

学习单元3.1　认识Internet

Internet 是一个包罗万象的虚拟世界，进入这个虚拟世界的重要载体是网页浏览器。目前，常见的浏览器软件有微软公司的 IE 浏览器（Internet Explorer），谷歌公司的 Chrome 浏览器等。在本学习单元中，主要学习使用 IE 浏览器（Internet Explorer）进行网页的浏览。在浏览过程中，学习 IE 浏览器的使用方法、了解 Internet 的服务项目、增强网络使用的安全意识，并掌握域名的相关知识。

利用 IE 浏览器打开的网页如图 3-1 所示。

本单元内容将通过以下任务呈现。

- 利用 Internet 查询本地的天气预报。

图3-1　使用IE浏览器打开的网页

任务 1　初识网页浏览器

任务内容

在该任务中我们主要完成以下 4 个方面的学习。

- 打开“中国气象台”网站（www.nmc.gov.cn），查询本地的天气预报；
- 将“中国气象台”网站设置为主页，将天气预报页面添加到收藏夹中；
- 将“历史记录”中的内容清除；
- 了解 Internet 的概念及功能，了解网页浏览器的概念。

任务分析

本任务是网页浏览器的操作练习，通过实现本任务，要熟悉 IE 浏览器的操作界面，了解 IE 浏览器的窗口，能够设置主页、添加收藏夹并进行“历史记录”的相关操作。本任务可按照下列步骤实施。

- ✧ 启动 IE 浏览器；
- ✧ 在地址栏中输入网站域名；
- ✧ 将当前网页设置为 IE 浏览器的主页；
- ✧ 用鼠标单击网站中的超级链接，转入到相关网页；
- ✧ 选择要查询的城市；
- ✧ 将网页添加到 IE 的收藏夹中；
- ✧ 清除“历史记录”中的相关内容。

任务实施步骤

图3-2　IE浏览器图标

【第一步】启动 IE 浏览器

启动 IE 浏览器的方法为双击桌面上的 IE 浏览器图标，如图 3-2

所示。

如果桌面上没有 IE 浏览器图标，可以单击“开始”→“程序”→“Internet Explorer”命令启动 IE 浏览器。

无论通过哪种方法启动，都将显示一个 IE 浏览器窗口，这时在窗口中显示的网页内容就是 IE 浏览器的主页。如果没有设置任何网页为主页，浏览器将会显示一张空白页。

IE 浏览器的界面如图 3-3 所示。

图3-3　IE浏览器的界面

（1）标题栏：位于窗口顶部，主要作用是显示当前浏览的网页名称，右侧有窗口的“最小化”按钮、“最大化/还原”按钮与“关闭”按钮。

（2）菜单栏：提供 6 个菜单选项，在 IE 浏览器的操作过程中，可用鼠标单击打开菜单。

（3）工具栏：系统默认的工具按钮如下。

①“后退”按钮：单击该按钮可返回到上一张浏览的网页。

②“前进”按钮：在单击“后退”按钮后，若想回到新近浏览的页面可单击“前进”按钮。

③“停止”按钮：当浏览器下载信息时，如果由于网络线路繁忙而长时间无法完全下载网页，可按“停止”按钮结束下载过程。

④“刷新”按钮：在网页信息显示内容不完整或陈旧的情况下，可单击“刷新”按钮，重新将当前的网页从服务器上传输到本地计算机中。

⑤“主页”按钮：单击“主页”按钮可以迅速返回到 IE 浏览器设置的主页。

⑥“收藏夹”按钮：在浏览网页的过程中，如果有自己喜爱的网站，可使用“收藏夹”将网站收藏，以便于下次从收藏夹快速地打开这个网站。

⑦“历史”按钮：如果想查看最近几天去过的网站，可单击“历史”按钮，显示最近浏览过的网页地址。

（4）地址栏：位于工具栏下方，在浏览网页的过程中，可以在地址栏中输入网站的域名或 ip 地址，按回车键打开相应的网页。

（5）状态栏：位于窗口的底部，用于显示当前 IE 浏览器的工作状态。

【第二步】在地址栏中输入“中国气象局”的域名

IE 浏览器启动完成后，可以直接在地址栏中输入“中国气象局”的网站地址（www.nmc.gov.cn）。这时，在浏览器的窗口中将显示中国气象局的主页，如图 3-4 所示。

图3-4　中国气象局主页

【第三步】设置当前网页为主页

使用 IE 浏览器浏览网页时，可以设置某个网页作为浏览器的主页，而且不论浏览到哪个页面时，只要单击工具栏中的“主页”按钮，都将显示该页面。设置 IE 浏览器的主页操作方法如下。

单击“工具”菜单→“Internet 选项”命令，在弹出的“Internet 选项”对话框中选择“常规”选项卡，在“主页”栏的“地址”文本框中输入网址，单击“确定”按钮即可。操作界面如图 3-5 和图 3-6 所示。

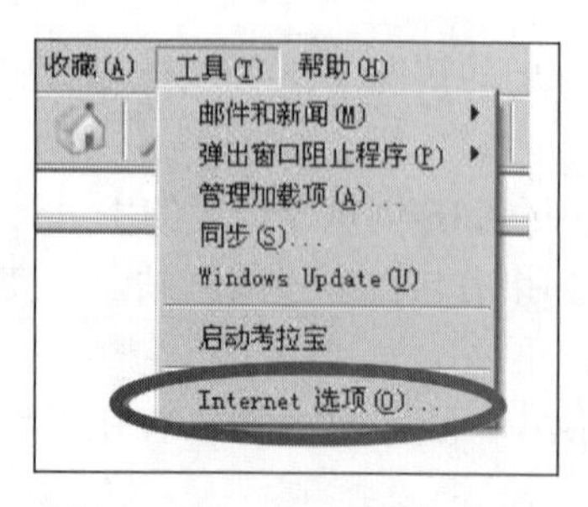

图3-5　“Internet选项”命令

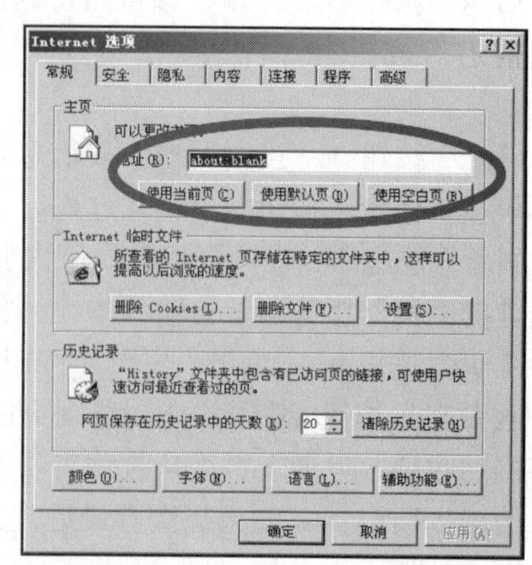

图3-6　“Internet选项”对话框

【第四步】单击“天气预报”超级链接，转入“天气预报”页面

单击图 3-4 中所示的“天气预报”超级链接，进入天气预报页面，如图 3-7 所示。

【第五步】选择所在城市

在“天气预报”页面中，单击“选择省”下拉列表，选择城市所在的省份，然后单击“选择城市”下拉列表，选择要查询的城市，如图 3-7 所示。

图3-7　天气预报页面

以查询上海的天气预报为例，在“选择省”下拉列表中选择“直辖市”，在“选择城市”下拉列表中选择“上海”。

【第六步】将“中国气象局”网站添加到 IE“收藏夹”

如果网页的浏览者对所浏览的网页感兴趣，在下次上网浏览时，想要快速地找到这个网页，可以在浏览网页时将其添加到 IE 的“收藏夹”中。

操作步骤如下。

（1）浏览网页时，选择“收藏”→“添加到收藏夹”命令，如图 3-8 所示。

图3-8　选择“添加到收藏夹”命令

（2）弹出“添加到收藏夹”对话框，单击“确定”按钮，当前浏览的网页就被保存到“收藏夹”中了，如图 3-9 所示。

图3-9 “添加到收藏夹”对话框

这时，如果想利用“收藏夹”快速地打开网页，可以单击工具栏中的“收藏夹”按钮，在显示的“收藏夹”栏中单击网页名称即可，如图 3-10 所示。

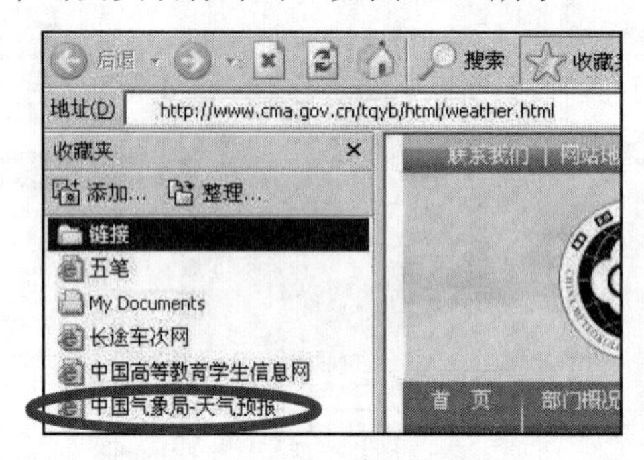

图3-10 “收藏夹”内容

【第七步】清除 IE 的“历史记录”

如果单击工具栏中的“历史”按钮，在窗口的左边将显示“历史记录”栏。观察“历史记录”栏会发现，刚刚浏览的“中国气象局”网站和“天气预报”网页都被存在“历史记录”中的“今天”中了。

有时，为了保护自己的隐私，用户可以将“历史记录”中的内容删除，操作步骤如下。

选择“工具”→“Internet 选项”命令，在“Internet 选项”对话框中选择“常规”选项卡，在“历史记录”栏中单击“清除历史记录”按钮，再单击“确定”按钮即可，如图 3-11 所示。

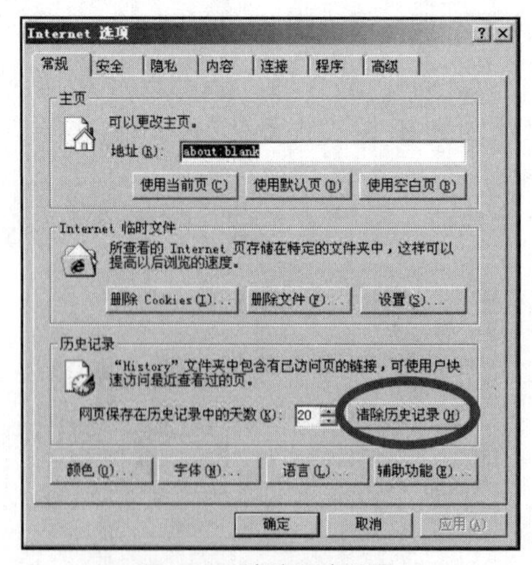

图3-11 清除历史记录

小提示

“历史记录”的主要作用是为了能够快速浏览近期曾经浏览过的网页，有时会记不清前几天浏览的网页的网址，所以保留一定的历史记录是有作用的。“历史记录”中保存记录的天数是可以人为设置的，最少可以设置为“0”，当设置天数为“0”时，则只能保留今天所访问的网页的网址。

相关知识

在本任务中，详细介绍了 IE 浏览器的操作方法，通过 IE 浏览器访问了“中国气象局”的网站并查询了本地的天气预报，设置了 IE 浏览器的主页，将网页添加到了“收藏夹”，清除了“历史记录”。为了更好地掌握 Internet 的运用技能，现将相关知识介绍如下。

1．Internet 的基本概念

Internet 可音译为“因特网”。一般认为，Internet 起源于美国的阿帕网（ARPANET）。现在，Internet 已经拥有了数以亿计的用户，可以说 Internet 是全球最大的网络。目前仍然没有一个完全准确的概念能够描述 Internet，也没有哪个国家或机构能够对 Internet 有绝对的控制权和管理权。如果仅从结构上来说，可以认为 Internet 是由许多小的子网互联而成的一个逻辑网，每个子网中连接着若干台计算机（主机）。

2．Internet 提供的服务

Internet 上提供的服务主要有“WWW 服务”、“电子邮件”和“文件传送”等。

（1）WWW 服务：中文名称为万维网，英文全称为 World Wide Web，是 Internet 上的一种基于超文本方式的多媒体信息查询系统，人们可以通过 WWW 服务发布和查看多种类型的网页信息。

（2）电子邮件：即通常所说的“E-mail”，是 Internet 提供的服务中使用频率较多的内容之一。由于电子邮件快捷、方便、便宜，它在很大程度上取代了传统的邮件。

（3）文件传送：Internet 上共享的资源极为丰富，使用文件传输服务可以方便地将网络资源复制到自己的计算机上。

另外，Internet 还提供了网上专题讨论、网上交友、电子商务、远程登录等丰富多彩的服务。

3．浏览器

它是用户浏览网页所必备的一种软件。其实，网页浏览器并不仅仅只有 IE 浏览器一种，常见的网页浏览器还有 Chrome、Firefox、Opera 等。不过，由于微软公司将 IE 浏览器集成在 Windows 操作系统中，凡是安装了 Windows 操作系统的计算机都可以使用 IE 浏览器，所以 IE 浏览器的使用者人数众多，知名度也最高。

实战训练

通过这一系列的操作，可以了解上网必备的基本操作技能。

现在，请使用 IE 浏览器访问 Internet，浏览“中国旅游网”（www.51yala.com），为自己制订一份假期游北京的计划，看看在网上能够搜索到哪些资料，为自己的出游做好安排。

学习单元3.2　打开Internet的大门

Internet 的世界丰富多彩，想要打开 Internet 的大门，需要将一台计算机接入到 Internet。

首先，用户必须选择一种 Internet 的接入方式。目前国内用户接入 Internet 的方式较多，如电话拨号接入和“宽带”接入。

“宽带”接入的方法有 DDN 专线接入，ISDN 专线接入，通过光纤接入，在有线电视宽带网（HFC 网络）上安装 Cable Modem 接入，以及 xDSL 宽带网接入等多种接入方法。其中 xDSL 接入方法中最成熟的技术是 ADSL（非对称数字用户线路）。

各种不同的接入方式有着不同的特点。“宽带”上网是现在较流行的 Internet 接入手段，其中 DDN 专线、ISDN 等网络接入方式由于成本和速率等多方面的原因一直未能成功普及。现阶段，作为普通个人用户，可考虑的宽带接入方式主要包括两种，即 ADSL 和 FTTX+LAN（小区宽带），其中用户数最多的是 ADSL 接入方式。

本单元就以 ADSL 接入方式为例，完成以下任务。

- 将计算机接入 Internet。

任务 1　将计算机接入 Internet

任务内容

在该任务中我们主要完成以下 4 个方面的学习。

➢ 了解计算机接入 Internet 所需的硬件设备；
➢ 了解计算机上网所需的软件；
➢ 掌握在计算机中建立网络连接的方法；
➢ 理解网络协议的概念和作用。

任务分析

通过对本任务的学习，读者将熟悉接入 Internet 所需的软件和硬件，了解 ISP 的概念并能够按照条件选择 ISP，能够在计算机中建立一个新的网络连接，能够理解网络协议的概念，能够设置计算机的 IP 地址。本任务将分解为以下几个步骤进行。

✧ 选择相应的网络服务提供商（ISP）；
✧ 准备计算机上网所需的硬件和软件；
✧ 在计算机桌面上创建一个新的网络连接；
✧ 查看计算机中安装的 TCP/IP 协议；
✧ 设置计算机的 IP 地址。

任务实施步骤

【第一步】选择相应的网络服务提供商（ISP）

ISP 指的是向用户提供 Internet 的接入业务、信息服务及相关增值服务的运营商。用户想要接入 Internet，首先要选择一个 ISP 服务商办理入网手续。选择 ISP 主要考虑的因素有收费标准，提供线路的传输速率，ISP 接入 Internet 的带宽，以及 ISP 的服务功能是否齐全等。

本任务以 ADSL 接入 Internet 为例。目前我国提供 ADSL 服务的 ISP 主要有中国电信、中国移动、中国联通等几家公司，可以按实际情况进行选择。

【第二步】准备计算机上网所需的硬件和软件

1）所需的硬件

（1）一台计算机。对于普通用户来说，现阶段任何类型的计算机都是可以适应上网要求的。

（2）准备并安装一块网卡，在购买计算机时通常都会配备，如图 3-12 所示。

（3）准备并安装一台 ADSL MODEM，通常情况下由 ISP 提供，如图 3-13 所示。

（4）由于 ADSL 技术是基于普通电话线的宽带接入技术，所以在申请业务前需具备一条可以拨打外线的电话线路。

图3-12　网卡

图3-13　ADSL MODEM

通常情况下，凡是安装了固定电话的用户都具备安装 ADSL 的基本条件（只要当地电信运营商开通 ADSL 宽带服务），但电话与最近的电信的端口距离不能太远，一般应小于 3 ~ 5 公里。如果家中没有安装固定电话，可考虑使用 FTTX+LAN（小区宽带）接入。

2）所需的软件

（1）操作系统。目前常见的操作系统是 Microsoft 公司的 Windows 系列操作系统。

（2）TCP/IP 协议，TCP/IP 协议是计算机上网所必需的网络协议。一般情况下，操作系统中自带安装了 TCP/IP 协议，所以安装了操作系统后不需要另外单独安装该协议。

（3）上网所需的用户名和密码。在向 ISP 提出入网申请后，ISP 会给用户提供用户账号名称和密码等基本的 Internet 接入信息。

【第三步】在计算机桌面上创建一个新的网络连接图标

在计算机上网的硬件和软件都已准备完成之后，用户便可以进行“网络连接”的创建了。ADSL 的业务种类可分为 PPPoE（虚拟拨号）方式和固定 IP 方式，个人用户通常适合使用虚拟拨号方式，网吧用户通常适合使用固定 IP 方式。下面以 PPPoE 方式为例，建立网络连接。

（1）单击“开始”→“所有程序”→“附件”→“通讯”→“新建连接向导”命令。

（2）弹出“新建连接向导”对话框，单击“下一步”按钮，如图 3-14 所示。

（3）选择“连接到 Internet”选项，单击“下一步”按钮。

（4）选择“手动设置我的连接”选项，单击“下一步”按钮。

（5）选择“用要求用户名和密码的宽带连接来连接”选项，单击“下一步”按钮。

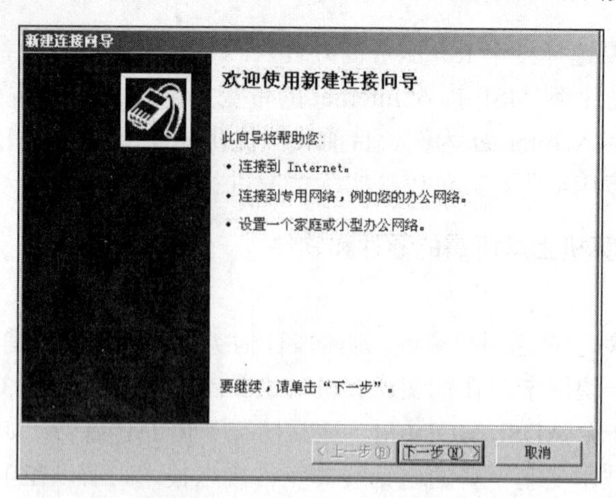

图3-14　“新建连接向导”对话框

（6）此时出现提示，要求输入“ISP 名称”，这只是一个连接的名称，可以随便输入，如输入“nc”，然后单击“下一步”按钮。

（7）输入由 ISP 提供的用户名和密码，并进行相应的安全设置，单击“下一步”按钮，如图 3-15 所示。

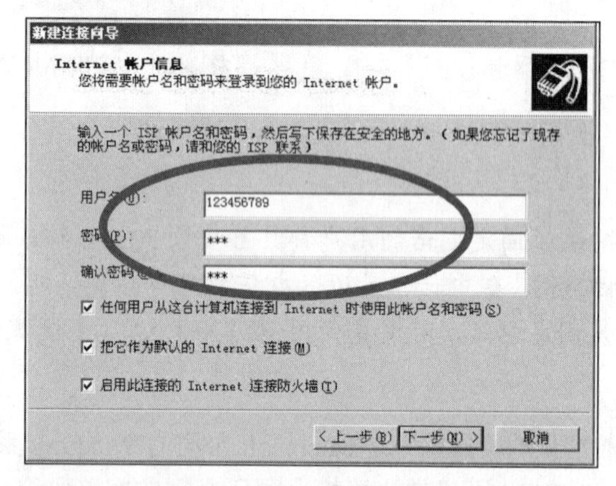

图3-15　输入用户名和密码

（8）选择“在我的桌面上添加一个到此连接的快捷方式”选项，单击“完成”按钮。至此虚拟拨号的设置就完成了。

完成以上操作后，可以看到计算机桌面上多了一个名为“nc”的网络连接快捷图标，如图 3-16 所示。

图3-16　网络连接图标

（9）双击网络连接图标，弹出网络连接对话框，输入用户名和密码后单击“连接”按钮，即可接入 Internet，如图 3-17 所示。

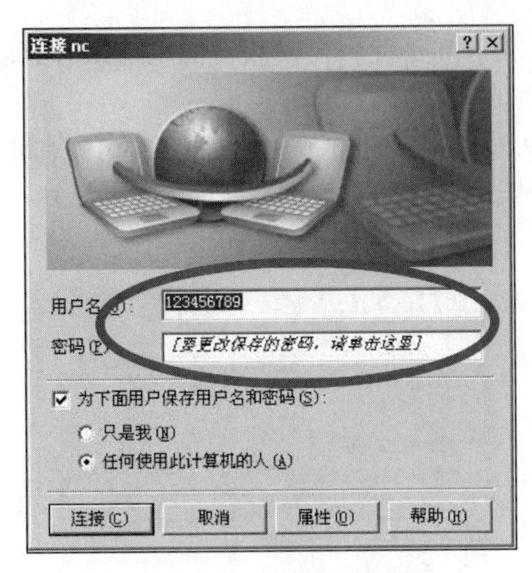

图3-17　网络连接对话框

以上操作完成后，可以看到桌面任务栏的右侧，即屏幕的右下角出现一个连接示意图标，这说明计算机已经连接上了 Internet。如果发现图标变为，则说明网线已经断开。

【第四步】查看计算机中安装的 TCP/IP 协议

如果要查看计算机是否安装了 TCP/IP 协议，可以进行下列操作。

（1）单击“开始”→“设置”→“网络连接”→“本地连接”命令。

（2）在弹出的“本地连接状态”对话框中单击“属性”按钮，如图 3-18 所示。

（3）在弹出的“本地连接属性”对话框中拖动滚动条，选择“Internet 协议（TCP/IP）”项，如图 3-19 所示。

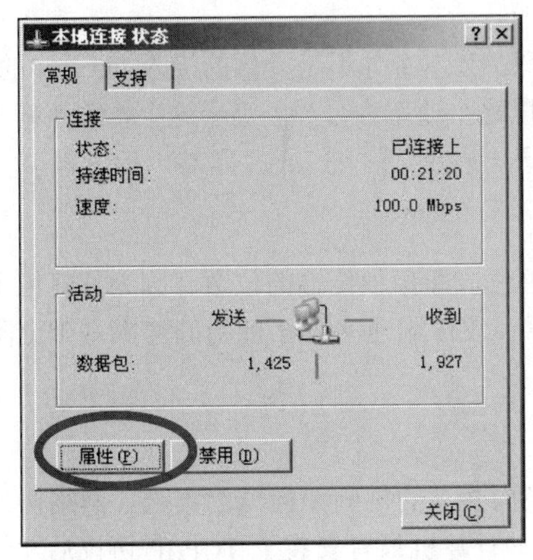

图3-18　“本地连接状态”对话框

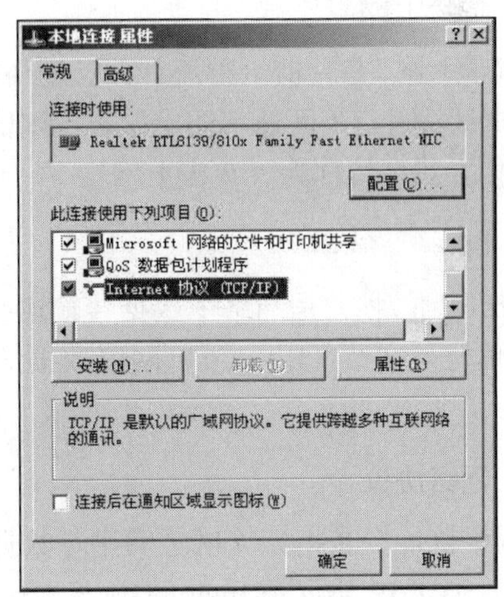

图3-19　查看TCP/IP协议

TCP/IP 协议被勾选中，说明这个协议已经安装。

【第五步】设置计算机的 IP 地址

在图 3-19 中单击“属性”按钮，将弹出“Internet 协议（TCP/IP）属性”对话框。

普通个人用户在一般情况下都是使用自动获得的动态 IP 地址的，所以在这个对话框中默认的选项是“自动获得 IP 地址”。

如果想要人为地设置 IP 地址，可以选择“使用下面的 IP 地址”单选按钮，得到如图 3-20 所示的界面。用户可以在对话框里填写 IP 地址、子网掩码、默认网关、首选 DNS 服务器与备用 DNS 服务器。

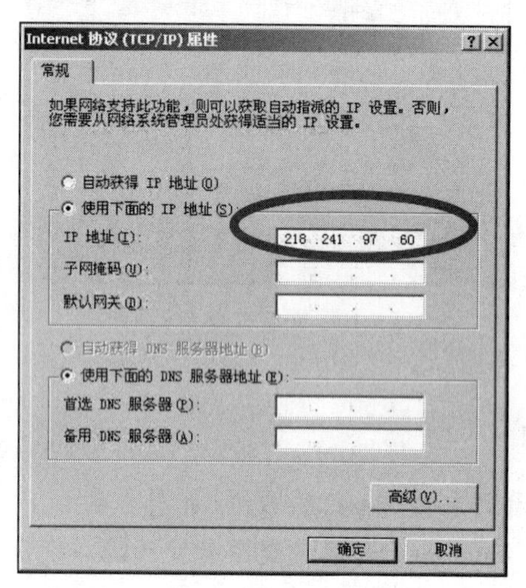

图3-20　设置IP地址

在图 3-20 中进行相应的设置，单击“确定”按钮即可完成设置。

为了更好地理解和掌握接入 Internet 的技术，现将相关知识介绍如下。

1．宽带上网

“宽带上网”是目前一种流行而又通俗的说法，其本身并不是具体的接入 Internet 的途径，通常“电话拨号”上网速率的上限在 56Kbps，以这个速率为分界，高于这个传输速率上限的网络连接方式可统称为“宽带上网”。

2．bps

“bps”（位/秒）是网络中数据传输速率的单位，即每秒传输的位数。因为计算机中数据的存储单位是字节（B），所以网络数据的实际有效传输速率应在标明的速率基础上除以 8（1B=8b）。

3．网络协议

“网络协议”是指计算机之间进行数据交换而建立的规则和标准的集合。网络协议有多种，其中 TCP/IP 协议是 Internet 最基本的协议，计算机只有安装了 TCP/IP 协议后才能够接入 Internet。

4．无线网络

所谓“无线网络”，是指以无线传输介质（如无线电波）为信息传输媒介而组成的计算机网络。通常无线网络应用在笔记本电脑与手机等移动设备上。

5．FTTX+LAN（小区宽带）

小区宽带是目前较流行的 Internet 接入方式之一，特点是无须安装固定电话。网络服务商将光纤接入到用户小区，再通过网线接入用户家。前提条件是用户小区已经接入了光纤并开通了小区宽带业务。

6．计算机网络通信介质

通信介质是指计算机网络中发送方与接收方之间的物理通路，是计算机与计算机之间传输数据的载体。常见的有线通信介质有同轴电缆、双绞线和光纤等，另外还有无线通信介质，如微波、卫星通信等。

在本任务中，读者经历了将一台计算机接入 Internet 的完整过程。通过对本任务的学习，基本可以了解 Internet 的常用接入方式及相关设备，能够根据需要将计算机通过相关设置接入 Internet。

请根据本课内容，在计算机上创建一个新的网络连接，试一试除了课本中介绍的方法外，还有没有别的方法进行创建的操作。

收集资料，想一想自己家如果要上网的话，可以选择哪种接入 Internet 的方式。

学习单元3.3　获取网络信息

用户浏览网页的主要目的是为了从 Internet 中获取自己需要的信息。有时用户不仅要浏览网页信息，还需要将网页中的内容保存在自己的计算机中，这样即使在没有接入 Internet 的情况下，用户仍然可浏览或使用保存过的信息。Internet 中的网页有很多，如果用户知道将要浏览的网页域名，可以在 IE 浏览器的地址栏中输入域名，快速地转到相应的网页中进行浏览。如果不知道网站的域名，用户可以使用网页的搜索功能对网站的名称或内容进行搜索。目前功能强大的网页搜索服务工具很多，它们被称为搜索引擎。

在本学习单元中，将学习如何在网页浏览过程中快速地找到有用的信息，并将其从 Internet 中保存到自己的计算机磁盘上。

本单元将通过两项任务呈现。

- 浏览电子工业出版社的网页并将相应的内容保存在自己计算机的磁盘中；
- 使用搜索引擎检索信息。

任务 1　浏览和保存网页信息

任务内容

在该任务中我们主要进行以下两方面的学习。

- 浏览电子工业出版社的网页；
- 将电子工业出版社的社徽作为图片文件保存到计算机磁盘中。

任务分析

通过对本任务的学习，读者将掌握保存网页中图片的操作方法，并能够对所保存的内容进行分类管理和运用。本任务可分解为下列步骤实施。

✧ 打开电子工业出版社网站的主页；

✧ 进入出版社“社名社徽”的页面；

✧ 保存出版社的社徽图片。

任务实施步骤

【第一步】打开电子工业出版社网站的主页

在 IE 浏览器的地址栏中输入电子工业出版社网站的域名 www.phei.com.cn，然后按回车键，浏览器主窗口中出现电子工业出版社的主页，如图 3-21 所示。

图3-21 电子工业出版社主页

【第二步】进入出版社“社名社徽”的页面

单击主页的“关于我社”菜单项，进入“关于我社”页面。然后，单击网页左侧的“社名社徽”链接，转到出版社“社名社徽”网页页面，如图 3-22 所示。

图3-22 “社名社徽”页面

【第三步】保存出版社的社徽图片

如果要将出版社的社徽保存在自己的计算机中，可以执行下列操作。

（1）在图片上单击鼠标右键，弹出快捷菜单，选择“图片另存为”命令，如图 3-23 所示。

图3-23　“图片另存为”命令

（2）在弹出的“保存图片”对话框中选择保存的位置。

（3）单击“新建文件夹”按钮，在桌面上新建一个文件夹，命名为“图片”，如图 3-24 所示。

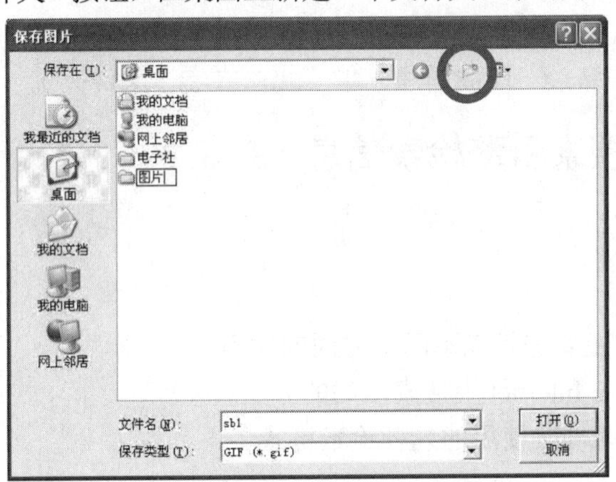

图3-24　新建“图片”文件夹

（4）打开 “图片”文件夹，更改图片的名称为“社徽”，文件保存类型为默认类型，单击“保存”按钮后即可将网页中的图片保存在自己的计算机磁盘中。

相关知识

通过对以上任务的学习，读者将电子工业出版社网站中的主页、文字及图片等内容进行了保存，此时如果计算机断开与 Internet 的连接，读者依然能够在自己的计算机中查看并使用这些被保存的内容。

为了更好地学习浏览和保存网页的操作，现将相关知识介绍如下。

1．打印网页

浏览网页时，除了可以将网页保存在计算机磁盘上，还可以直接将当前浏览的网页内容通过打印机打印出来，单击工具栏中的“打印”按钮或选择“文件”菜单中的“打印”命令即可。

2．发送网页

如果要将网页通过电子邮件发送出去，可以通过“文件”菜单的“发送”命令进行操作。发送网页时，可把网页内容发送给收件人，也可把网页的网址发送出去。

3．网站的主页

一般来说，网站的主页是指访问某个网站时打开的第一个网页页面，网站的主页体现了整个网站的设计风格和性质，通常包含了网站的主目录，是一个网站的标志。网站的主页与网页浏览器设置的主页是两个不同的概念。例如，电子工业出版网站的主页是www.phei.com.cn，读者可以将这个网页设置为自己浏览器的主页，也可以将任意一张网页，甚至是空白页设置为浏览器的主页，而网站的主页是在网站建立时由网站建立者设计好的，并不会因为读者的设置而改变。

实战训练

通过对本任务的学习，读者能够灵活自如地将 Internet 中感兴趣的内容保存到自己的计算机中，在需要时可以随时引用这些被保存的文字、图片等资源。

请根据所学的方法，浏览北京大学官方网站（www.pku.edu.cn），并将北京大学的校徽图片保存在自己的计算机中（在 D 盘新建一个“北京大学”文件夹）。

任务 2 使用搜索引擎检索信息

任务内容

在该任务中我们将主要进行以下两个方面的学习。

- 掌握用关键词在 Internet 上搜索网站的方法；
- 探究用关键词查询时使用的几种检索格式。

任务分析

通过对本任务的学习，读者将了解搜索引擎的概念，掌握搜索引擎的使用方法，有利于读者在 Internet 中快速地查找网站。本任务可分为下列步骤实施。

- 使用“百度”搜索引擎查找电子工业出版社的网站地址；
- 使用关键词检索格式对网页进行搜索。

任务实施步骤

【第一步】使用“百度”查找电子工业出版社的网站

（1）在 IE 浏览器的地址栏中输入 www.baidu.com，进入“百度”搜索引擎的主页，如图 3-25 所示。

图3-25　“百度”主页

（2）在“百度”中输入要搜索的关键词“电子工业出版社”后，按回车键开始进行搜索。

（3）在显示的搜索结果页面中，用鼠标单击“电子工业出版社”的链接词条，即可显示电子工业出版社的主页，如图 3-26 所示。

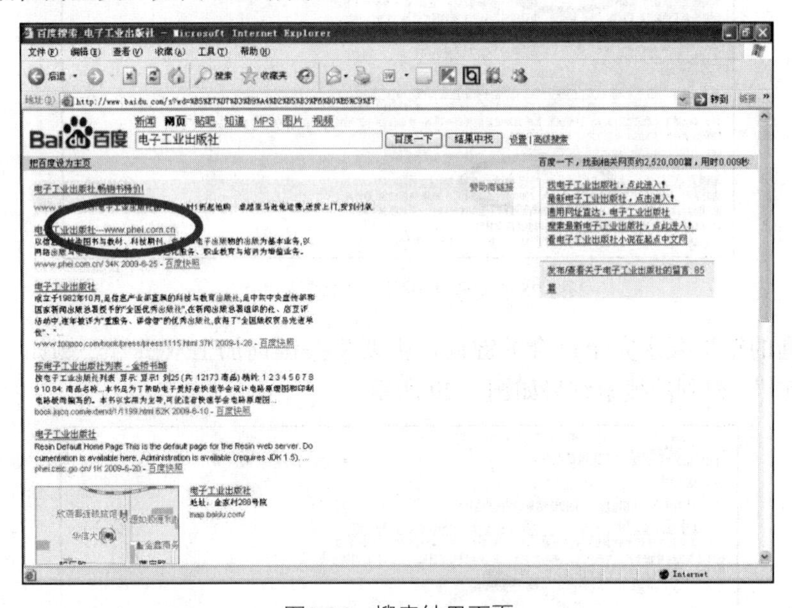

图3-26　搜索结果页面

【第二步】在使用关键词查询时设置检索格式

使用关键词查询的方法搜索网站时，可以设置一定的检索格式。例如，要搜索网上篮球的资料时，可输入关键词“篮球”。但是如要搜索除 NBA 以外的有关篮球的资料时，就应该在输入关键词时加上检索格式“篮球-(NBA)”，这样得到的搜索结果如图 3-27 所示。

有时，在进行网站内容的搜索时，关键词与搜索结果并不完全匹配。例如，输入关键词“中国风景点”，得到的搜索结果如图 3-28 所示。

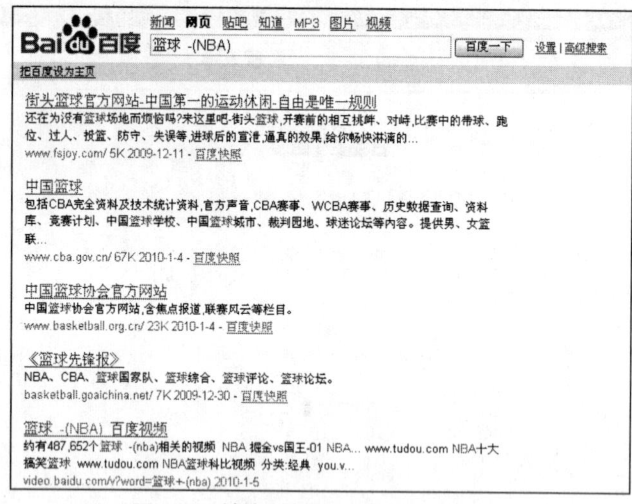

图3-27 搜索关键词“篮球-(NBA)”

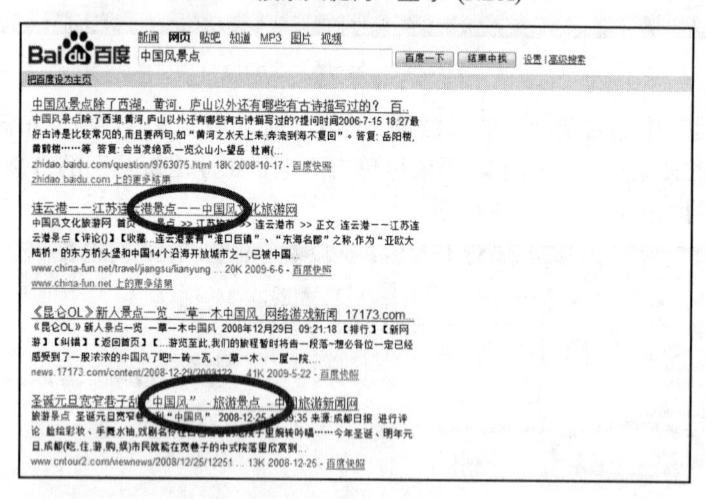

图3-28 搜索关键词“中国风景点”

如果查询的结果要求完全符合关键词，需要将关键词加上双引号。例如，输入关键词“"中国风景点"”，得到的搜索结果如图 3-29 所示。

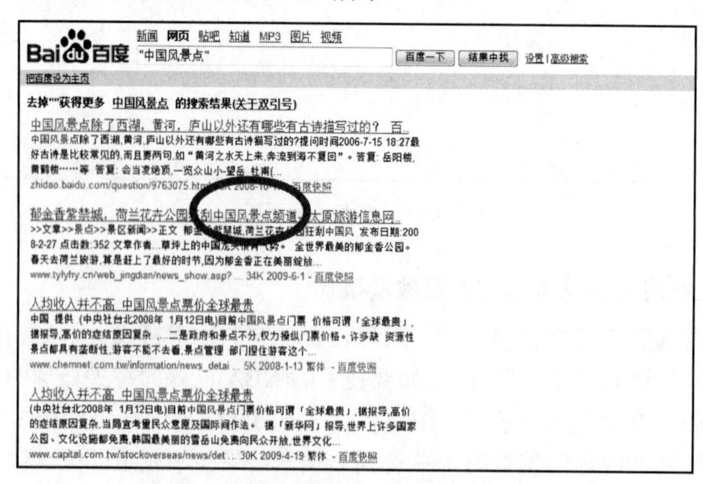

图3-29 搜索关键词“"中国风景点"”

相关知识

在这个学习单元中，学习了在 Internet 中利用搜索引擎快速地检索所需的内容，并体验了关键词查询与分类目录查询在操作上的区别，为了更好地掌握和运用搜索引擎，现将相关知识介绍如下。

1．搜索引擎

所谓“搜索引擎”，是一种向用户提供信息资源的检索与排序功能的服务系统。能够提供检索服务的搜索引擎网站有许多，比较知名的有“百度”（www.baidu.com）、“谷歌”（www.google.cn）、“必应”（cn.bing.com）等。

2．搜索关键词

在进行网站搜索时，不需要知道网站的域名，只需输入一个或几个关键词进行搜索即可。一般情况下，关键词表示的是用户搜索的意向，如搜索“新闻”，搜索结果为有新闻内容的网站。

关键词可以是一个，也可以是多个。如果输入多个关键词，每个关键词之间需要用空格分隔开。

3．检索格式

检索格式是用户为了更为精确地查询网站所采用的限制方法。在利用关键词查询时，对输入的关键词设置一些检索格式，可以减少不必要的搜索结果的干扰。例如，本任务中搜索关键词“＋篮球　－NBA”。“＋”号限定关键词一定要出现在结果中，“－”号限定关键词一定不要出现在结果中，两个关键词之间用空格分隔，搜索的结果就是除 NBA 以外的有关篮球的资料。

又如，本任务中搜索关键词“中国风景点”。搜索结果中不仅有包含“中国风景点”的网站，还有包含了“中国风”和“景点”两个独立词组的网站。为了更精确地查询只包含“中国风景点”词组的网站，可以在输入关键词时使用检索格式，即对关键词加上双引号，这样就只会搜索出完全符合“中国风景点”串的网站了。

实战训练

通过这一系列的操作，可以掌握 “搜索引擎”这一重要的网络工具的使用方法。事实上，搜索引擎不仅能够快速地查找网站，还能够搜索音乐、地图等丰富多彩的内容。搜索引擎的其他功能，还有待读者们探究。

请根据本课所学的内容，搜索自己所在城市的情况简介。

学习单元3.4　使用电子邮件

电子邮件是 Internet 提供的最普通、最常用的服务之一。通过电子邮件可以和网上的任何人进行离线交流。与普通信件相比，电子邮件不仅传递迅速，而且可靠性高。多媒体电子邮件不仅可以传送文本信息，还可以传送图片、声音、视频等多种类型的文件。

使用电子邮件的首要条件是要拥有一个电子邮箱，在本学习单元中，首先将通过在线申请一个免费邮箱的操作来熟悉如何接收和发送电子邮件。

本学习单元的内容将分解为以下两个任务来完成。

- 申请免费电子邮箱；
- 收发电子邮件。

任务1　申请免费电子邮箱

任务内容

在该任务中我们将主要进行以下两个方面的学习。

➢ 登录126网易免费邮箱网站（www.126.com），注册一个免费电子邮箱；

➢ 使用自己的账号和密码登录邮箱，对邮箱进行相关设置。

任务分析

通过对本任务的学习，要熟悉在线申请免费电子邮箱的一般步骤，并牢记自己的电子邮箱账号和密码，同时学会使用网站提供的功能对自己的电子邮箱进行基本设置。本任务分为以下几个步骤进行。

✧ 启动IE浏览器；

✧ 选择自己喜欢的搜索引擎搜索关键词“申请免费邮箱”；

✧ 选择一个申请免费邮箱的网站进入；

✧ 注册邮箱；

✧ 登录邮箱并进行相关配置；

✧ 退出邮箱。

任务实施步骤

【第一步】启动IE浏览器

启动IE浏览器的方法为单击“开始”→“所有程序”→“Internet Explorer”命令。如果桌面上有IE浏览器快捷图标，如图3-30所示，也可双击该快捷图标。

图3-30　IE浏览器图标

【第二步】搜索免费邮箱

以百度搜索引擎为例，在线搜索“申请免费邮箱”。

【第三步】选择一个申请免费邮箱的网站进入

以126免费电子邮箱为例，进入该网站，如图3-31所示。

【第四步】注册邮箱

（1）单击“立即注册”按钮进入注册第一步，创建一个新的126邮箱地址，如图3-32所示。

（2）输入用户名及出生日期，单击“下一步”按钮，进入注册第二步，填写用户资料。

（3）按要求输入个人相关资料，单击“我接受下面的条款，并创建账号”按钮，进入注册成功界面。

图3-31　126免费邮箱网站

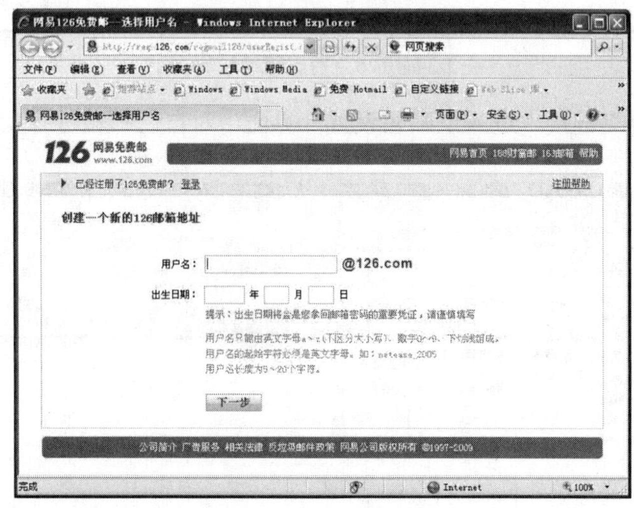

图3-32　126免费邮箱注册

【第五步】登录邮箱并进行相关配置

（1）单击“进入邮箱”按钮，如图 3-33 所示。

图3-33　进入126免费邮箱后的界面

（2）单击“换肤”链接，选择自己喜欢的主题颜色，如图 3-34 所示。

图3-34　126免费邮箱换肤界面

（3）单击“设置”链接，进入“邮箱设置”界面，对自己邮箱进行相关设置，如图 3-35 所示。

图3-35　126免费邮箱设置界面

【第六步】退出邮箱

邮箱设置完成后，可单击“退出”链接，正常退出电子邮箱。

为提示对方的来信已收到，及时给对方一个信息，可以设置邮箱“自动回复”功能。

单击“设置”按钮→“自动回复”按钮→设置“使用自动回复选项”，输入回复内容，单击“确定”按钮即可。

相关知识

通过上面的学习，可以了解如何申请个人免费邮箱，并对邮箱进行了设置，现将相关知识介绍如下。

由于 E-mail 是直接寻址到用户的，而不仅到计算机，所以个人的名字或有关说明也要输入 E-mail 地址中，Internet 的电子邮箱地址组成结构如下，用户名@电子邮件服务器域名。

地址表明以用户名命名的邮箱是建立在符号@后面的电子邮件服务器上的，该服务器就是向用户提供电子邮件服务的“邮局”。例如，wanglei@126.com，这里 wanglei 是某人的电子邮箱名称，126.com 则是邮件服务器的域名。

实战训练

利用自己喜欢的搜索引擎搜索类似的免费电子邮箱，并进行注册申请操作。

任务 2　收发电子邮件

任务内容

使用 126 网易免费邮箱（www.126.com）给自己发送一封带附件的电子邮件。

任务分析

通过对本任务的学习，掌握在线收发电子邮件的方法。本任务分为以下几个步骤进行。

- ✧ 登录免费邮箱；
- ✧ 收件箱的操作；
- ✧ 编辑邮件并添加附件；
- ✧ 输入电子邮箱地址并发送。

任务实施步骤

【第一步】登录免费邮箱

启动 IE 浏览器，进入 www.126.com，输入账号和密码，进入自己的免费 126 邮箱。

【第二步】收件箱的操作

（1）单击“收信”按钮，进入收件箱，如图 3-36 所示。

（2）单击第一封邮件“网易邮件中心”，并阅读邮件内容，如图 3-37 所示。

【第三步】编辑邮件并添加附件

（1）单击“写信”按钮，进入编辑窗口。

（2）填写邮件内容，并将一张图片作为附件添加到邮件中，主题为“发给自己”。

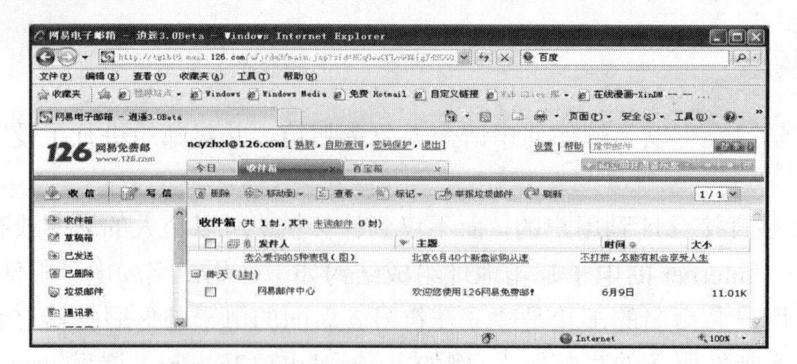

图3-36　收件箱窗口

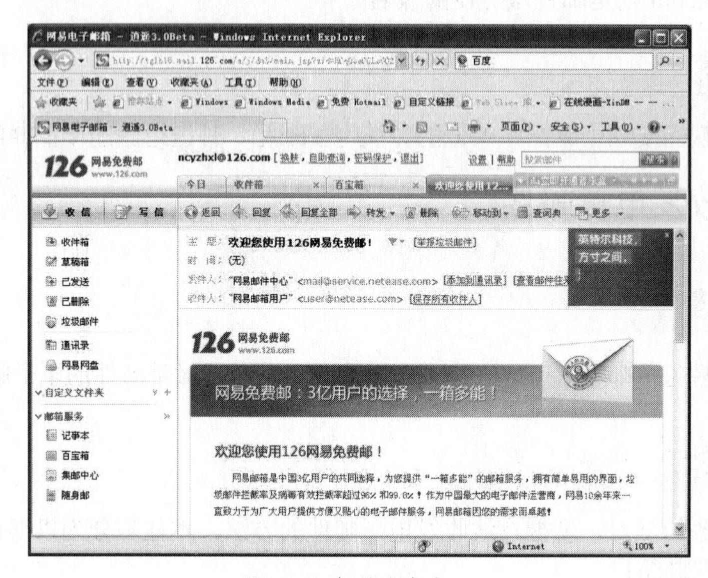

图3-37　邮件内容窗口

【第四步】输入自己的电子邮箱地址并发送

（1）在“收件人”一栏中输入自己的免费电子邮箱地址，如图 3-38 所示。

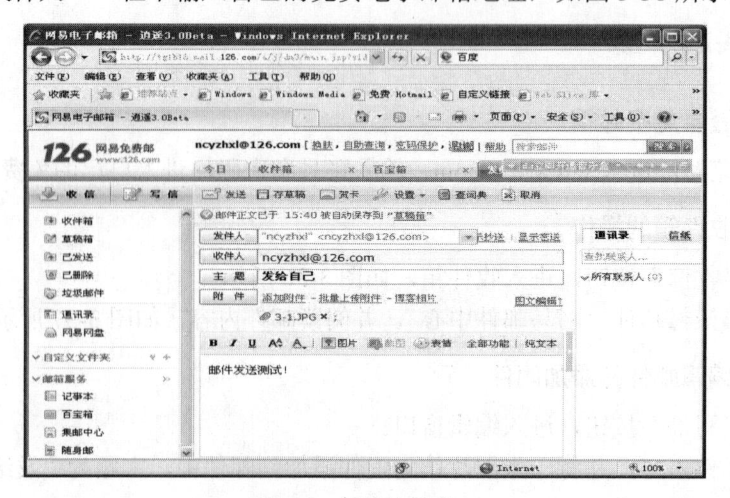

图3-38　邮件编辑窗口

（2）单击“发送”按钮，显示发送成功。

当用户第一次发送邮件成功后，系统会提示用户尚未设置自动添加收件人地址到通讯录，这时用户可以设置自动添加，今后凡是成功发送的电子邮件，系统都将会自动将收件人地址添加到通讯录中，以方便用户联系。

相关知识

通过上面的学习，了解了收发电子邮件的方法，现将相关知识介绍如下。

Internet 上有很多处理电子邮件的邮件服务器，和用户相关的电子邮件服务器有两种类型：发送邮件服务器和接收邮件服务器。发送邮件服务器遵循的是简单邮件传输协议（SMTP），其作用是将用户发出的电子邮件转交到收件人的邮件服务器中。接收邮件服务器采用邮局协议（POP3），用于将其他人发送来的电子邮件暂时寄存，直到用户从服务器上将邮件取到本地机上阅读为止。E-mail 地址中@后的电子邮件服务器就是一个 POP3 服务器名称。

实战训练

尝试同时给自己的几个好友发送电子邮件，以掌握群发的方法。

学习单元3.5　常用网络平台的使用

随着因特网的覆盖范围迅速扩大，以及网络应用的迅速普及，新的应用层出不穷。BBS（网络论坛）、电子邮件服务和搜索引擎成为因特网的三大基础应用。在此基础上延伸出的网络音乐、网络新闻、即时通信、网络视频、网络游戏、博客/个人空间和网络购物等方式逐渐深入到人们的生活中，慢慢地改变着人们的生活。

在本学习单元中，将学习如何使用 QQ 聊天工具进行在线聊天、上传和下载文件、申请和建立个人博客和网上购物。

本学习单元的内容将分解为以下四个任务来完成。

- 迅雷的使用；
- 使用 QQ 聊天软件；
- “百度空间”——个人博客；
- “淘宝”体验。

任务 1　下载文件

任务内容

以“迅雷”软件为例，下载 Internet 中的文件，任务的主要内容为。

- 学习网络资源下载的操作；
- 了解下载工具软件及其概念。

任务分析

通过对本任务的学习，要熟悉在 Internet 中下载共享资源的操作。本任务以下载 QQ 的安装程序为例，进行文件的下载操作，任务分为以下几个步骤进行。

✧ 在网络中查找可下载 QQ 安装程序的网站；

✧ 选择可下载的文件；

✧ 使用“迅雷”下载工具对文件进行下载。

任务实施步骤

【第一步】利用“百度”搜索“QQ 下载”

【第二步】找到下载的文件

在下载服务网站中，找到提供的下载文件，如图 3-39 所示。

图3-39　提供下载QQ的网站

【第三步】使用迅雷进行文件的下载

（1）在这个网站中，有专门针对“迅雷”工具提供的下载服务，用鼠标单击该下载地址后，系统会弹出“迅雷”操作界面，如图 3-40 所示。如果本机没有安装“迅雷”软件，则需安装后再下载网络资源。

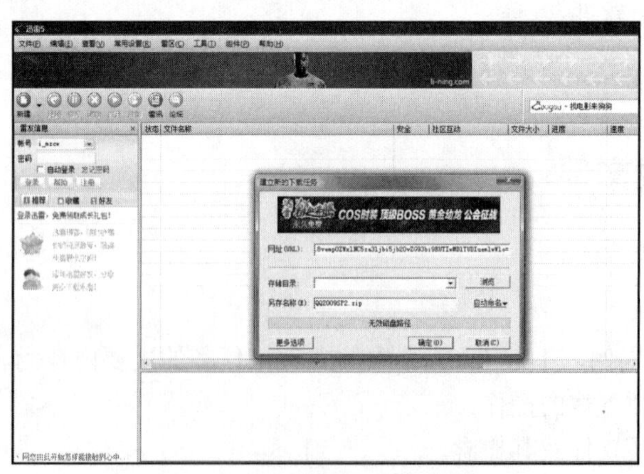

图3-40　“迅雷”操作界面

（2）在“建立新的下载任务”对话框中输入存储目录的路径，以确定下载的文件将要在自己计算机磁盘中存放的位置。

（3）所有的设置都完成后，单击“确定”按钮，开始进行文件的下载。

（4）当进程变成 100%时，说明下载已经完成，这时因特网中的文件就已经下载到本地计算机的磁盘中了。

相关知识

通过对本任务的学习，用户可以了解如何在网络中搜索下载文件资源，并使用下载工具进行文件下载的方法，现将相关知识介绍如下。

通常情况下，如果下载的是安装程序文件，得到的是一个文件压缩包，所以用户在进行安装之前需要先进行解压缩操作。

下载所使用的工具软件有很多种，除本例中所使用的“迅雷”软件之外，还有“超级旋风”、“快车（FlashGet）”、“电驴（eMule）”和“比特彗星（BitComet）”等，读者可按实际情况选择下载工具。此外，浏览器本身也带有下载功能，如果使用浏览器下载网络资源，则不需要单独安装这类下载工具软件。

实战训练

请在 Internet 中搜索并下载一种汉字输入法到自己的计算机中。

任务 2　使用即时通信软件

任务内容

使用自己的账号和密码登录 QQ，和自己的好友进行通信（文字、声音或视频）。

任务分析

通过对本任务的学习，要熟悉安装 QQ 软件的步骤，并会使用 QQ 进行在线交流。本任务分为以下几个步骤进行。

✧　申请 QQ 账号；
✧　登录 QQ 并添加好友；
✧　与 QQ 好友进行交流。

任务实施步骤

【第一步】申请 QQ 账号

（1）进入 QQ 网站，单击“号码”链接，如图 3-41 所示。

（2）单击“立即申请”按钮，按网页提示进行申请，如图 3-42 所示。

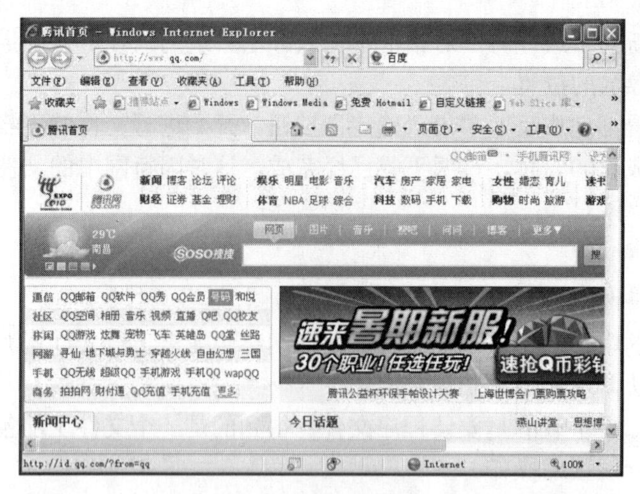

图3-41　QQ网站首页

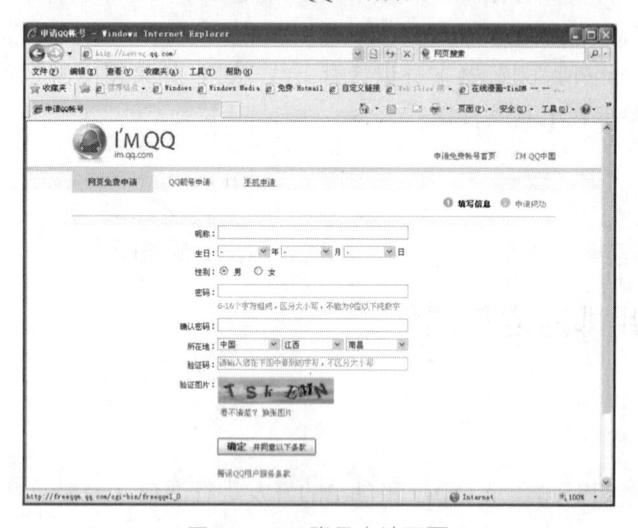

图3-42　QQ账号申请页面

【第二步】登录 QQ 并添加好友

（1）运行 QQ 软件，输入 QQ 号和密码登录，如图 3-43 所示。

（2）查找并添加好友，如图 3-44 所示。

图3-43　QQ登录窗口

图3-44　QQ查找窗口

【第三步】与 QQ 好友进行交流

添加好友后，双击在线好友图标，进行交流（文字、声音或视频），如图 3-45 所示。

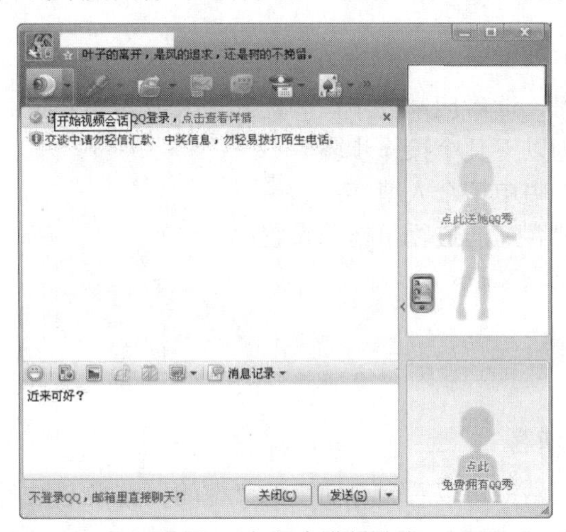

图3-45　与好友进行交流

操作技巧

选择 QQ 为当前窗口，将当前正在使用的输入法转换成“英语”输入法，按照要找的用户昵称第一个字的拼音的第一个字母键，若该用户的昵称是英文字母开始，则直接按此字母键，若该用户的昵称是数字开始，则直接按此数字键，可快速找到该用户。

相关知识

通过上面的学习，可以对即时通信软件有初步的了解，现将相关知识介绍如下。

除了电子邮件外，另外一个重要的网络通信应用——即时通信已逐渐成为网民们通信和交流的首选。即时通信工具，包括 QQ、MSN、SKYPE 等，它们可以让远隔重洋的人们通过文字、语音或者视频进行实时交流，相比电话等传统通信工具，即时通信工具有着方便、多样化和廉价等优势。

实战训练

（1）建立 QQ 班级群，并加入到该群与同学进行交流。

（2）申请一个 MSN 账号，并添加好友进行交流。

任务 3　申请和建立个人博客

任务内容

以“百度空间”为例，申请和建立个人博客，本任务的主要内容如下：

- 学习如何申请并建立一个自己的个人博客；
- 尝试在新建立的个人博客中发表文章。

任务分析

通过对本任务的学习，读者应掌握申请和建立个人博客的方法，并能够在个人博客中发表文章。本任务可分解为以下几个操作步骤。

- 在“百度空间”中申请个人博客；
- 对自己的个人博客空间进行风格的设置；
- 在个人博客中发表文章。

任务实施步骤

【第一步】申请个人博客

（1）进入“百度”网站，可以看到界面中的“空间”链接，如图 3-46 所示。

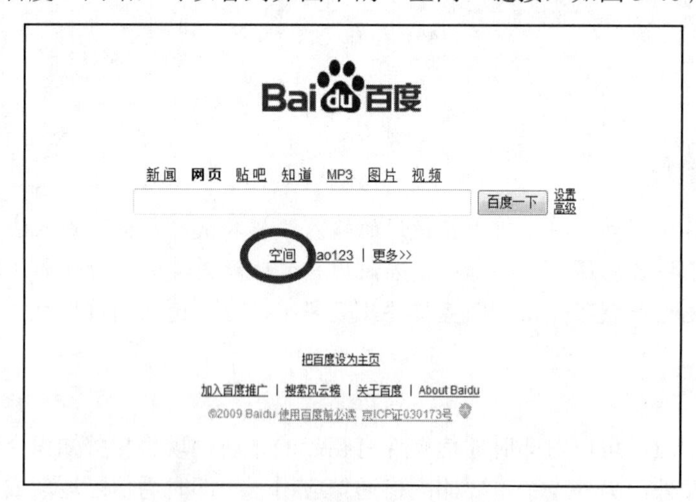

图3-46　“百度”网站上的“空间”链接

（2）单击“空间”链接，进入“百度空间”的注册及登录页面，如图 3-47 所示。

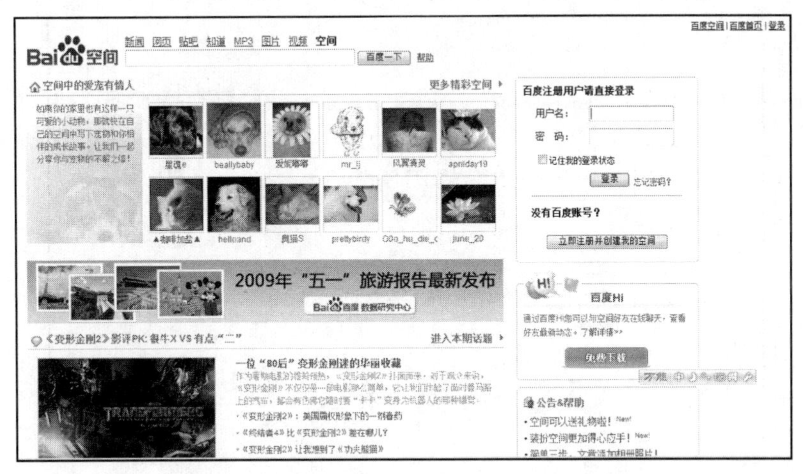

图3-47　“百度空间”的注册及登录页面

（3）如果已经拥有了自己的“百度空间”，可以直接输入用户名和密码登录。如果还没有自己的“百度空间”，可以申请拥有自己的空间。单击“立即注册并创建我的空间”按钮，进入到注册空间页面，如图 3-48 所示。

图3-48　注册空间页面

（4）在注册页面中输入相应的信息。

（5）当输入的所有信息都符合网站要求时，单击“同意以下协议，立即注册”按钮，进入到个人空间风格设置的页面。

【第二步】对自己的个人空间进行风格设置

（1）在“上传头像”页面中，可以设置自己在空间中的形象，一般情况下，读者可以单击“浏览”按钮，在自己的计算机中找一幅图片作为自己的头像。本例中暂时不进行头像的设置。单击“下一步”按钮，进入到“个人资料”的设置。

（2）在“个人资料”设置页面中，可以输入自己的相关资料，目的是让访问这个博客的网友能够更加详细地了解空间的主人。本例中暂时不进行任何资料的输入，直接单击“完成立即进入我的空间”按钮，进入到新创建的个人空间页面，如图 3-49 所示。

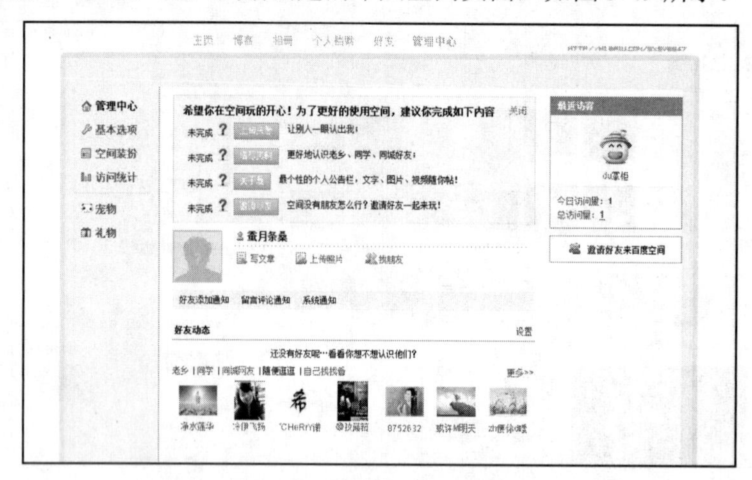

图3-49　新创建的个人空间

【第三步】在个人的空间博客中发表文章

（1）个人空间创建完成后，就可以在自己的博客中发表文章了。单击个人空间中的“写文章”链接，进入个人博客的“创建新的文章”页面中。

（2）在这里，读者可以发表自己的日记、读后感等文章，也可以转载其他的文章，如图 3-50 所示。

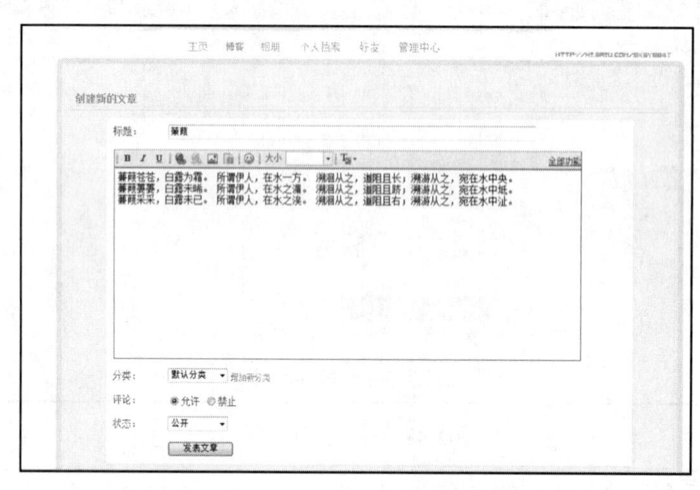

图3-50　在个人空间中输入文章

（3）单击“发表文章”按钮，可以将输入的文章存放到自己个人空间的博客中，这样所有来访问自己个人空间的网友都将看到自己的文章。

相关知识

通过对本任务的学习，读者掌握了申请和创建个人空间的操作方法，并能够在个人博客中发表文章。现将相关知识介绍如下。

个人博客是一个开放的网络交流平台，用户可以在个人博客中自由地发表自己的文章和观点，访问者也可以自由地在用户的空间中进行留言。网络空间是一个虚拟社会，所以用户首先应当有一定的道德底线，不在网络中进行危害他人的活动，其次用户应当具有一定的自我保护意识，不要轻易地相信网络中别有用心的言论。

实战训练

创建一个属于自己的个人空间，并对其进行风格的设置。

任务 4 体验信息化生活

Internet 已经发展成为一个比较健全的虚拟社会，在 Internet 中可以进行许多以往只有在现实生活中才能做到的社会活动。例如，现在可以在网上进行在线学习、网上购物及求职等活动，信息化的生活让人们享受到了快捷、方便的服务。

本任务以网上购物为例，体验一下网络中信息化生活的便捷。

任务分析

通过对本任务的学习，读者将掌握在网络中进行社会活动的技能，并能够体验一次“淘宝”的经历。本任务可分解为以下几个步骤。

✧ 进入“淘宝网”并注册一个淘宝网的账户；

✧ 查找自己所需的商品；

✧ 在网上购买商品。

任务实施步骤

【第一步】注册“淘宝网”账户

（1）在 IE 浏览器的地址栏中输入 www.taobao.com，进入到“淘宝网”的网站，如图 3-51 所示。

图3-51 “淘宝网”页面

（2）因为是第一次进入淘宝网，所以首先单击网页左上角的“免费注册”链接，进入到注册页面。

（3）本网站支持两种注册方式，一种是“手机号码注册”，一种是“邮箱注册”，两种方式可任选一种。这里以“邮箱注册”为例，单击“邮箱注册”中的“单击进入”按钮，进入下一个页面，如图3-52所示。

图3-52 用户注册页面

（4）在注册页面中填入必须填入的个人资料，特别是“电子邮件”地址。

（5）阅读“服务条款”后，单击“同意以下服务条款，提交注册信息”按钮，进入到下一个页面。

（6）按提示，进入到自己填写的电子邮箱中，获取“激活邮件”。

（7）在电子邮箱中单击“激活邮件”的“确认”按钮，如图3-53所示。

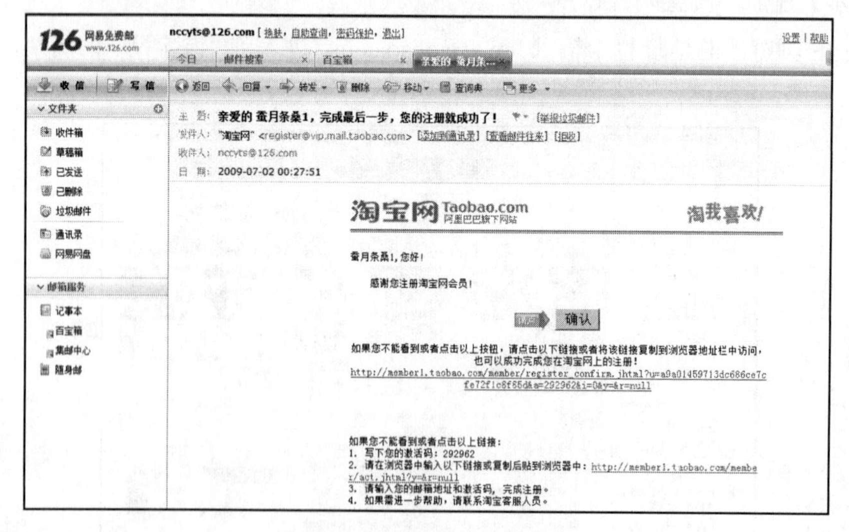

图3-53 “激活邮件”的内容

（8）页面转回“淘宝网”，注册成功。

【第二步】查找自己需要的商品

注册成功后，在“淘宝网”中可以对自己需要的商品进行查找，如想要在网上购买一个篮球，可以在“搜索”中输入“篮球”，单击“搜索”命令，即可得到“淘宝网”中有关“篮球”的信息，如图 3-54 所示。

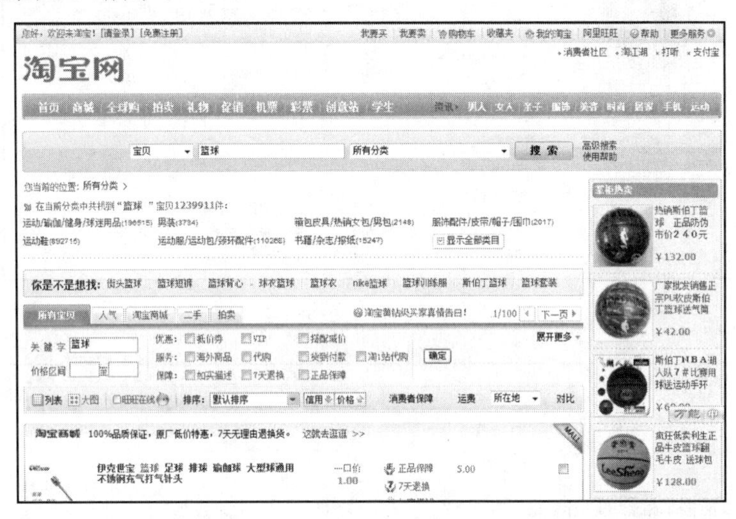

图3-54　与篮球有关的商品信息

【第三步】通过网络购买商品

（1）在各种商品信息中，选择一款自己满意的商品，单击后进入到该商品的交易页面，如图 3-55 所示。

图3-55　商品的交易页面

（2）如果想要购买商品，需要先以自己注册的用户名登录。

（3）登录完成后，回到交易页面，输入收货地址、收货人信息，以及购买信息等资料，如图 3-56 所示。

（4）在页面的下方，确定提交订单。

（5）单击“确认无误，购买”按钮后，就可选择付款的方式了，如图 3-57 所示。

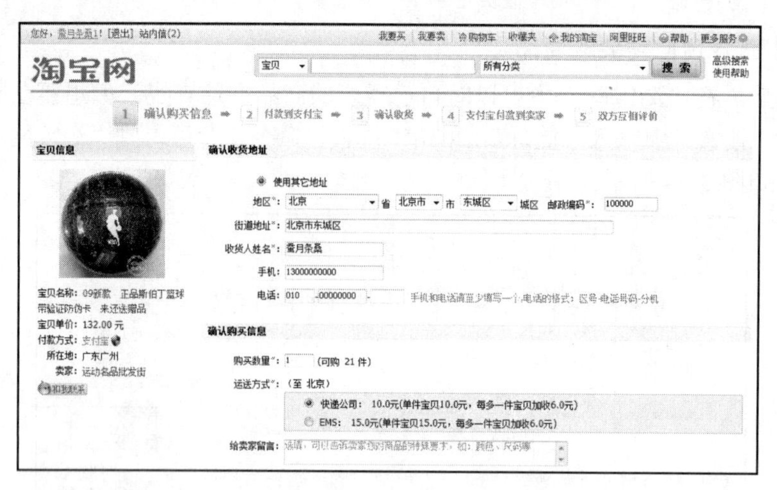

图3-56　输入交易信息

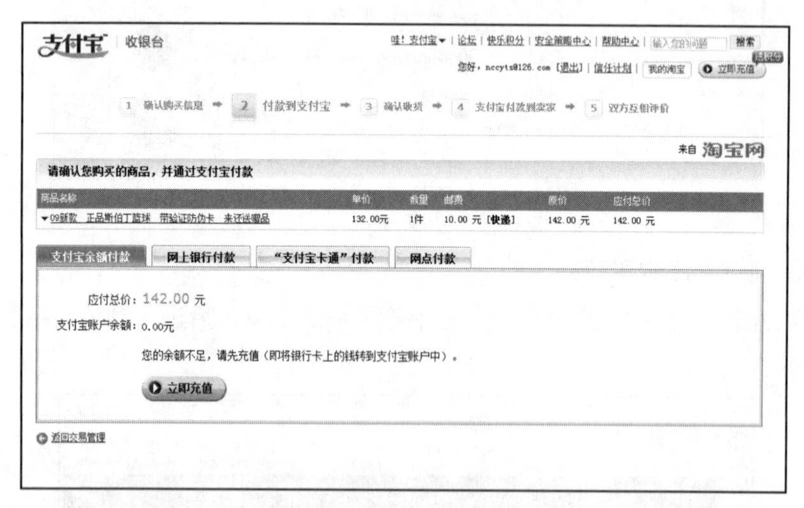

图3-57　选择付款方式

（6）在注册时，“淘宝网”会开通相应的“支付宝”，即一个资金账号。在进行网络购物时，可先将资金转账到这个账号中，等收到货物验证无误后再进行确认，此时“淘宝网”才会将资金支付给卖家，整个交易就完成了。

另外，还可以选择通过别的方式进行付款，如“网上银行”或“网点”付款方式，用户可按自己的实际情况进行选择。

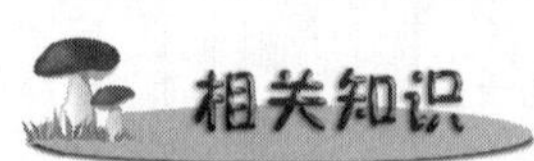

通过对本任务的学习，读者体验了网络购物的全过程。现将本任务的相关知识介绍如下。

网络购物是 Internet 众多服务和应用中的一种，随着网络的发展，网络生活越来越精彩，Internet 蕴含着无限商机。在网络的经济活动中，诚信是十分重要的，为了避免产生不必要的纠纷，在购物时应尽量到正规的网站，并注意对方的评价等级。付款时可选择“支付宝”进行支付，等货物收到后查验完成再进行确认付款。交易完成后按实际情况给予对方合理的评价也是一种负责任的好习惯。

网上购物也应当注意安全，防范信息泄漏、虚假宣传等违法行为。尽可能多的参考产品的销量、用户的评价等信息，保障自己的权益。

在网络中搜索一些有关求职和单位招聘的信息，看一看有没有与自己专业相关的岗位和职业信息。

本 章 小 结

通过对本章的学习，相信大家对因特网已经有了一个全新的认识，如知道怎样通过 Internet 获取自己所需的各种信息，会发送电子邮件，下载自己所需的软件，并能够与好友进行交流，尝试网上购物等。

思考与练习

一、填空题

1．目前上网所使用的浏览器软件主要是微软公司开发的__________________。

2．单击某个网页中的______________，可以从一个网页直接转到另一个网页。

3．选择_________菜单中的____________命令，可以将当前的网页添加到收藏夹中。

4．在浏览器的__________栏中，可以看到最近浏览过的网页地址。

5．万维网的英文全称是_________________。

6．连接 Internet 的计算机中必须安装的协议是_______________。

7．能够收集、组织和处理 Internet 中信息资源，并向用户提供检索服务的系统被称为______________。

8．如果要精确地进行搜索，需要给搜索的关键词加上____________。

9．电子邮箱地址的组成结构是________________。

10．如果在发送电子邮件时，需要传送声音、动画等文件，可以在邮件中添加__________。

二、选择题

1．单击（　　）按钮，可以显示最近浏览过的网页地址。

A．历史　　B．刷新　　C．收藏夹　　D．后退

2．安装在计算机主机中，将计算机连接到网络中的硬件是（　　）。

A．调制解调器　　B．CPU　　C．网卡　　D．显卡

3．下列电子邮件地址中，正确的是（　　）。

A．u2@sina.com　　B．sina.com@u2

C．u2.sina.com　　D．u2.sina.com@

4．网址 http://www.microsoft.com 中，“http”代表的是（　　）。

A．超文本传输协议　　B．服务器的主机名

C．文件传输协议　　D．网络服务商名

5．如果用户希望将收到的一个邮件发给另一个对象，可以使用（　　）功能。

A．新邮件　　B．转发　　C．回复　　D．密件抄送

6．在 Internet 中，FTP 的作用是（　　）。

A．发送和接收电子邮件　　B．浏览 Internet 中的计算机

C．进行远程登录　　D．上传和下载文件

7．一般情况下，在某网站中进行注册时必须填写的内容是（　　）。

A．自己的真实姓名　　B．自己的用户名和口令

C．自己的真实年龄　　D．自己的家庭住址

8．下列说法中，正确的是（　　）。

A．网络中所有内容都是真实的，所以我们可以相信网络中的任何信息

B．网络中的用户身份都是虚拟的，所以可以在网络中为所欲为

C．虽然网络是个虚拟世界，但大家在网络中应该遵守社会道德和法律

D．网络是个虚拟世界，在网络中所做的任何事情都不必承担法律责任

9．下列选项中，不是上网浏览网页必须安装的软件是（　　）。

A．网络协议　　B．网页浏览器　　C．文字处理软件　　D．操作系统

10．下列网站中，不属于购物网站的是（　　）。

A．搜狐网　　B．淘宝网　　C．当当网　　D．卓越网

第 4 章　文字处理软件的应用（Word 2007）

学习情境

在生活中，经常需要制作各种各样的文档。比如，在学校时，大家会制作小报、写信，会用到课程表、成绩单；当同学们毕业时，要制作毕业生自荐书、个人简历；当工作以后，需要制作更多类型的文档，如通知、合同、邀请函、说明书和宣传广告等。对于这些任务，Word 2007 都可以帮助读者高质量地、迅速地完成，从而极大地提高工作效率。

Word 2007 是 Microsoft 公司推出的在 Windows 环境下的系列办公软件之一。Word 2007 是在 Word 2003 版本的基础上进行了大规模的改进而来的，故 Word 2007 版本不但继承了历代版本的优点，而且根据用户的使用习惯和需求进行了更加人性化的改进。它既适合一般办公人员使用，又适合专业排版人员使用。

本章将以制作"关于计算机技能大赛的通知"、"课程表"、"个人简历表"、"新年贺卡"和"招生简章"的形式，通过完成一系列任务，带领大家熟练掌握 Word 2007 的文档排版、表格制作、图文混排和打印等操作方法。

学习单元4.1　制作基础Word文档

在本学习单元中，将通过制作一份"关于计算机技能大赛的通知"的文档，对 Word 2007 的基本操作进行认知与实践。具体内容包括通知文档的创建与保存、文字的输入与编辑、字体格式的设置、段落格式的设置、边框与底纹的设置，以及页眉与页脚的设置等。

"关于计算机技能大赛的通知"的效果图如图 4-1 所示。

本学习单元的内容将分解为以下 3 个任务来完成。

- 创建"关于计算机技能大赛的通知"文档并输入内容；
- 设置"关于计算机技能大赛的通知"中字体、段落的格式；
- 设置"关于计算机技能大赛的通知"中的页面格式和打印效果。

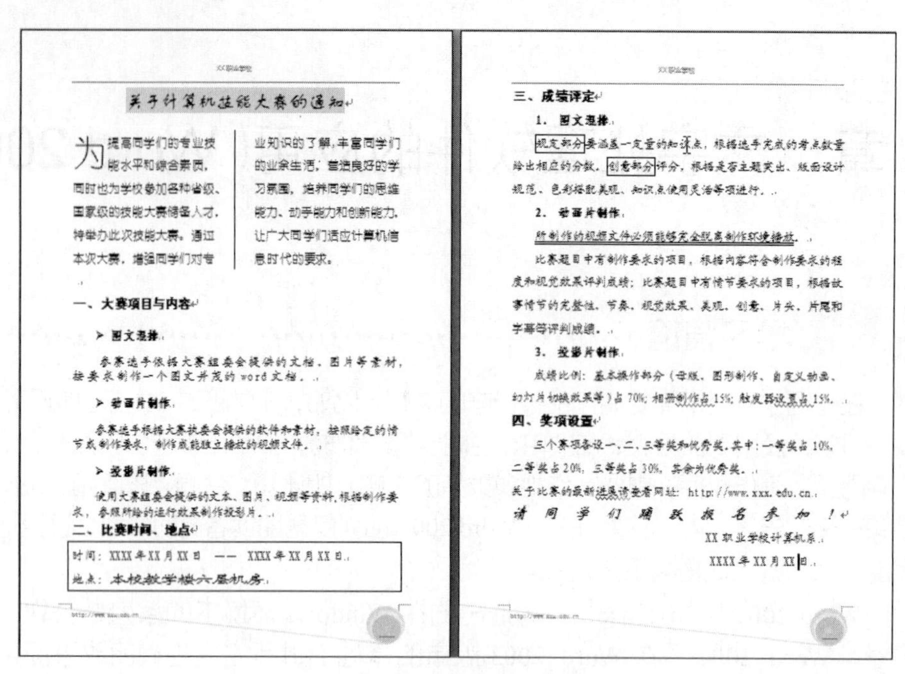

XX职业学校

关于计算机技能大赛的通知

为提高同学们的专业技能水平和综合素质，同时也为学校参加各种省级、国家级的技能大赛储备人才，特举办此次技能大赛。通过本次大赛，增强同学们对专业知识的了解，丰富同学们的业余生活，营造良好的学习氛围，培养同学们的思维能力、动手能力和创新能力，让广大同学们适应计算机信息时代的要求。

一、大赛项目与内容

➢ 图文混排

参赛选手依据大赛组委会提供的文档、图片等素材，按要求制作一个图文并茂的word文档。

➢ 动画片制作

参赛选手根据大赛组委会提供的软件和素材，按照给定的情节或制作要求，制作成能独立播放的视频文件。

➢ 投影片制作

使用大赛组委会提供的文本、图片、视频等资料，根据制作要求，参照所给的运行效果制作投影片。

二、比赛时间、地点

时间：XXXX年XX月XX日 —— XXXX年XX月XX日

地点：本校教学楼六层机房

XX职业学校

三、成绩评定

1．图文混排

规定部分要涵盖一定量的知识点，根据选手完成的考点数量给出相应的分数。创意部分评分，根据是否主题突出、版面设计规范、色彩搭配美观、知识点使用灵活等项进行。

2．动画片制作

所制作的视频文件必须能够完全脱离制作环境播放。

比赛题目中有制作要求的项目，根据内容符合制作要求的程度和视觉效果评判成绩；比赛题目中有情节要求的项目，根据故事情节的完整性、节奏、视觉效果、美观、创意、片头、片尾和字幕等评判成绩。

3．投影片制作

成绩比例：基本操作部分（母版、图形制作、自定义动画、幻灯片切换效果等）占70%；相册制作占15%；触发器设置占15%。

四、奖项设置

三个赛项各设一、二、三等奖和优秀奖。其中：一等奖占10%，二等奖占20%，三等奖占30%，其余为优秀奖。

关于比赛的最新进展请查看网址：http://www.xxx.edu.cn

请 同 学 们 踊 跃 报 名 参 加 ！

XX职业学校计算机系

XXXX年XX月XX日

图4-1 关于计算机技能大赛的通知

任务1 创建“关于计算机技能大赛的通知”文档并输入内容

任务内容

在该任务中我们主要完成以下4个方面的学习。

➢ 创建“关于计算机技能大赛的通知”文档；

➢ 输入文档内容；

➢ 保存及打开文档；

➢ 对文档内容进行编辑。

任务分析

通过对本任务的学习，使读者熟悉Word 2007的操作环境，了解Word 2007编辑窗口的基本使用方法，包括文本输入、文本编辑、文本的保存与退出等。会使用Word 2007提供的各种视图方便地查看文档。本任务分为以下几个步骤进行。

✧ 启动Word 2007；

✧ 认识Word 2007界面；

✧ 创建任务文档；

✧ 保存任务文档；

✧ 输入任务文档内容；

✧ 编辑任务文档内容；

✧ 退出任务文档；

✧ 认识Word 2007视图方式。

任务实施步骤

【第一步】启动 Word 2007

当用户电脑中安装有 Microsoft Office 2007 时，启动 Word 2007 的方法如下。

（1）单击“开始”→“所有程序”→“Microsoft Office”→“Microsoft Office Word 2007”命令。

（2）如果桌面上有 Word 2007 快捷图标，也可双击该快捷图标，如图 4-2 所示。

图4-2　Word 2007图标

【第二步】认识 Word 2007 界面

Microsoft 对包括 Word 2007 在内的 Office 2007 用户界面进行了全新的设计，与之前的版本相比，功能区替代了原来的很多工具与菜单命令，“文件”菜单也被“Office 按钮”取代，不仅更加美观，还可以更方便地找到相应的功能，如图 4-3 所示。

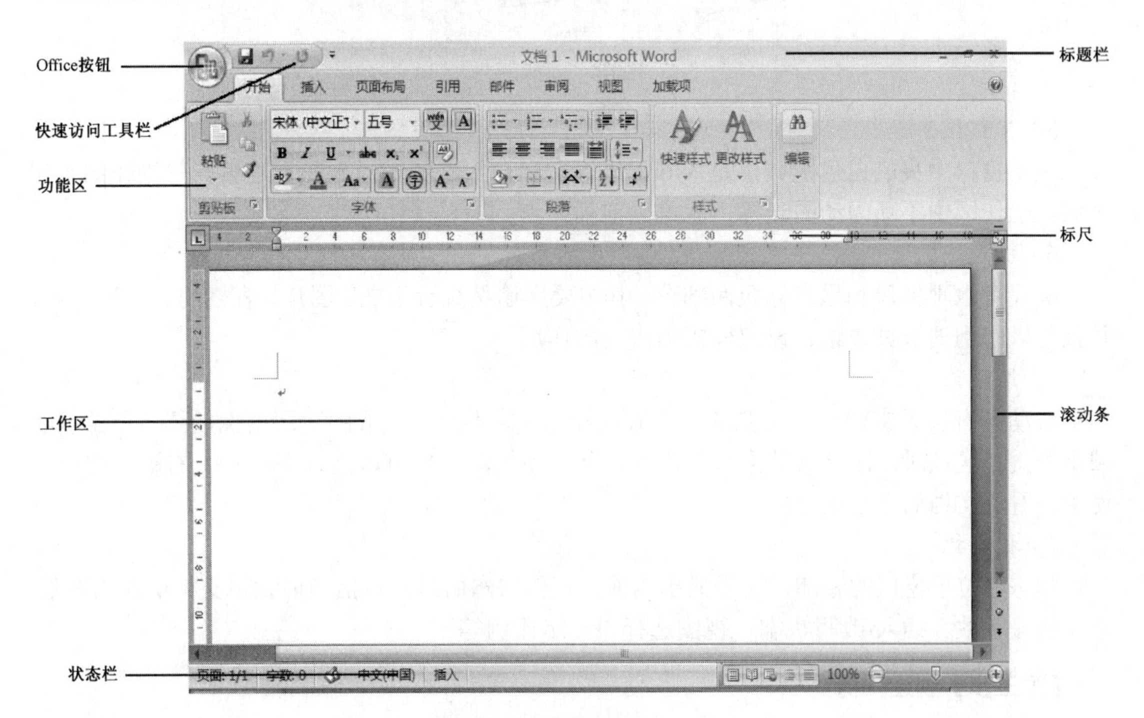

图4-3　Word 2007窗口界面

1）标题栏

标题栏位于 Word 窗口的最上方。中间显示当前文档的标题，右侧有窗口的“最小化”按钮、“最大化/向下还原”按钮与“关闭”按钮。

2）快速访问工具栏

默认提供有“保存”、“撤销”，“恢复”等常用工具，并可根据需要使用“自定义快速访问工具栏”按钮对包含工具进行增减。

3）Office 按钮

“Office 按钮”位于整个窗口的左上方，用“Office 按钮”可进行文档的新建、打开和保存，还可对文档进行其他的操作。可以通过“Office”按钮菜单下方的“Word 选项”按钮，打开“Word 选项”对话框，对 Word 2007 进行基本的设置。

4）功能区

功能区是位于界面上方的一个带状区域，包含了用户使用 Word 2007 时需要用到的几乎所有的功能。功能命令被组织在“组”中，“组”集中在选项卡下，如图 4-4 所示。每个选项卡都与一种类型的活动（如页面的布局）相关。为了减少混乱，某些选项卡只在需要时才显示。例如，当选择图片后，才显示“图片工具”选项卡。

如果在编辑过程中不需要用到功能区时，可以双击当前选项卡将功能区最小化，需要用到的时候再双击选项卡即可重新显示。

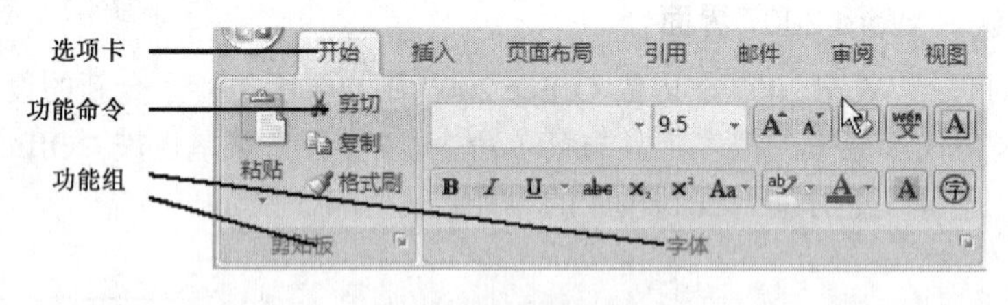

图4-4 功能区

5）工作区

位于窗口中央的白色区域，是 Word 进行文字输入、图片插入和表格编辑等操作的工作区域。工作区中不断闪动的光标，就是当前插入点。

6）标尺

标尺有水平标尺和垂直标尺两部分，其主要用途是查看正文、图片、表格的高度和宽度，并且可以起到调节页边距、设定段落缩进等的作用。

7）滚动条

滚动条有位于文档窗口右侧的“垂直滚动条”和位于下方的“水平滚动条”。当显示区域小于文档区域时，滚动条就会显示出来，此时使用滚动条可以上、下或左、右滚动文档，使用户看到文档的全部内容。

8）状态栏

状态栏位于窗口的底部，用于显示当前的工作状态信息。包括当前编辑文档所在的页数/总页数、字数、插入/改写状态、视图选择、显示比例等。

【第三步】创建任务文档

（1）启动 Word 2007 以后，系统会自动生成一个名为“文档 1”的空白文档。

（2）创建新文档。单击“Office 按钮”→“新建”命令，打开如图 4-5 所示的对话框，在中间区域中选择“空白文档”，再单击右下方的“创建”按钮，系统便会生成一个新的文档，并将新文档作为当前文档进行编辑。

【第四步】保存任务文档

（1）单击快速访问工具栏中的“保存”按钮，或“Office 按钮”→“保存”命令。

（2）如果是第一次保存，屏幕上会弹出一个“另存为”对话框，如图 4-6 所示。

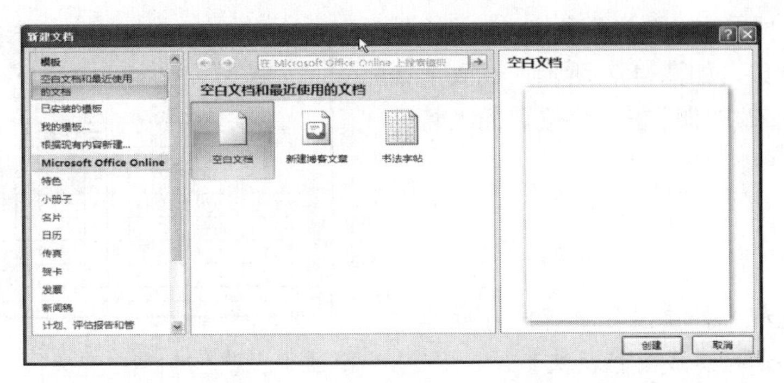

图4-5　“新建文档”对话框

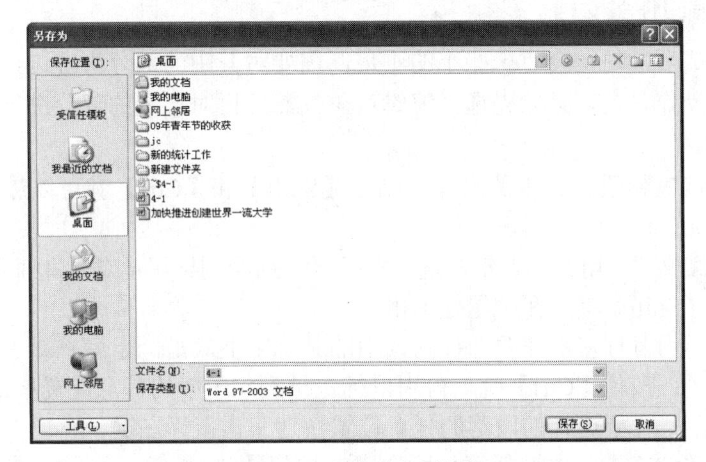

图4-6　“另存为”对话框

（3）在“保存位置”处选择文档所要保存的位置。

（4）在“文件名”框中输入要保存的文件的名称，本例中输入文件名“计算机技能大赛通知”。

（5）在“保存类型”中选择要保存的文件格式，系统默认格式为“Word 文档”。

（6）单击“保存”按钮，即可将文档以设置的文件名保存在指定的位置，默认扩展名为“.docx”。

如果文档已经进行过保存操作，则系统会直接对文档进行保存，不会弹出“另存为”对话框。如果要将当前文档保存为其他名字或位置，则需要使用“Office 按钮”菜单中的“另存为”命令进行操作。

要想使保存的文档能在 Word 2003 或更早的版本中使用，可以选择保存类型为“Word97-2003 文档”。

【第五步】输入文档内容

（1）选择一种适合的中文输入法，例如第 2 章所介绍的“搜狗拼音输入法”，在插入点后输入文本（本任务所用文档的文字内容请参看本任务后的附录 1）。

（2）英文输入。用【Ctrl+空格】组合键在英文输入法与当前中文输入法之间进行快速切换。

（3）输入特殊字符。选择“插入”选项卡，在“特殊符号组”里选择合适的符号，或单击按钮，再单击“更多”命令，打开“插入特殊符号”窗口，如图 4-7 所示，找到所需的特殊符号后，双击即可在当前位置插入特殊字符。

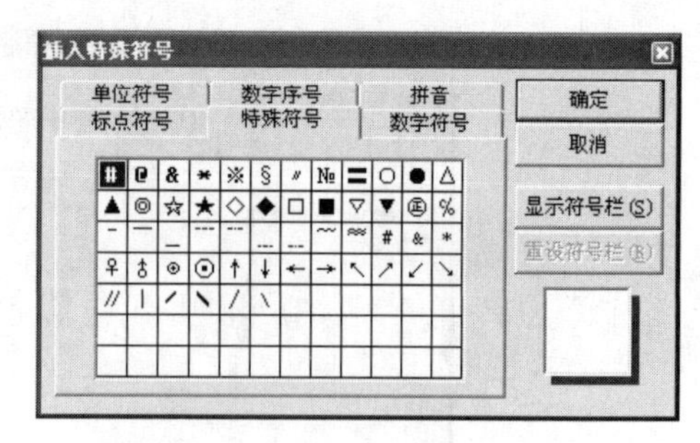

图4-7 “插入特殊符号”窗口

文本输入过程中，要经常进行保存操作，以防止突发事件发生造成文档丢失。

【第六步】编辑任务文档

文档输入完成后，往往会有一些小的不足，需要对其中的部分内容进一步编辑。

在进行编辑操作之前，必须先选择编辑对象，然后再对选定的部分进行编辑操作。

1）文本的选择

可以用键盘或鼠标进行文本的选择，结合【Shift】和【Ctrl】键可以进行多种方式的选择，常用的方法如下。

✧ 选择连续文本：用鼠标左键从起始处开始，拖动到结尾；或先将插入点放到起始处，再按住【Shift】键，在结尾处单击。
✧ 选择词：用鼠标左键在要选择的词中的某个字上双击。
✧ 选择句子：按住【Ctrl】键，再用鼠标左键到句子中的任意位置单击。
✧ 选择段落：在要选择的段落的任意位置快速三击鼠标左键。
✧ 选择分散的文本：先选择第一段文本，按住【Ctrl】键，用鼠标左键拖动选择其他文本。
✧ 选择矩形文本：按住【Alt】键，用鼠标左键拖动选择文本。

2）文本的移动、复制与删除

文本的移动是指将文本从文档的某个位置移动到另一个位置，可通过以下两种方法实现。

✧ 选择想要移动的文本，再将鼠标放到选择的文本上，此时鼠标指针变为箭头形状，用左键拖动文本到目标位置。
✧ 选择想要移动的文本，单击“剪贴板”功能组中的“剪切”按钮，再将当前插入点放置于目标位置，单击“粘贴”按钮。

文本的复制是指将文本从文档的某个位置复制到另一个位置，源文本仍然存在，可通过以下两种方法实现。

✧ 选择想要复制的文本，按住【Ctrl】键，再用鼠标左键拖动文本到目标位置。
✧ 选择想要复制的文本，单击“剪贴板”功能组中的“复制”按钮，再将当前插入点放置于目标位置，单击“粘贴”按钮。

文本的删除是指将选定的文本内容删除。

✧ 选中要删除的文本，用【Backspace】键或【Del】键删除。
✧ 用【Backspace】键删除当前插入点左侧的字符。
✧ 用【Del】键删除当前插入点右侧的字符。

3）撤销与恢复

每单击一次快速访问工具栏中的“撤销”按钮（或【Ctrl+Z】组合键），可撤销前一步的操作，直到达到允许撤销的最大数量或无可撤销操作为止。单击“撤销”按钮右边的小箭头，可直接从列表中选择需要撤销操作的位置。若要恢复某个撤销的操作，可单击快速访问工具栏上的“恢复”按钮（组合键为【Ctrl+Y】）。

为防止意外情况造成没有存盘的文件丢失，可以使用“自动保存”功能。

单击“Office 按钮”→“Word 选项”命令，系统弹出“Word 选项”对话框，选择“保存”项，将“保存自动恢复信息时间间隔”前面的复选框勾选，并选择适合的保存时间间隔，单击“确定”按钮即可。

【第七步】退出任务文档

1）关闭当前文档

单击文档窗口右上方的“关闭”按钮，或使用“Office 按钮”中的“关闭”命令即可关闭当前文档。

如果当前文档已经保存，则直接退出文档窗口；如果当前文档仍有未保存的内容，则弹出窗口提示进行保存，如图 4-8 所示。如果选“是”，则保存后退出；如果选“否”，则不保存并退出；如果选择“取消”，则取消退出操作，仍停留在当前文档中。

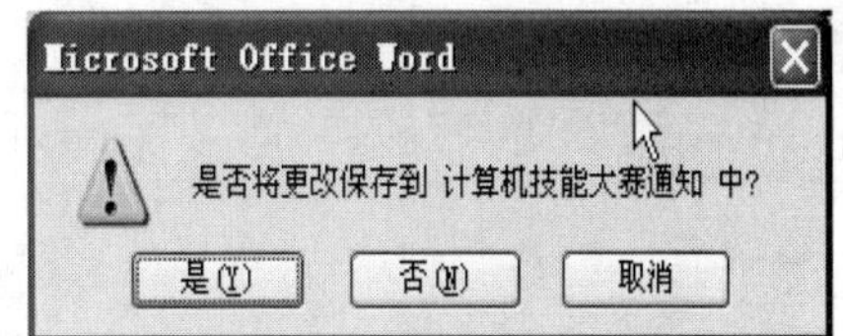

图4-8　关闭提示保存对话框

2）退出 Word 2007

单击“Office 按钮”→“退出 Word”按钮，系统会关闭所有的 Word 文档窗口，并退出 Word 程序。如果 Word 文档中有未保存的情况，同样会弹出如图 4-8 所示的对话框提示保存。

【第八步】Word 2007 的视图方式

Word 2007 提供了页面视图、阅读版式视图、Web 版式视图、大纲视图和普通视图 5 种视图。在不同视图中用户可以把注意力集中到文档的不同方面，从而高效、快捷地查看、编辑文档。可以通过位于状态栏中的“视图快捷方式按钮”进行切换。

（1）页面视图：Word 2007 的默认视图，是最为可视化的视图。在页面视图中，用户可以看到各种对象在实际打印的页面中的位置，可以方便地编辑页眉、页脚，调整页边距。

（2）阅读版式视图：为用户浏览文档而准备的功能。在此视图中，整个屏幕上都会显示文档的内容，并且不显示选项卡、功能区、状态栏和滚动条等。

（3）Web 版式视图：用户编写 Web 文档时使用的视图。在此视图中，文档将不显示与 Web 页无关的信息，如分页符、分隔符等。

（4）大纲视图：在此视图中，可以查看文档的结构，可以通过拖动标题来移动、复制和重新组织文本。大纲视图模式不显示页边距、页眉和页脚、图片和背景。

（5）普通视图：Word 的基本视图。在此视图中，用户可以进行输入、编辑和格式编排工作，设定文档的分页符或分节符，制作脚注或尾注等。

相关知识

通过上面的学习，读者创建了“关于计算机技能大赛的通知”的文档，并完成了相关内容的输入。为了灵活运用所学知识，现将相关知识介绍如下。

1. 文档属性的设置

单击“Office 按钮”→“准备”→“属性”命令，在功能区的下方显示“文档属性面板”，如图 4-9 所示。在“文档属性面板”中，可以直接修改相关的文档信息，或单击“文档属性”旁边的箭头，选择“高级属性”命令，以查看或修改更多的信息。

2. 加密文档

单击“Office 按钮”→“准备”→“加密文档”命令，会弹出“加密文档”对话框，如图 4-10 所示。输入密码，如“1234”，单击“确定”按钮，系统提示再次输入密码，单击“确定”按钮，即完成加密文档的操作，保存后生效。

如果要取消对文档的加密，只需要再到“加密文档”对话框中将密码文本框中的字符删除，单击“确定”按钮，保存后即可生效。

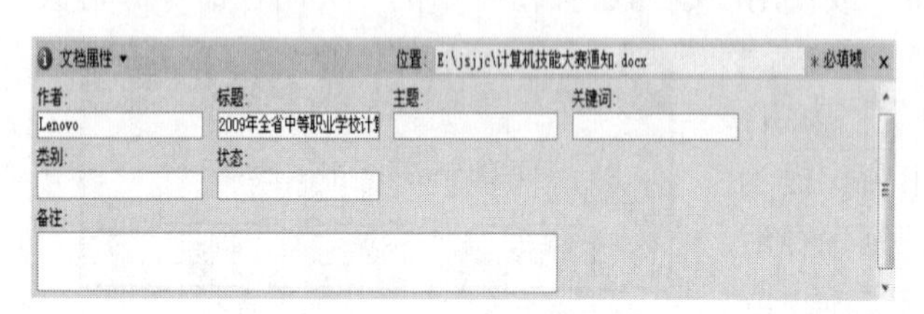

图4-9 文档属性面板

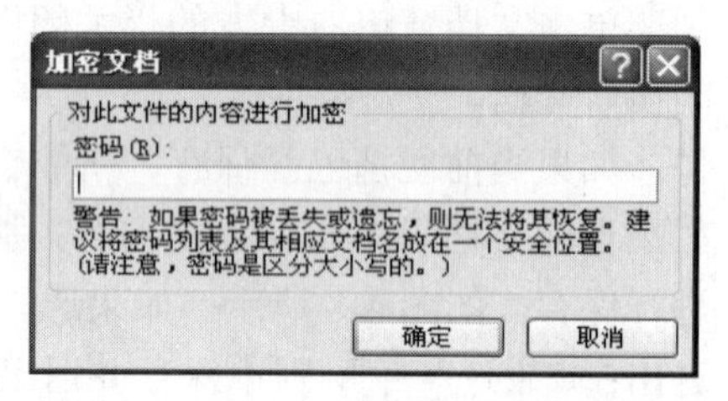

图4-10 “加密文档”对话框

3. 查找与替换文本

查找文本：在功能区中选择“开始”选项卡“编辑”组中的“查找”按钮，打开“查找与替换”对话框，输入查找内容，单击“查找下一处”按钮，即可开始进行查找工作。

替换文本：选择“开始”选项卡“编辑”组中的“替换”按钮，在打开的如图 4-11 所示的对话框中输入查找内容与替换内容，然后单击“替换”按钮，即可将当前找到的内容替换。如果单击“全部替换”按钮，则可把在文档中找到的所有符合要求的内容全部替换。

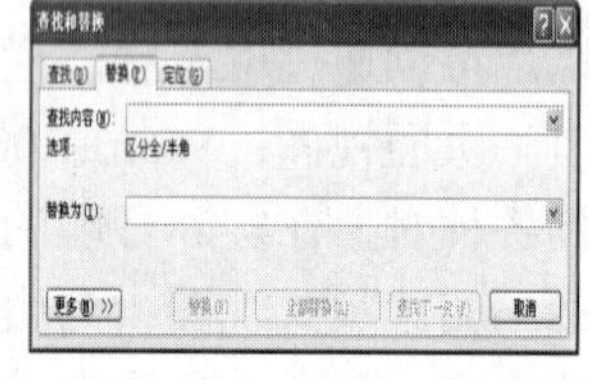

图4-11 “查找与替换”

4. 字数统计

统计全文字数：在没有做任何“选择”操作的情况下，单击“审阅”选项卡，再单击“校对”功能组中的“字数统计”按钮，在弹出的对话框中可显示相关的统计信息。

统计选中部分：选择要统计的部分，可以是多行文本或多个段落，再单击“字数统计”按钮，在弹出的对话框中即可显示选中部分的相关统计信息。

实战训练

创建新文档，输入以下内容，以“计算机安全”为文件名保存该文档，并完成给定的操作任务。

1. 输入以下文本内容

通过采取以下预防措施，可以减少计算机感染病毒的危险。

① 使用 Office 中的默认安全设置。Office 2007 是迄今为止最为安全的 Office 版本，它具有本地安全设置，可以保护程序和数据免受病毒攻击。Microsoft 建议不要将 Office 默认设置更改为更低的安全设置。

② 使用最新关键更新和安全修补程序更新计算机，并使用 Windows Update 网站和最新防病毒软件更新 Windows 操作系统。

③ 使用最新关键更新来更新 Office，以确保可以访问 Office Update 网站下载最新关键修补程序和免费的增强功能。升级到最新版的 Office 可以确保软件具有最新的安全功能。

④ 安装并运行防病毒软件，安装知名的、值得信赖的公司的防病毒软件，并按供应商的建议运行程序。

2．操作提示

（1）把第一行前面的“通过”删除。

（2）在第④条内容最后一句前加入“如瑞星杀毒软件、金山毒霸等”。

（3）将文中所有的“Office”替换成“Office 软件”。

（4）将②和④的内容对换，并将该文档全文复制，放于文章最后。

（4）将文档属性里的“作者”设置成自己的名字。

（5）设置文档密码为“123456”。

（6）将文档以新文件名“减少计算机感染病毒的措施”保存，并更换保存位置。

附录 1　任务 1 所用文档的文本内容

关于计算机技能大赛的通知

为提高同学们的专业技能水平和综合素质，同时也为学校参加各种省级、国家级的技能大赛储备人才，特举办此次技能大赛。通过本次大赛，增强同学们对专业知识的了解，丰富同学们的业余生活，营造良好的学习氛围，培养同学们的思维能力、动手能力和创新能力，让广大同学们适应计算机信息时代的要求。

一、大赛项目与内容

图文混排

参赛选手依据大赛组委会提供的文档、图片等素材，按要求制作一个图文并茂的 Word 文档。

动画片制作

参赛选手根据大赛执委会提供的软件和素材，按照给定的情节或制作要求，制作成能独立播放的视频文件。

投影片制作

使用大赛组委会提供的文本、图片、视频等资料，根据制作要求，参照所给的运行效果制作投影片。

二、比赛时间、地点

时间：XXXX 年 XX 月 XX 日～XXXX 年 XX 月 XX 日

地点：本校教学楼六层机房

三、成绩评定

图文混排

规定部分要涵盖一定量的知识点，根据选手完成的考点数量给出相应的分数。创意部分，根据是否主题突出、版面设计规范、色彩搭配美观、知识点使用灵活等项进行评分。

动画片制作

所制作的视频文件必须能够完全脱离制作环境播放。

比赛题目中有制作要求的项目，根据内容符合制作要求的程度和视觉效果评判成绩；比赛题目中有情节要求的项目，根据故事情节的完整性、节奏、视觉效果、美观、创意、片头、片尾和字幕等评判成绩。

投影片制作

成绩比例：基本操作部分（母版、图形制作、自定义动画、幻灯片切换效果等）占 70%；相册制作占 15%；触发器设置占 15%。

四、奖项设置

三个赛项各设一、二、三等奖和优秀奖。其中：一等奖占 10%，二等奖占 20%，三等奖占 30%，其余为优秀奖。

关于比赛的最新进展请查看网址：http://www.xxx.edu.cn

请同学们踊跃报名参加！

XX 职业学校计算机系

XXXX 年 XX 月 XX 日

任务 2　设置“通知”中字体、段落的格式

任务内容

在该任务中我们主要完成以下 3 个内容的学习。

- 打开“关于计算机技能大赛的通知”文档；
- 对文档中的字体格式进行设置；
- 对文档中的段落格式进行设置。

任务分析

通过对本任务的学习，使读者能够掌握 Word 2007 中文本与段落格式设置的基本操作方法，为进一步美化文档奠定基础。本任务分为以下几个步骤进行。

- 设置字体；
- 设置字号；
- 设置字形及字体效果；
- 设置字符缩放、间距；
- 设置段落对齐方式；
- 设置段落缩进；
- 设置行间距与段间距；
- 设置项目符号与编号；
- 设置边框和底纹；
- 设置首字下沉。

任务实施步骤

打开任务 1 中保存的 Word 2007 文档“关于计算机技能大赛的通知”。

【第一步】设置字体

系统默认的中文字体是宋体，常用中文字体有宋体、仿宋、黑体、楷体和隶书等。

（1）选中标题“关于计算机技能大赛的通知”，如图 4-12 所示。

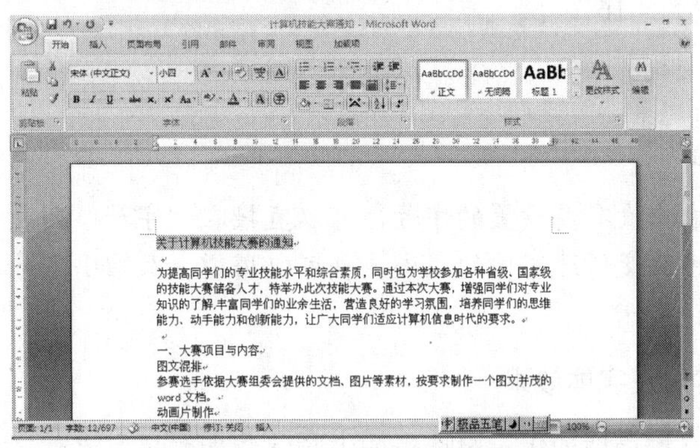

图4-12　选中标题后的效果

（2）选择“开始”选项卡，单击“字体”下拉列表框 宋体 (中文正文) 右侧的下拉箭头，出现下拉列表框如图 4-13 所示，拖动列表框右边的滚动条，选择“方正舒体”。得到的效果如图 4-14 所示。

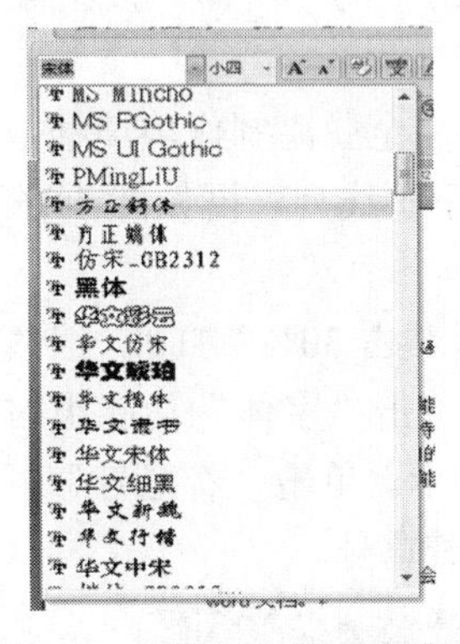

图4-13　“字体”下拉列表框　　图4-14　设置“方正舒体”后的标题效果

（3）用同样的方法设置文档其他部分的字体。

① 第一段内容为“幼圆”。

② 通知正文中各部分的标题为“黑体”，小标题为“仿宋”。

③ 内容后面的“请同学们踊跃报名参加！”设置为“华文新魏”。

④ 其余部分设置为“楷体”。

【第二步】设置字号

系统默认字号为五号。字号大小有两种标准，一种为号制，即初号、小初、一号……八号，字号的标称数越小，字形越大；另一种为磅制，即 5、5.5、6.5……72，字号的标称数越小，字形越小。如图 4-15 所示为“字号”下拉列表框。

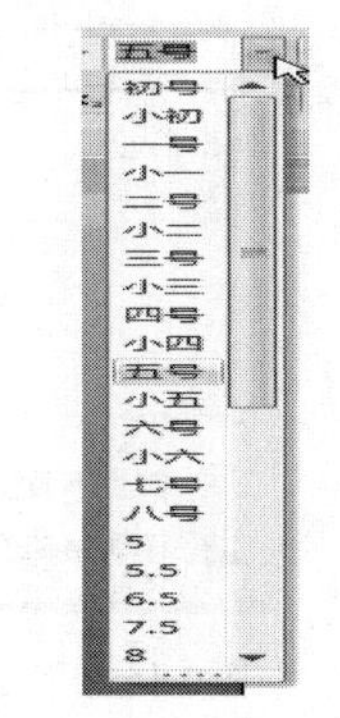

图4-15　“字号”下拉列表框

（1）选中文档标题“关于计算机技能大赛的通知”。

（2）设置标题的字号。单击“开始”选项卡中“字号”下拉列表框五号右侧的小箭头，弹出下拉列表框如图 4-15 所示，选择“一号”。

（3）用同样的方法设置文档其他部分的字号。

① 通知正文中各部分的标题为“小二”。

② 内容后面的“请同学们踊跃参加！”设置为“二号”。

③ 其余部分设置为“16”。

如果“字号”列表中没有要设置的字号，可以直接在“字号”列表框中输入所选文字需要的磅值，回车后即可改变所选字体的大小。也可以用增大及缩小字号工具对选中的文本字号进行动态缩放。

【第三步】设置字形及字体效果

常用字形及字体效果包括加粗、斜体、加下画线和加着重号等。

（1）加粗：选中正文中标题文字“一、大赛项目与内容”，单击“字体”功能组中的“加粗”按钮，选中的文字变为加粗状态。

用同样的方法将其他的标题文字及小标题加粗。

（2）斜体：选中 “请同学们踊跃参加！”，单击“字体”功能组中的“斜体”按钮，选中文字变为斜体状态。

（3）加下画线：选中正文内容中“所制作的视频文件必须能够完全脱离制作环境播放”，单击“字体”功能组中“下画线”按钮 旁边的小箭头，弹出下画线列表框如图 4-16 所示，选择“双下画线”。

用同样的方法给正文中 “一等奖占 10%，二等奖占 20%，三等奖占 30%”加“波浪线”。

（4）加着重号：选中正文内容中“能独立播放的视频文件”，单击“字体”功能组右下角的“对话框启动器”按钮，弹出“字体”对话框，如图 4-17 所示。单击“着重号”下拉列表框，选择“.”，再单击“确定”按钮，即可给所选的文字添加着重号。

图4-16 下画线列表框

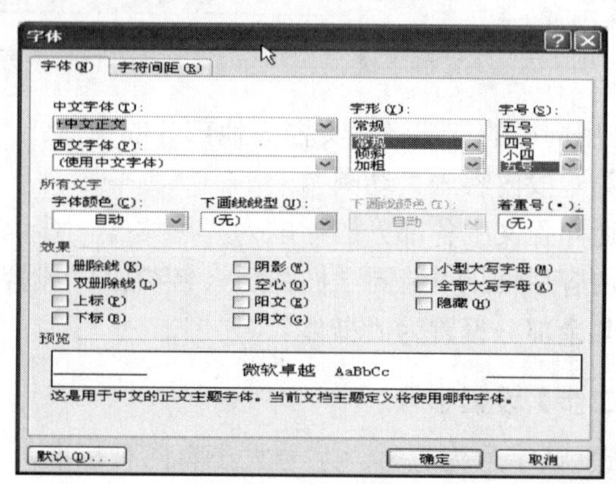

图4-17 “字体”对话框

在“字体”对话框中包含两个选项卡。“字体”选项卡中的相关设置可以完成“字体”功能组中的大部分功能，包含更多的下画线线型与更多的字符效果。在“字符间距”选项卡中还可以对字符的间距、缩放、位置等进行设置，非常实用。左下角的“默认”按钮 默认(D)... 可以更改系统的默认字体格式。

【第四步】设置字符缩放、间距

（1）设置字符缩放。在文档中选择标题“二、比赛时间、地点”后面的字符“本校教学楼六层机房”，单击“字体”功能组右下角的“对话框启动器”按钮，弹出“字体”对话框，单击“字符间距”选项卡，如图 4-18 所示。单击“缩放”后面的下拉列表框，选择 150%，设置前后效果变化如图 4-19 所示。

（2）设置字符间距。在文档中选择“一、大赛项目与内容”中“参赛选手依据大赛组委会提供的文档…”这一段内容，调出如图 4-18 所示的对话框，在“间距”后面的列表框中选择“加宽”，磅值为“1.5 磅”，设置前后效果变化如图 4-20 所示。

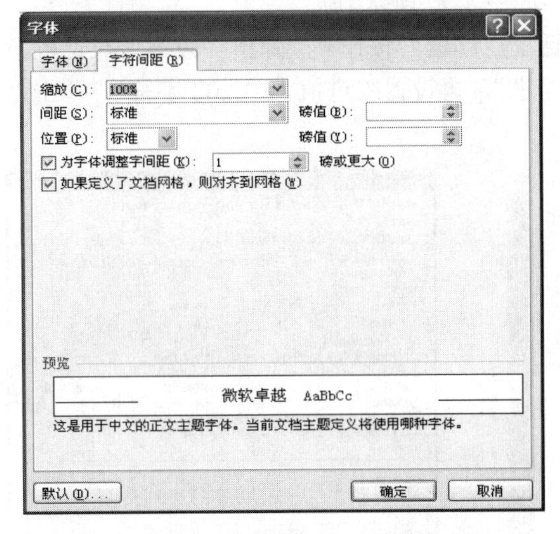

图4-18　“字符间距”对话框

原字符：

地点：本校教学楼六层机房

设置缩放150%后效果：

地点：本校教学楼六层机房

图4-19　字符缩放效果

原字符：

参赛选手依据大赛组委会提供的文档

设置字符间距加宽1.5磅后的效果

参 赛 选 手 依 据 大 赛 组 委 会 提 供

图4-20　设置字符间距效果

【第五步】设置段落对齐方式

系统默认的对齐方式为两端对齐，除此之外还包括左对齐、居中、右对齐、分散对齐，共 5 种方式。

1）设置居中对齐

设置文档标题“关于计算机技能大赛的通知”为居中对齐。用鼠标或键盘将当前插入点定位在标题行的任意位置或选中标题，再单击“段落”功能组中的“居中对齐”按钮。

2）设置右对齐

将光标定位于文档结尾处的“XX 职业学校计算机系”行的任意位置，单击右对齐按钮即可。用同样的方法将最后一行“XXXX 年 XX 月 XX 日”设置为右对齐。

3）设置分散对齐

分散对齐是使段落两端同时对齐，并根据需要由系统自动增加字符间距。将光标定位于文字“请同学们踊跃报名参加!”行的任意位置，单击分散对齐按钮，效果如图 4-21 所示。

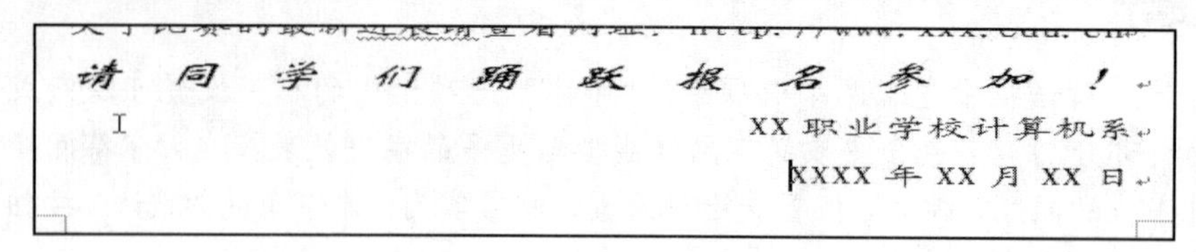

图4-21 “分散对齐”效果

【第六步】设置段落缩进

段落的缩进包括 4 种方式，即左缩进、右缩进、首行缩进和悬挂缩进，可以通过拖动标尺或段落命令两种方式完成，前者直接方便，后者容易精确定义。本任务用到了首行缩进和右缩进。

查看标尺是否显示，如未显示，请单击右侧滚动条上方的“标尺”按钮以显示标尺。

1）设置首行缩进

选中文档中“一、大赛项目与内容”下的所有段落，拖动标尺中的“首行缩进”滑块，使每个段落中的首行较其他行缩进两个字符，如图 4-22 所示。

或者单击“段落”功能组右下角的“对话框启动器”按钮，弹出“段落”对话框，如图 4-23 所示。在“特殊格式”中选择“首行缩进”，再设置缩进值为“2.02 字符”，单击“确定”按钮。

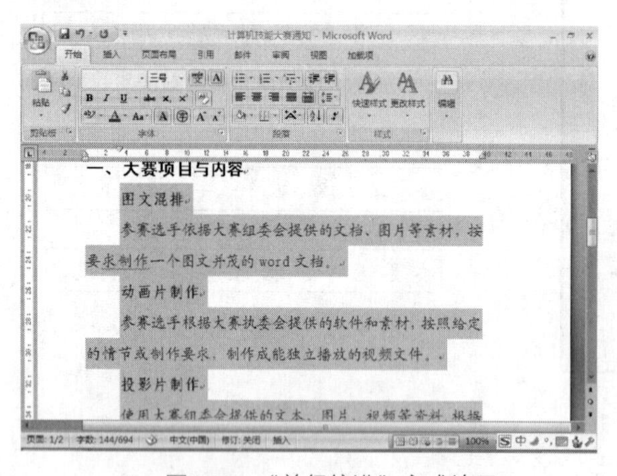

图4-22 “首行缩进”完成效果

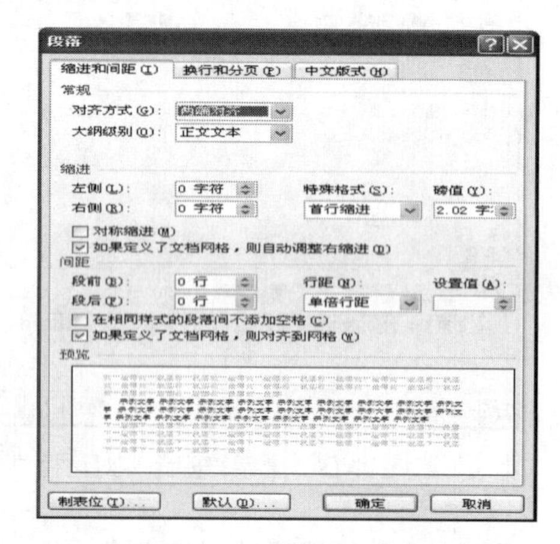

图4-23 “段落”对话框

用同样的方法为“三、成绩评定”下面的段落和“四、奖项设置”下面的第一段设置首行缩进。

2）设置右缩进

将当前插入点定位于“XX 职业学校计算机系”所在行中的任意位置，向左拖动标尺中的“右缩进”滑块约 3 个字符的位置。或直接调出“段落”对话框，在“缩进”中的“右侧”后面直接输入右缩进的数值“3”。

用同样的方法设置文档最后一行的“XXXX 年 XX 月 XX 日”为右缩进 4 个字符。

【第七步】设置行间距与段间距

行间距是指段落中相邻两行之间的距离。段间距包括段前间距与段后间距，段前间距指当前段与上一段之间的距离，段后间距指当前段与下一段之间的距离。通过对间距的设置，可使文档的层次更加清晰。

选中文档中“一、大赛项目与内容”下的所有段落，如图 4-22 所示。单击“段落”功能组右下角的“对话框启动器”按钮，弹出“段落”对话框，如图 4-23 所示。设置“行距”为“固定值”，“设置值”为“20 磅”，设置“段前”为“1 行”，“段后”为默认的“0 行”，单击“确定”按钮，效果如图 4-24 所示。

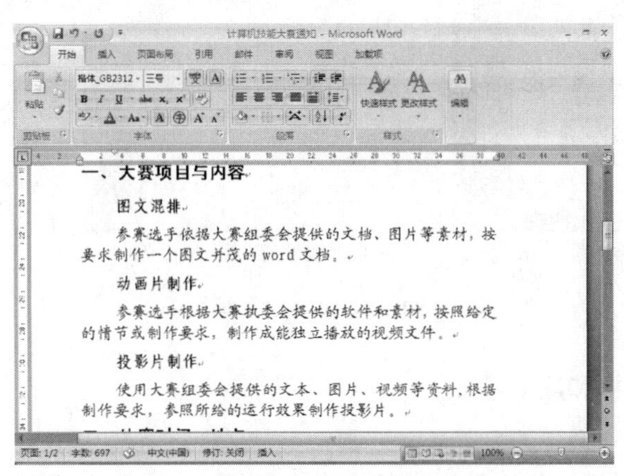

图4-24　行间距与段间距的设置效果

设置行距也可以通过“段落”功能组中的“行距”按钮来完成。单击“行距”按钮，在弹出的行距列表中可以选择适当倍数的行距，如单倍行距、1.5 倍行距、2 倍行距等，也可以通过列表中最后两个选项调整段前间距与段后间距。

【第八步】设置项目符号与编号

1）设置项目符号

选中文档中“一、大赛项目与内容”下面的 3 个小标题，如图 4-25（a）所示。单击“段落”功能组中“项目符号”按钮旁边的小箭头，打开下拉列表，如图 4-25（b）所示。选择箭头形状符号“➢”，得到的最终效果如图 4-25（c）所示。

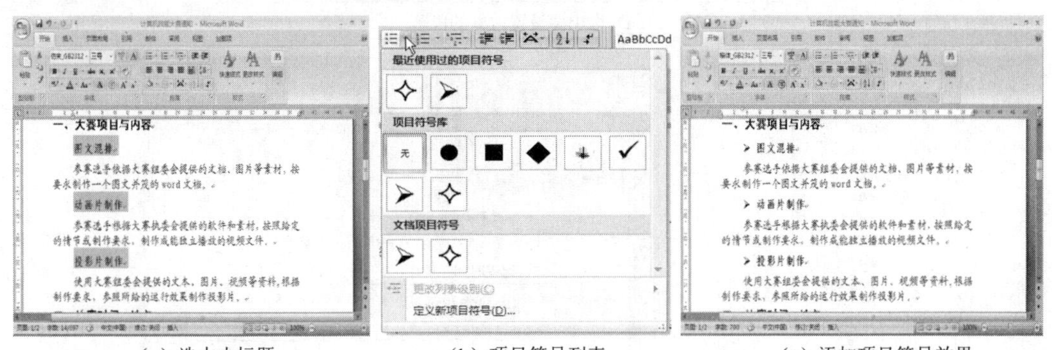

（a）选中小标题　（b）项目符号列表　（c）添加项目符号效果

图4-25　设置项目符号

2）设置项目编号

选中文档内容中“三、成绩评定”下面的 3 个小标题，如图 4-26（a）所示。单击“段落”功能组中“编号”按钮旁边的小箭头，弹出的下拉列表如图 4-26（b）所示。选择第一行第二列的格式，得到的最终效果如图 4-26（c）所示。

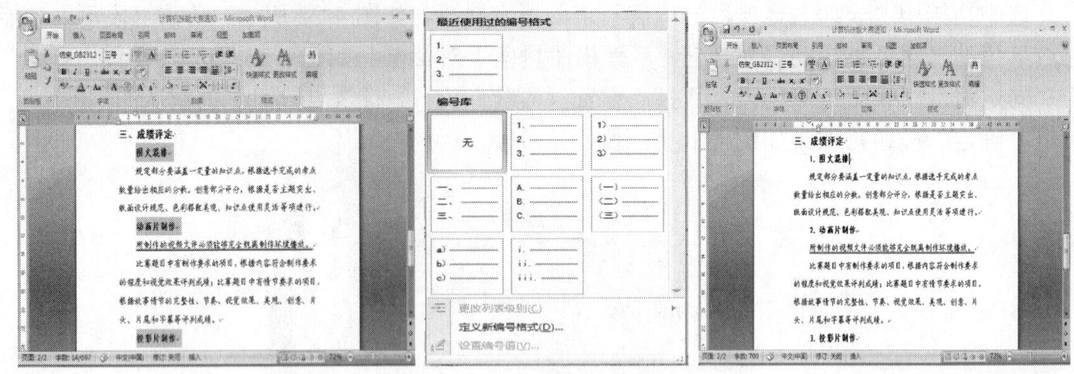

（a）选中小标题　　（b）编号列表图　　（c）添加项目编号效果

图4-26　设置项目编号

【第九步】设置边框和底纹

1）设置段落边框

选中“二、比赛时间、地点”下面的内容，如图 4-27（a）所示。单击“段落”功能组中“边框”按钮旁边的小箭头，弹出列表如图 4-27（b）所示。选择“外侧框线”选项，为选中的部分添加上外侧框线，效果如图 4-27（c）所示。

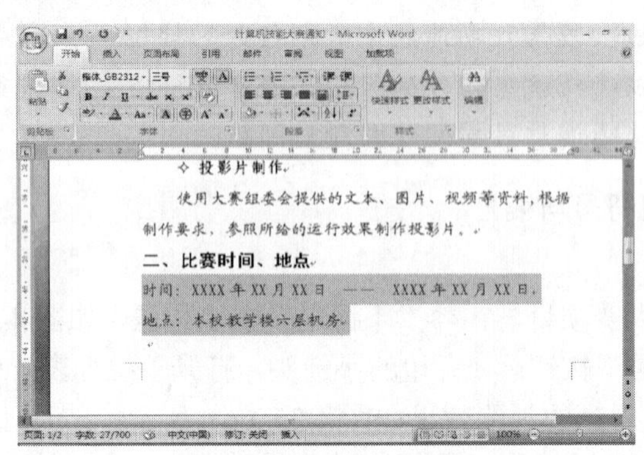

（a）选中要设置边框的段落

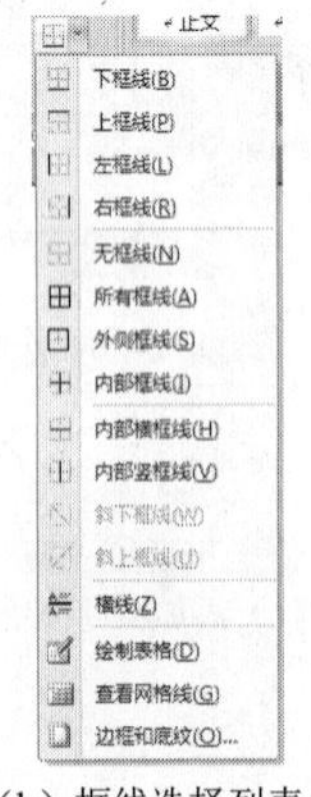

（b）框线选择列表

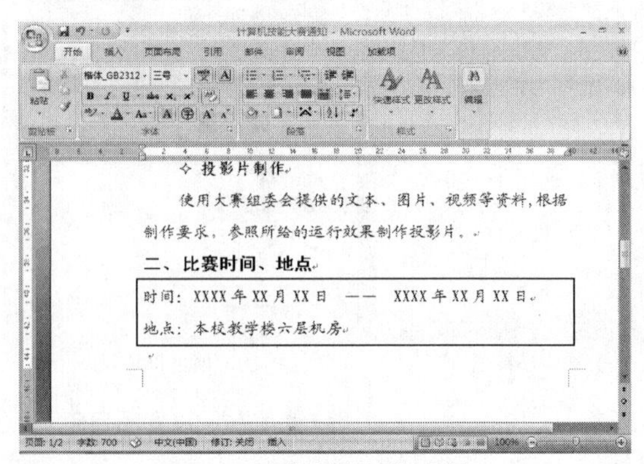

（c）段落边框设置效果图

图4-27　设置段落边框

2）设置字符边框

选中“三、成绩评定”下第二行的文字“规定部分”，单击“字体”功能组中的“字符边框”按钮，或单击“段落”功能组中“边框”按钮旁边的小箭头，在弹出列表中选择“外侧框线”命令。

用同样的方法给后面的“创意部分”文字加上边框，效果如图 4-28 所示。

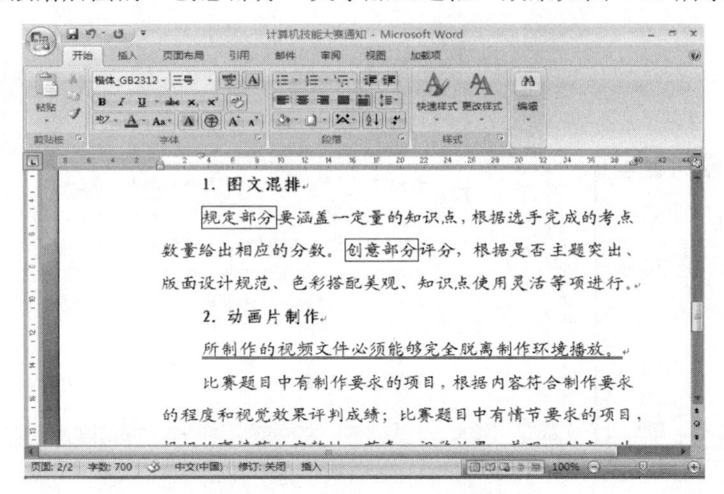

图4-28　字符边框设置效果图

3）设置底纹

选中标题文字“关于计算机技能大赛的通知”，单击“段落”功能组中“底纹”按钮旁边的小箭头，打开主题颜色列表，如图 4-29（a）所示。选择准备应用的底纹，如“白色，背景 1，深色 15%”，效果如图 4-29（b）所示。

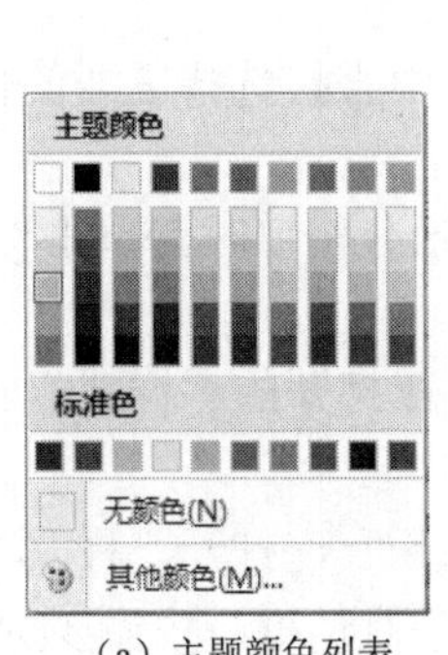

（a）主题颜色列表

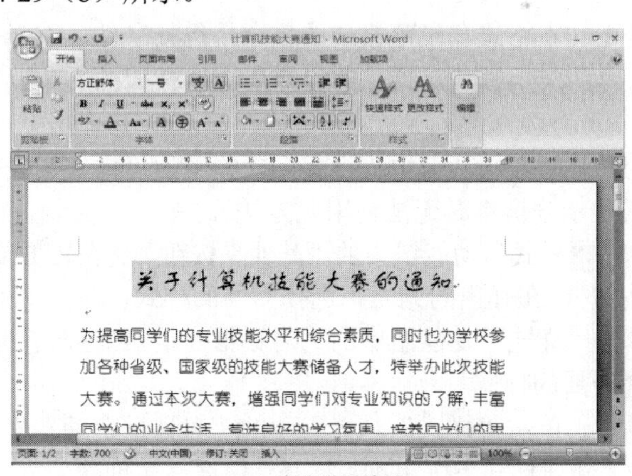

（b）底纹设置效果

图4-29　设置底纹

如果只是要求简单的字符底纹效果，可在选中文字后，直接单击“字体”功能组中的“字符底纹”按钮即可。

【第十步】设置首字下沉

将光标定位于第一段，单击“插入”选项卡，在“文本”功能组中单击“首字下沉”按钮，选择“首字下沉”选项，出现“首字下沉”对话框，如图 4-30（a）所示。设置“位置”为“下沉”，“字体”为“幼圆”，“下沉行数”为“2”，单击“确定”按钮，完成效果如图 4-30（b）所示。

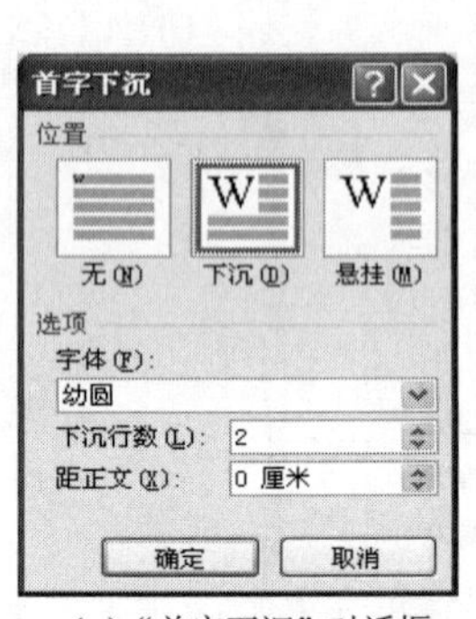

（a）“首字下沉”对话框

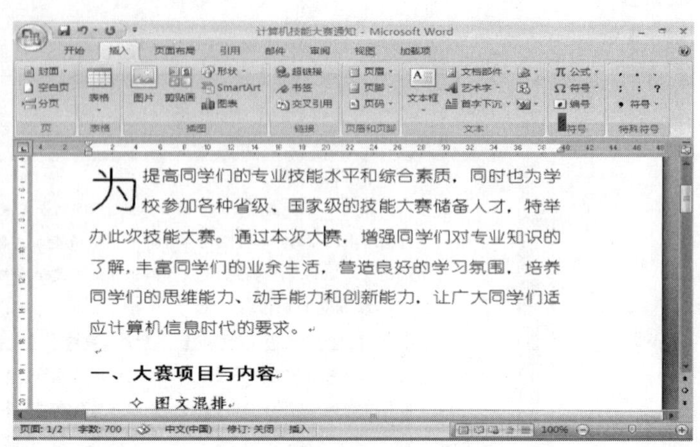

（b）“首字下沉”效果

图4-30　首字下沉

1．样式

样式是指文本格式和段落格式的集合，包括字体、字号和行间距等。使用样式可以快速设置文档内容的应用样式。首先选择需要应用样式的文本或段落，然后可以通过以下的方法应用样式：

- ✧ 在“开始”选项卡中“样式”功能组的“样式列表”中直接选择需要的样式（在较低显示分辨率时无法使用此方法）。
- ✧ 单击“样式”功能组中的“其他”按钮（在较低显示分辨率时为单击“快速样式”按钮），在弹出的列表中选择需要的样式。
- ✧ 单击“样式”功能组中的“对话框启动器”按钮，在打开的“样式”对话框中选择需要的样式。

创建样式。单击“样式”功能组中的“对话框启动器”按钮，打开“样式”对话框。单击底部的“新建样式”按钮，打开“根据格式创建新样式”对话框。按需要进行设置后，单击“确定”按钮即可创建新定义的样式。

2．格式刷

使用格式刷可以快速地将已有的文本或段落的格式应用到其他的文本或段落，操作方法如下。

选择要复制格式的文本或段落，单击“剪贴板”功能组中的“格式刷”按钮，鼠标指针变为格式刷指针，此时选择目标文本或段落，被选择的文本或段落的格式将变为源文本或段落的格式。

如果要多次应用格式刷，在“格式刷”按钮上双击即可，完毕后按【Esc】键退出。

3．超链接

创建超链接：选中要建立超链接的文本，单击“插入”选项卡中“链接”功能组中的“超链接”按钮，弹出“插入超链接”对话框。选择要链接的文件，或直接在“地址”后面的文本框中输入网页地址，单击“确定”按钮后，即可建立超链接。

取消超链接：在已经建立超链接的文本上单击右键，在弹出的菜单中选择“取消超链接”命令。

使用超链接：按住【Ctrl】键，再用鼠标左键单击包含超链接的文本。

实战训练

操作提示如下。

（1）创建新文档，输入样文内容，按样文格式进行相应设置，以“环保倡议书”为文件名进行保存。

（2）标题“环保倡议书”格式为“华文新魏，小初，加粗居中，浅绿色底纹，字符间距加宽 2 磅”。

（3）将正文第一、二段的行距设置为“固定行距 25 磅，段前 1 行，段后 0 行”。

（4）将正文第一段设置为“首字下沉 2 行，正文内容楷体，四号，添加字符边框”。

（5）将正文第二段　“我们倡议，全社会都行动起来”设置为“字符缩放值为 200%，左、右缩进各为 2 个字符，华文行楷，小四号”。

（6）将段落边框中的内容设置为“2 倍行距，隶书，四号，添加项目符号”。

（7）将正文第四段设置为“华文彩云，小四号”。

（8）将最后一行文字设置为“分散对齐，楷体，三号，加粗倾斜”。

（9）将落款部分设置为“右对齐，仿宋，加粗，小四”。

样文如下。

环保倡议书

地球，是我们共同的家园，然而如今的地球已经伤痕累累，没有了往日的青春，没有了往日的美丽。全世界正面临着许许多多的问题，全球变暖、海平面急增、水资源严重的短缺，这些已经存在的种种问题，以及潜在问题如此醒目地摆在了我们面前。

我们倡议，全社会都行动起来，投身于环保事业当中。环保事业需要广大人民群众的一腔热忱，一份认真。我们要从不随地吐痰，不乱扔垃圾做起；从节约每一滴水，爱护花草，绿化环境做起，认识到这是每个公民的责任，让我们从以下方面做好环境保护工作。

✓ 树立文明观念，自觉关心环境状况，遵守环保法律法规；

✓ 为减少空气污染，尽量使用公共交通工具、自行车或步行；

✓ 为珍惜水资源，减少水污染，使用无磷、可降解的洗涤用品；

✓ 尽量减少使用一次性纸杯、木筷和餐盒等；

✓ 爱护公共绿地；尽量减少生活垃圾。

地球只有一个，她的生命是脆弱的，不能因为我们为了眼前的发展和获得微小利益，使本已脆弱的躯体更加脆弱。

保 护 地 球 ， 就 是 保 护 我 们 自 己 ！

××学校学生会环保部

二00九年六月六日

任务3 设置“通知”中的页面格式及打印效果

任务内容

在该任务中我们将完成以下内容。

- 对任务文档进行页面设置；
- 对任务文档的第一段进行分栏操作；
- 对任务文档的页眉和页脚进行设置；
- 打印任务文档。

任务分析

在任务 1、2 中学习了设置字符和段落格式的方法之后，往往还要对整个版面的格式进行设置，以达到最好的打印效果。通过对本任务的学习，要求读者掌握 Word 2007 中页面格式设置的基本操作方法，并进行分栏操作、页眉和页脚设置及文档的打印。本任务分为以下几个步骤进行。

- ✧ 设置纸张大小和方向；
- ✧ 设置页边距；
- ✧ 设置分栏；
- ✧ 设置页眉与页脚；

✧　打印文档。

任务实施步骤

在本任务中，将继续对“关于计算机技能大赛的通知”文档进行整体页面效果的设置。

【第一步】设置纸张大小和方向

Word 默认的纸张大小是办公中最常用的 A4 纸，若需要特殊纸张可选择“自定义大小”，本任务中采用的是默认的 A4 纸张。

如果要更改纸张大小，可进行如下操作：单击“页面布局”选项卡，在“页面设置”功能组中单击“纸张大小”按钮，再选择合适的页面大小即可。

纸张方向有“纵向”和“横向”两种，本任务中采用默认的“纵向”。

如果要更改纸张方向，可进行如下操作：单击“页面布局”选项卡，在“页面设置”功能组中单击“纸张方向”按钮，再按要求选择合适的方向即可。

【第二步】设置页边距

设置该“通知”各方向上的页边距均为 2.5 厘米。

单击“页面布局”→“页面设置”→“页边距”按钮，弹出列表如图 4-31 所示，在列表中选择合适的页边距类型。

由于该“通知”的页边距类型在列表中没有，需要选择列表底部的“自定义页边距”命令，弹出如图 4-32 所示的对话框，设置“页边距”的“上、下、左、右”均为“2.5 厘米”。

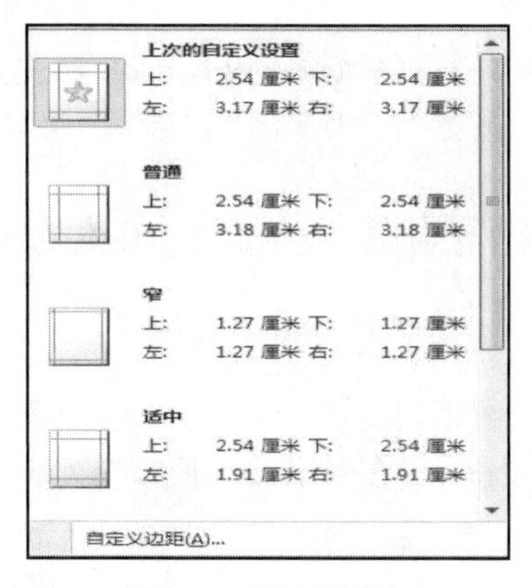

图4-31　页边距列表

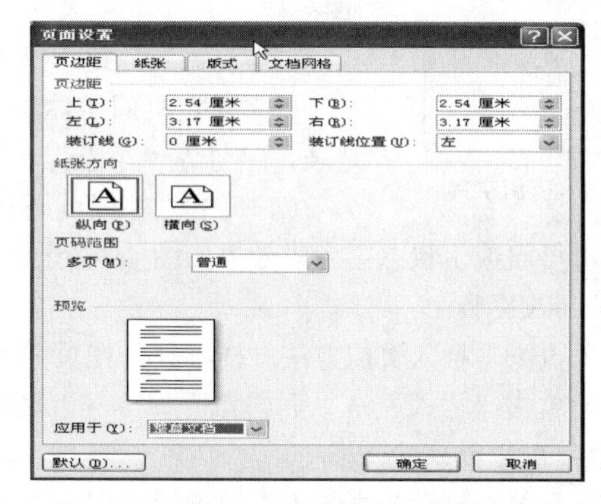

图4-32　“页边距”选项卡

【第三步】设置分栏

采用分栏后，能够让整体页面布局错落有致。该“通知”中对正文第一段进行了分栏处理，操作方法如下。

选中正文第一段内容（不包含首字下沉），单击“页面布局”→“页面设置”→“分栏”按钮，打开“分栏”对话框，选择“两栏”，效果如图 4-33 所示，再单击“确定”按钮。

如果要做进一步的设置，可在分栏列表框中选择“更多分栏”命令，在出现的“分栏”对话框中进行“列数”、“栏宽度”、“栏间距”、“分隔线”、“应用于”的精确设置，如图 4-34 所示。

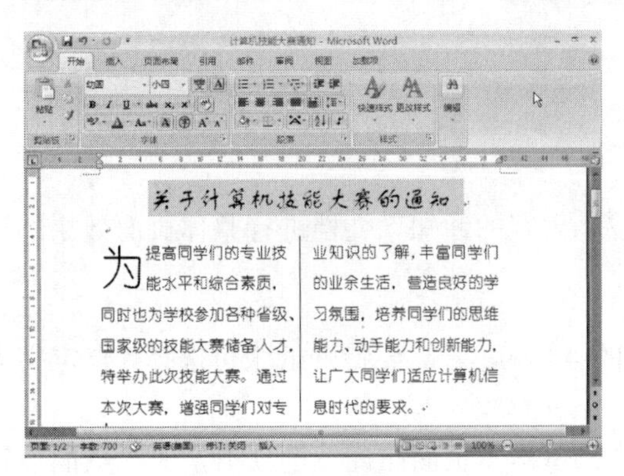

图4-33　设置分栏效果

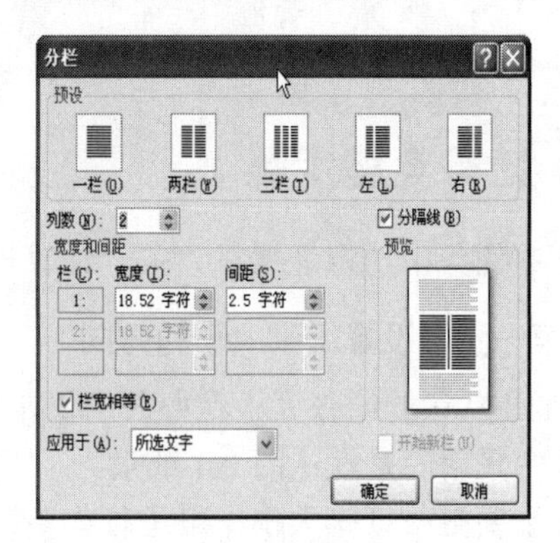

图4-34　“分栏”对话框

在使用“分栏”对话框时，要注意“应用于”的范围选择，它包括整篇文档、插入点之后、所选文字、所选节。应用范围不同会有不同的效果。

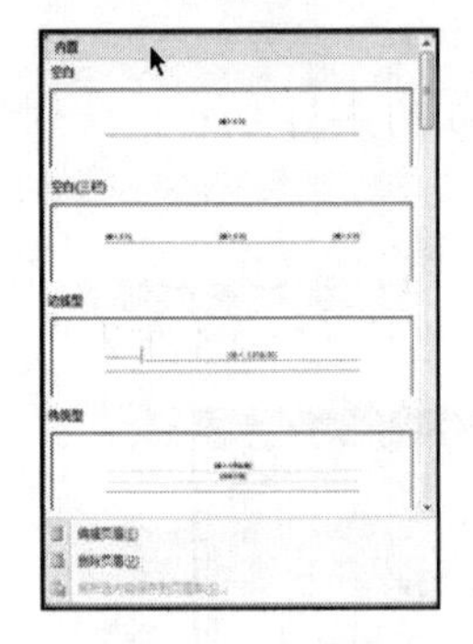

图4-35　页眉列表

【第四步】设置页眉与页脚

1）插入页眉

（1）单击“插入”→“页眉和页脚”→“页眉”按钮，弹出的“页眉”列表如图 4-35 所示。选择 “空白”选项，光标处于页眉编辑区。

（2）在页眉处提示的“输入文字”区域输入内容“XX 职业学校”。

（3）设定页眉字体。单击“开始”→“字体”，选择“微软雅黑”选项，字号为“小五”。

（4）单击“关闭页眉和页脚”按钮，或在正文中任意位置双击，即可退出页眉编辑状态。完成效果如图 4-36 所示。

2）插入页脚

插入页脚与插入页眉方法一样，只是在页面中的位置不同。

（1）单击“插入”→“页眉和页脚”→“页脚”按钮，在弹出的“页脚”列表中选择“现代型（奇数页）”模板。

（2）系统会自动为页脚添加该模板的图形与页码。

（3）在页脚中的当前插入点输入网址“http://www.xxx.edu.cn”，完成效果如图 4-37 所示。

XX 职业学校

图4-36　页眉设置效果

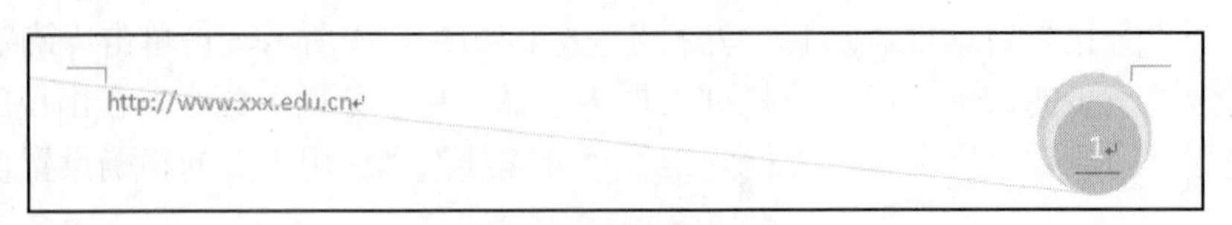

图4-37　页脚设置效果

3）设置页码格式

（1）单击“插入”→“页眉和页脚”→“页码”按钮，弹出的下拉菜单如图 4-38（a）所示。

（2）选择“设置页码格式”命令，系统弹出“页码格式”对话框，如图 4-38（b）所示。

（3）选择“编号格式”为“I，II，III，…”，单击“确定”按钮。

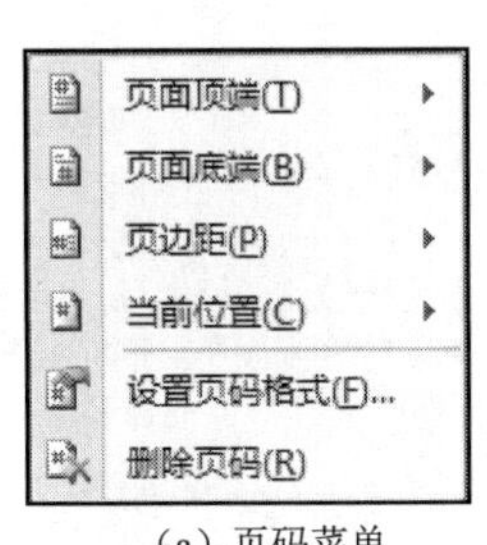

（a）页码菜单

（b）“页码格式”对话框

图4-38　设置页码格式

由于本文档中“首字下沉”格式使用了“分节符”，第一页与第二页并不在同一节里，故第二页并不能自动应用第一页的页码格式。

如果是新插入页码，在单击“页码”按钮后需要选择页码的位置，也可在下一级列表中选择合适的页码模板。

至此，“关于计算机技能大赛的通知”文档的格式设置工作已经全部完成，下面开始进行文档的打印工作。

【第五步】打印文档

1）打印预览

在进行打印之前，可以对文档的打印效果进行预览。

（1）单击“Office 按钮”→“打印”→“打印预览”命令，当前窗口变为打印预览窗口，如图 4-39 所示。

（2）在此窗口中，可对文档的页面进行操作，如设置页边距、纸张大小、纸张方向等；可以对预览状态的显示比例进行设置，如显示单页、双页或适合页面宽度等；可以设置是否显示放大镜或标尺。

（3）单击“关闭预览”按钮可返回到文档的编辑状态。

2）打印文档

（1）单击“Office 按钮”→“打印”→“打印”命令，系统弹出“打印”对话框，如图 4-40 所示。

（2）在“名称”列表中，选择要使用的打印机，一般使用系统默认打印机即可。

（3）在“页面范围”中，选择“全部”，即打印整个文档。另外，还可以选择其他的打印范围，如“当前页”即打印当前插入点所在的页，“页码范围”即指定打印文档的某一页或某些页面。

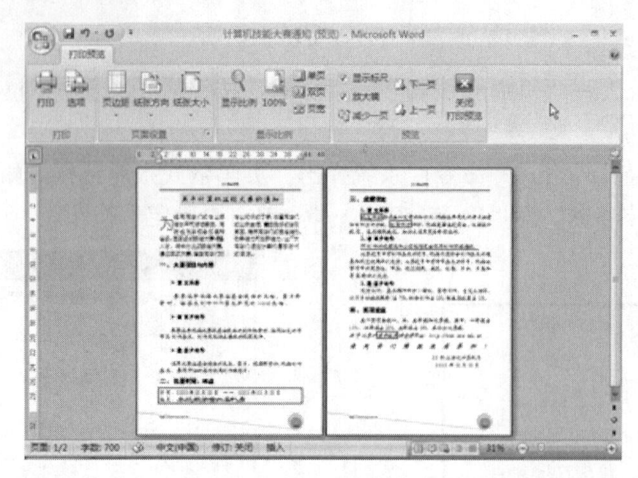

图4-39　打印预览窗口

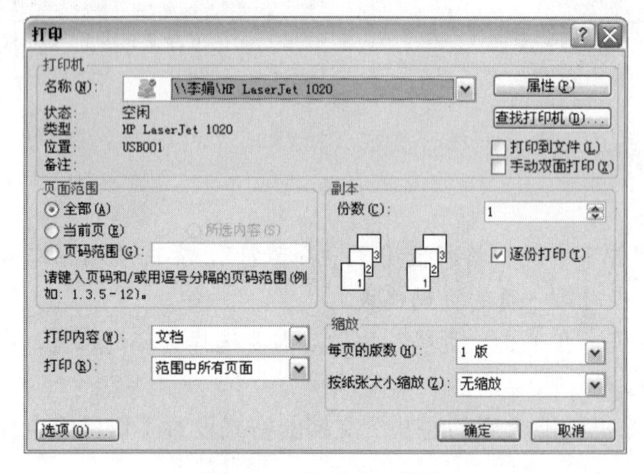

图4-40　“打印”对话框

（4）在“副本”项中可以输入要打印的“份数”。单击“确定”按钮，即可将文档发送至指定的打印机进行打印。

如果要打印某一部分的内容，可在选择相关内容后再调出“打印”对话框，选中“所选内容”单选框即可。

如果对“打印”对话框中的各默认项目都不做修改，可以通过“Office 按钮”→“打印”→“快速打印”命令，直接将文档发送到默认打印机进行打印。

1．设置文字方向

单击“页面布局”→“页面设置”→“文字方向”按钮，在弹出的列表中选择合适的方向，即可设置文字方向。不同的选项对应的效果如图 4-41 所示，它们依次是“所有中文旋转 270 度”、水平、垂直、“所有文字旋转 90 度”、“所有文字旋转 270 度”。其中“所有文字旋转 90 度”与“所有文字旋转 270 度”两项可用在文本框和自选图形中。

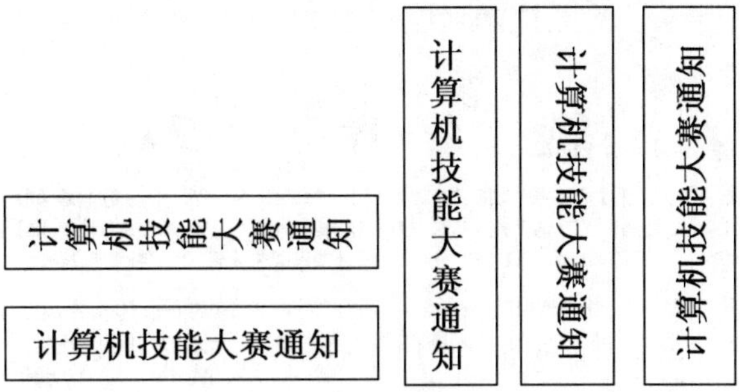

计算机技能大赛通知

计算机技能大赛通知

计算机技能大赛通知

计算机技能大赛通知

计算机技能大赛通知

图4-41　设置文字方向的效果

2．设置分隔符

单击“页面布局”→“页面设置”→“分隔符”按钮，在出现的列表中选择合适的分隔符，即可设置分隔符。分隔符中的分节符用于在同一个文档中设置不同的格式。

分页符：使页面从插入点开始进行强制分页。

分栏符：在设置分栏以后，重新定义分栏的位置。

自动换行符：强制插入点后的文字换到下一行，但仍然属于同一段落。

下一页：在插入点生成分节符，新的一节从下一页开始。

连续：在插入点生成分节符，新的一节从当前页开始。

奇数页：在插入点生成分节符，新的一节从下一个奇数页开始。

偶数页：在插入点生成分节符，新的一节从下一个偶数页开始。

实战训练

以上 3 个任务将制作各种 Word 文档的常用工具及使用方法贯穿其中，制作了一份“通知”文档。在此，再结合本实战训练的内容，进一步加强对本单元的学习。

操作提示如下。

（1）创建新文档，输入样文中的文本内容，以“邀请函”为文件名保存。

（2）纸张大小：A4。

（3）页边距：上下为 2.5 厘米，左右为 3 厘米。

（4）设置每页行数：35 行。

（5）第二段设置分栏，并加分隔线。

（6）页眉为“校园文化艺术节邀请函”，字体为“黑体”、“小四”。

（7）页脚格式：左边为当前日期，右边为页码，页码格式为“A,B,C”。

（8）第三段的底纹样式为“蓝色，强调文字颜色 1，淡色 80%”。

（9）第一段的段后间距为 0.5 行。

（10）为中间内容添加项目符号，该符号在“Wingdings”字体中。

（11）以“本次活动参赛范围广”开头的一段设置字符间距为 2 磅，段前段后各 0.5 行。

（12）在第一段后插入分页符，在倒数第二段后插入“下一页”的分节符，将文档分成三页。

（13）未说明部分根据样文的样式进行调整。

校园文化艺术节邀请函

样文：

邀 请 函

金秋的校园，到处洋溢着我们年轻人朝气蓬勃的激情；金秋的校园，是我们梦想飞扬的地方；金秋的校园，也是我们展现年轻生命，挥洒今日激情，谱写花样年华的地方。

为了在校园里营造出一个积极向上的文化氛围，丰富校园文化生活，陶冶广大同学的情操，展现我校广大同学良好的精神面貌，使校园文化传统得到保持并发扬光大，同时给广大同学一个展现自身风采的舞台，一个传递心灵之音的殿堂，成就今天的梦想，明天的辉煌，在校团委的大力支持下，学生会决定举办新一届校园文化艺术节活动。

校园文化艺术节系列活动包括以下项目：

- “青春无悔”辩论赛
- “水墨丹青”书画大赛
- “新生老声”校园歌手大赛
- “清风旋影”舞蹈大赛
- “共享天空”情景剧大赛
- “棋逢对手”棋艺大赛
- “魅力主播”主持人大赛
- 校史知识竞赛
- 校园文化艺术节颁奖晚会

本次活动参赛范围广，参与人数多，节目种类丰富，为参赛选手们提供了一个展示自己，证明自己的绝佳机会。

欢迎各位同学踊跃报名参加。

X 学校团委 X 办公室
X 学校学生会
2009 年 10 月

2009-10　　A

学习单元4.2　制作各种表格

Word 2007 不仅可以制作各种文本文档，而且可以用来制作各种表格。它在处理表格方面比以前的版本功能更加强大，操作也更加方便。在本学习单元中，将制作一份学校常用的“课程表”，以此为例学习表格制作的一般方法，再结合实战训练中“个人简历表”的制作，以达到熟练掌握各种表格的制作方法。

任务 1　制作课程表

所要制作的“课程表”的效果图如图 4-42 所示。

在该任务中，主要完成以下 3 个方面的学习。

- 表格创建的方法；
- 表格内容的编辑；
- 表格外观的设置。

课　程　表

星期 / 节次		星期一	星期二	星期三	星期四	星期五
上午	1-2	语文	数学	语文	数学	英语
	教师	张强	赵荣	张强	赵荣	杨梅
	3-4	物理	化学	物理	化学	政治
	教师	王忠	李辉	王忠	李辉	陈红
下午	5-6	英语	政治	社团活动	体育	打扫卫生
	教师	杨梅	陈红		周芳	

图4-42　“课程表”效果图

任务分析

通过对本任务的学习，要使读者掌握表格的多种创建方法，能够对表格的行、列、单元格进行添加与删除，能够对表格、单元格进行拆分与合并，能够绘制斜线表头，应用表格的各种外观样式，并掌握设置边框和底纹的方法。本任务分以下几个步骤进行。

- ✧ 创建表格；
- ✧ 认识表格工具；
- ✧ 表格内容的编辑；
- ✧ 行、列的插入与删除；
- ✧ 单元格的合并与拆分；
- ✧ 设置文字的格式、方向和对齐；
- ✧ 行高、列宽的调整；
- ✧ 绘制斜线表头；
- ✧ 设置边框与底纹。

任务实施步骤

创建一个空白 Word 2007 文档，并以“课程表”为文件名进行保存。

【第一步】创建表格

首先，要创建一个 6 列 7 行的表格，可以通过以下方法创建。

1）通过移动鼠标创建

选择“插入”选项卡中的“表格”功能组，单击“表格”按钮，弹出“插入表格”列表，在列表上方的表格区域中移动鼠标，选择“6 列 7 行”，被选中的单元格以橙色显示，同时在工作区可预览插入表格后的效果，如图 4-43 所示。单击鼠标左键后即可插入表格，效果如图 4-44 所示。

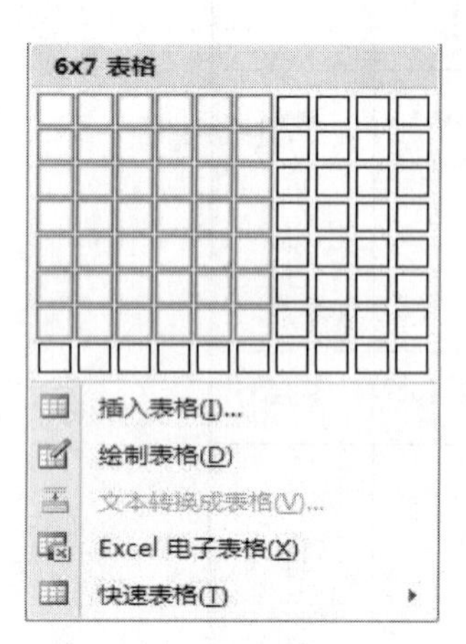

图4-43 “插入表格”列表

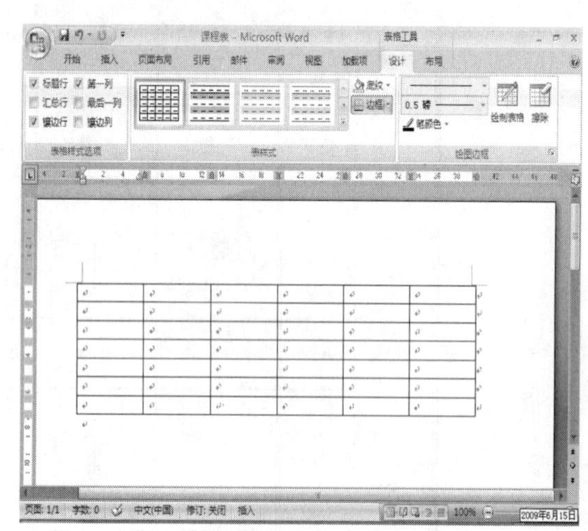

图4-44 插入表格后的效果

图4-45 “插入表格”对话框

2）使用对话框创建表格

单击“表格”按钮，在弹出的“插入表格”列表中单击“插入表格(I)”命令，系统弹出“插入表格”对话框，如图 4-45 所示。在对话框的“表格尺寸”中，指定“列数”为 6，“行数”为 7，其余选项保持默认状态，单击“确定”按钮后，即会生成与图 4-44 所示效果相同的表格。

3）绘制表格

单击“表格”→“插入表格”→“绘制表格”命令，指针会变为铅笔状。先绘制一个矩形，以定义表格的外边界，然后在该矩形内绘制列线和行线。要擦除一条线或多条线，请在“表格工具”下“设计”选项卡的“绘制边框”组中，单击“擦除”按钮，然后单击要擦除的线条，完成后再单击“绘制表格”按钮，继续绘制表格。最后也可得到与图 4-44 效果类似的表格。

一般创建表格都通过前两种方法来完成。它们的区别是通过移动鼠标创建表格的方法一次只能创建最多 10 列 8 行的表格。而绘制表格则主要用于表格创建以后的特殊应用或细节部分的调整。

【第二步】认识表格工具

在 Word 文档中，当表格处于操作状态时，会自动激活功能区中的“表格工具”，包括“设计”与“布局”两个选项卡。

1）“设计”选项卡

如图 4-46 所示，“设计”选项卡主要对表格的外观、样式进行设计。

- ✧ “表格样式选项”功能组：该功能组通过 6 个复选框来控制表格样式中特殊格式的应用。
- ✧ “表样式”功能组：用于对具体表格应用样式及设置边框、底纹。
- ✧ “绘图边框”功能组：包含绘制表格工具、擦除工具，并可进行框线的设置。

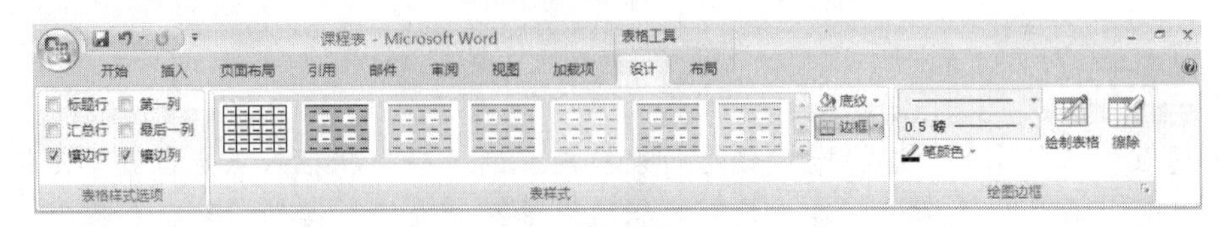

图4-46　“设计”选项卡

2）“布局”选项卡

如图 4-47 所示，它主要对表格的布局进行编辑，各功能组主要功能如下。

- ✧ “表”功能组：对表格或部分表格的选择，查看表格属性，插入斜线表头。
- ✧ “行和列”功能组：对表格或表格中行、列、单元格的删除，插入行、列。
- ✧ “合并”功能组：表格的拆分，单元格的拆分与合并功能。
- ✧ “单元格大小”功能组：调整表格中的行高、列宽，平均分配行高、列宽。
- ✧ “对齐方式”功能组：设定表格内容的对齐方式，更改文字的方向，自定义单元格的间距与边距。
- ✧ “数据”功能组：进行内容的排序、公式的添加，并可将表格转换为文本。

图4-47　“布局”选项卡

【第三步】表格内容的编辑

1）输入表格的基本内容（如图 4-48 所示）

	星期一	星期二	星期三	星期四	星期五
1-2	语文	数学	体育	历史	
3-4	物理	化学			
5-6	英语	政治	社团活动		打扫卫生

图4-48　输入表格内容

2）表格内容的选择

- ✧ 选择单个单元格：将鼠标光标移动到要选择的单元格的左端，待鼠标指针变成指向右上方的黑色箭头⬈时，单击鼠标左键；或用鼠标左键快速三击要选择的单元格。
- ✧ 选择连续单元格：将鼠标移动到要选择的第一个单元格，按下左键不放，拖动鼠标到要选择的最后一个单元格后释放左键即可。
- ✧ 选择不连续的单元格：选择第一个单元格后，按住【Ctrl】键，再选择其他单元格即可。

✧ 选择整行：将鼠标移动到表格外框的左端，当指针变为白色箭头形状时，单击左键，即可选中对应位置的行。
✧ 选择整列：将鼠标移动到表格外框的上端，当指针变为黑色向下箭头形状时，单击左键，即可选中对应位置的列。
✧ 选择整个表格：将鼠标移动到表格内部，这时会在表格的左上角显示图标，单击此图标，即会选中表格。

也可用表格工具中的“选择”按钮进行表格内容的选择。将插入点定位到单元格中，单击表格工具的“布局”选项卡，在“表”功能组中单击“选择”按钮，系统会弹出如图 4-49 所示的列表。如果要选择插入点所在的单元格，则单击“选择单元格”命令；如果要选择插入点所在的行或列，则单击“选择行”或“选择列”命令；如果要选择整个表格，则单击“选择表格”命令。

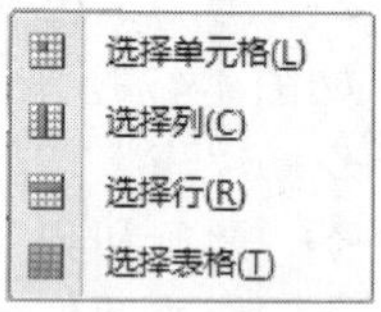

选择单元格(L)
选择列(C)
选择行(R)
选择表格(T)

图4-49 “选择”列表

3）表格内容的复制、移动与删除

✧ 表格内容的移动：选中“星期三”下面的“体育”单元格，剪切至剪贴板，将当前插入点定位于“星期四”的“5-6”节内容单元格处进行粘贴。
✧ 表格内容的删除：选中“星期四”下面的“历史”单元格，按【Del】键，将其删除；或将当前插入点置于该单元格中，再将其中的文本删除。
✧ 表格内容的复制：选中“星期一”下面的“语文”单元格，复制到剪贴板，将当前插入点定位于“星期三”的“1-2”节内容单元格处进行粘贴。

用同样的方法复制其他表格内容以达到如图 4-50 所示的表格效果。

	星期一	星期二	星期三	星期四	星期五
1-2	语文	数学	语文	数学	英语
3-4	物理	化学	物理	化学	政治
5-6	英语	政治	社团活动	体育	打扫卫生

图4-50 完成移动与复制操作后的课程表

表格内容也支持拖放操作。选中要移动或复制的单元格，将鼠标移动到选中区域上方，此时鼠标形状变为，按下鼠标左键（如果是复制内容，还需要按下【Ctrl】键），拖动鼠标，将插入点置于目标单元格，释放鼠标左键即可完成。如果目标单元格在操作前包含内容，原内容将被覆盖。

【第四步】行、列的插入与删除

为了给课程表中加入任课教师的信息，需要在第二至四行的每行后面加入一个新行，在第一列的前面加入一列。

1）插入行

在第二行的任意单元格内单击鼠标左键，选择表格工具中的“布局”→“行和列”→“在下方插入”按钮，系统就会在第二行的后面插入一个新行。

用同样的方法在原第三行与第四行后各插入一个新行。

2）插入列

在第一列的任意单元格中单击鼠标左键，选择表格工具中的“布局”→“行和列”→“在左侧插入”按钮，即可在第一列的前面加一列。

用鼠标或键盘方向键将当前插入点定位于表格外框后面的段落符号↵处，再按回车键，也会在相应行的后面插入一个新行。

行和列加好后，按如图 4-51 所示的表格输入内容。

		星期一	星期二	星期三	星期四	星期五
上午	1-2	语文	数学	语文	数学	英语
	教师	张强	赵荣	张强	赵荣	杨梅
	3-4	物理	化学	物理	化学	政治
	教师	王志	李辉	王志	李辉	陈红
下午	5-6	英语	政治	社团活动	体育	打扫卫生
	教师	杨梅	陈红		周芳	

图4-51　插入行和列后的效果

3）行或列的删除方法

先将当前插入点置于要删除的行或列中，然后单击“行和列”功能组中的“删除”按钮，再在如图 4-52 所示的列表中选择“删除行”或“删除列”命令即可。

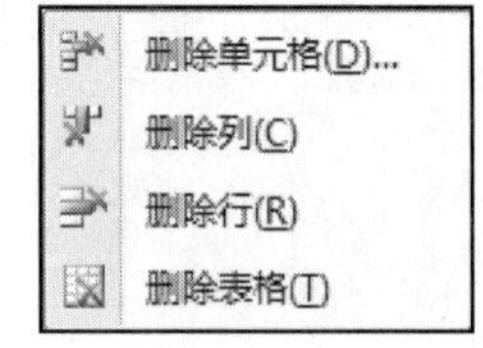

图4-52　表格工具的“删除”列表

【第五步】单元格的合并与拆分

单元格的合并就是将相邻的两个或多个单元格合并为一个单元格，而单元格的拆分是指将一个或多个单元格拆分成若干行、列的单元格。

1）单元格的合并

选中第一行的第一列与第二列，选择“布局”→“合并”→“合并单元格”按钮，即可将选中的单元格合并。

用同样的方法合并其他单元格，以达到如图 4-53 所示的效果。

2）单元格的拆分

选择要拆分的单元格（或要重新拆分的多个连续的单元格），选择“合并”→“拆分单元格”按钮，出现“拆分单元格”对话框，如图 4-54 所示。输入拆分后单元格的行数和列数，单击“确定”按钮，即可实现单元格的拆分。

		星期一	星期二	星期三	星期四	星期五
上午	1-2	语文	数学	语文	数学	英语
	教师	张强	赵荣	张强	赵荣	杨梅
	3-4	物理	化学	物理	化学	政治
	教师	王志	李辉	王志	李辉	陈红
下午	5-6	英语	政治	社团活动	体育	打扫卫生
	教师	杨梅	陈红		周芳	

图4-53　合并单元格后的效果

【第六步】插入标题，设置文字的格式、方向和对齐

1）插入标题

将当前插入点定位于第一行第一列的单元格中文本的最前面，按回车键，就会在表格的前面插入一个空行，在空行中输入标题“课　程　表”。

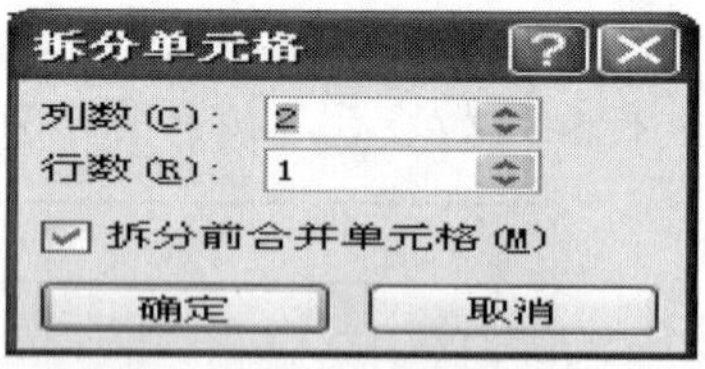

拆分单元格
列数(C)：2
行数(R)：1
☑ 拆分前合并单元格(M)
确定　取消

图4-54　“拆分单元格”对话框

2）设置字体格式

✧　设置标题字体格式为“华文行楷，初号，居中”。

✧　设置“星期一”至“星期五”、“上午”和“下午”的字体格式为“黑体，三号”。

✧　设置所有“教师”及教师姓名的字体格式为“隶书，小三”。

✧　设置表格中其他部分的字体格式为“微软雅黑，小三”。

3）设置文字方向

选中“上午”、“下午”与所有课程的名字所在的单元格，选择“布局”→“对齐”→“文字方向”按钮，文字方向会自动切换为“垂直”方式。

4）设置单元格的对齐方式

选中整个表格，选择“布局”→“对齐方式”→“中部居中”按钮。设置后的效果如图4-55所示。

课　程　表

		星期一	星期二	星期三	星期四	星期五
上午	1-2	语文	数学	语文	数学	英语
	教师	张强	赵荣	张强	赵荣	杨梅
	3-4	物理	化学	物理	化学	政治
	教师	王志	李辉	王志	李辉	陈红
下午	5-6	英语	政治	社团活动	体育	打扫卫生
	教师	杨梅	陈红		周芳	

图4-55　设置后的效果

【第七步】行高、列宽的调整

1）列宽的调整

用鼠标拖动的方法改变列宽。将鼠标指针移动到第一列的右边框线上，当指针变为横向双向箭头时，按下左键并向左拖动约三分之一列宽，释放左键。此时第一列的列宽就调整为原来的三分之二了。

用同样的方法，调整第二列的列宽为原来的三分之二，如图 4-56（a）所示。

也可以在一列的上方单击选中此列，右击选中的列，选择“表格属性”，在“列”选项卡里通过输入数字精确设置列的宽度。

平均分布选中列的列宽。选中“星期一”至“星期五”的 5 列，选择“布局”→“单元格大小”→“分布列”按钮，即可将选中的 5 列的列宽进行平均分布，如图 4-56（b）所示。

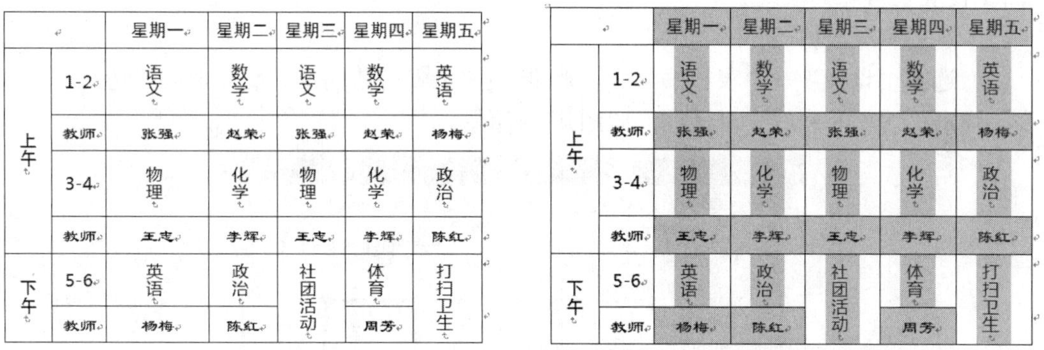

		星期一	星期二	星期三	星期四	星期五
上午	1-2	语文	数学	语文	数学	英语
	教师	张强	赵荣	张强	赵荣	杨梅
	3-4	物理	化学	物理	化学	政治
	教师	王忠	李辉	王忠	李辉	陈红
下午	5-6	英语	政治	社团活动	体育	打扫卫生
	教师	杨梅	陈红		周芳	

（a）列宽调整效果

		星期一	星期二	星期三	星期四	星期五
上午	1-2	语文	数学	语文	数学	英语
	教师	张强	赵荣	张强	赵荣	杨梅
	3-4	物理	化学	物理	化学	政治
	教师	王忠	李辉	王忠	李辉	陈红
下午	5-6	英语	政治	社团活动	体育	打扫卫生
	教师	杨梅	陈红		周芳	

（b）平均分布列宽后的效果

图4-56　列宽的调整

2）行高的调整

与调整列宽相同，用鼠标拖动的方法可以调整行高，但在本任务中行高的值是确定的，需要精确给定。方法如下。

将插入点置于“1-2”所在的行中，选择“布局”选项卡，将“单元格大小”功能组中的“高度”值设置为“4 厘米”。

用同样的方法设置“课程”所在行的高度为“4 厘米”，“教师”所在行的高度为“2 厘米”。

也可以在一行的左方单击选择此行，右击选中的行，选择“表格属性”，在“行”选项卡里通过输入数字精确设置行的高度。

【第八步】绘制斜线表头

将当前插入点定位于表格内，选择“布局”→“表”→“绘制斜线表头”按钮，弹出“插入斜线表头”对话框，如图 4-57（a）所示。

选择“表头样式”为“样式一”，“字体大小”为“四号”，“行标题”为“星期”，“列标题”为“节次”，单击“确定”按钮后，就会在表格的第一行第一列处插入表头。单击生成的斜线表头，移动控制点使其适合所在单元格，如图 4-57（b）所示。

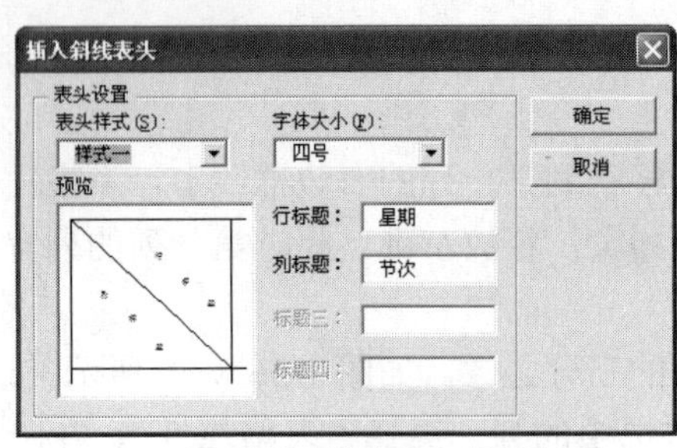

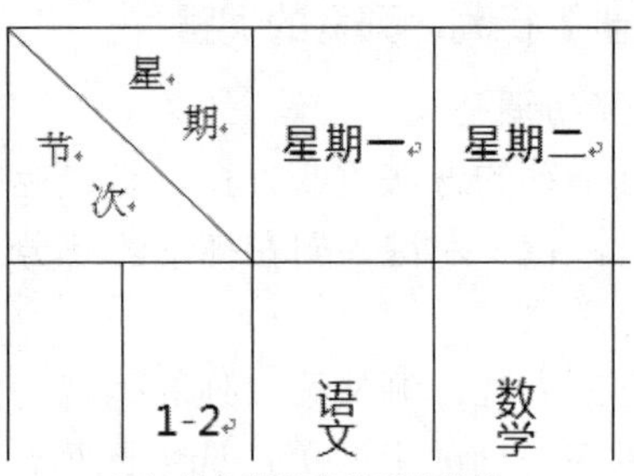

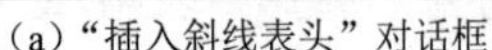

（a）“插入斜线表头”对话框　　（b）插入斜线表头后的效果

图4-57　绘制斜线表头

【第九步】设置边框与底纹

1）设置表格外部框线

（1）选中整个表格。

（2）选择“设计”→“表样式”→“边框”按钮 旁边的小箭头，选择“边框和底纹”命令，弹出“边框和底纹”对话框，如图 4-58 所示。

图4-58　“边框与底纹”对话框

（3）在“设置”中选择“网格”。

（4）在“样式”中选择第九种样式。

（5）单击“确定”按钮，即可生成如图 4-59 所示的外框线。

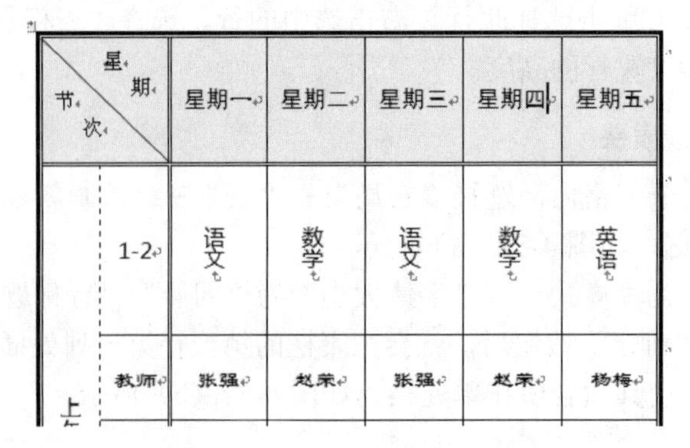

图4-59　设置边框与底纹后的效果

2）设置表格内部框线

（1）将当前插入点置于表格中。

（2）选择“设计”→“绘图边框”→“绘制表格”按钮。

（3）单击“笔样式”下拉列表框，选择双框线样式，将鼠标指针移动到工作区域，指针变成铅笔形状，在表格中第一行的下框线上拖动鼠标，使该框线变为双线样式。

用同样的方法，将“星期一”所在列的左边框线设置为双线样式，将“1-2”所在列的左框线设置为虚线，再将分隔上午课程与下午课程的框线设置为“1.5 磅”的横线。

3）设置底纹

选中表格的第一行，选择“设计”→“表样式”→“底纹”按钮，选择主题颜色为“橙色，强调文字颜色 6，淡色 80%”，完成效果如图 4-59 所示。

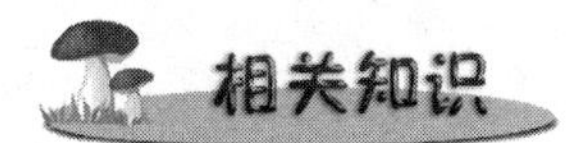

1. 文本与表格的转换

Word 可以轻松实现文本与表格的相互转换，可使用制表符、逗号、空格或其他分隔符标记新列开始的位置。文本转换表格的方法如下。

（1）在要划分列的位置插入特定的分隔符，本例为“制表符”。

（2）选中要转换为表格的文本，如图 4-60（a）所示。

（3）选择“插入”→“表格”→“文本转换成表格”命令。

（4）弹出“将文字转换成表格”对话框，如图 4-60（b）所示。

（5）输入“列数”为“3”。

（6）选择“文字分隔位置”为“制表符”。

（7）单击“确定”按钮后，得到效果如图 4-60（c）所示。

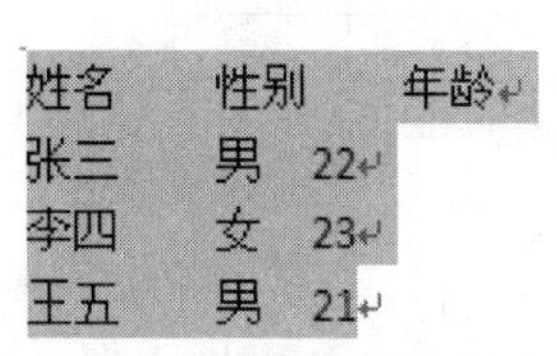

（a）待转换的文本

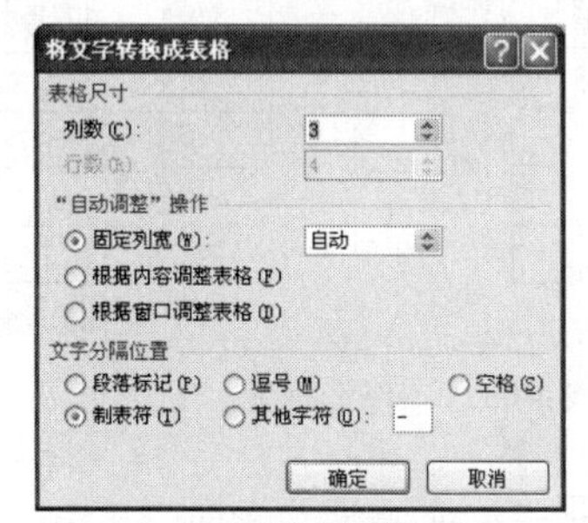

（b）转换对话框

姓名	性别	年龄
张三	男	22
李四	女	23
王五	男	21

（c）转换后的表格效果

图4-60　文本与表格的转换

2. 表格的拆分与合并

- ✧ 拆分表格：将当前插入点置于如图 4-60（c）所示的表格第三行的任意单元格中，选择“布局”→“合并”→“拆分表格”按钮，则表格被拆分为上下两个表格，如图 4-61 所示。
- ✧ 合并表格：将上下两个表格之间的段落标记删除，即可实现两个表格的合并。

3. 自动套用格式

使用自动套用格式能够快速制作出美观大方的表格，使用方法如下。

将光标定位于要套用格式的表格中，选择“设计”选项卡，在“表样式”功能组中选择合适的样式即可。例如，对图 4-60（c）表格应用样式“浅色网络-强调文字颜色 3”，得到效果如图 4-62 所示。

姓名	性别	年龄
张三	男	22

李四	女	23
王五	男	21

图4-61　拆分表格效果

姓名	性别	年龄
张三	男	22
李四	女	23
王五	男	21

图4-62　自动套用格式效果

4．表格的计算与排序

1）表格的计算

如图 4-63（a）所示为一个简单的成绩表，要求计算出各人的总分。

将插入点定位于张三的总分单元格，选择“布局”选项卡，单击“数据”功能组中的“公式”按钮 *fx*，弹出的对话框如图 4-63（b）所示，单击“确定”按钮，得到的效果如图4-63（c）所示。将该同学的总分复制到其他人的总分中，按【F9】键更新域，可得到最后结果如图 4-63（d）所示。

姓名	语文	数学	总分
张三	70	85	
李四	74	77	
王五	70	88	
赵六	91	89	

（a）成绩表

公式
公式(F)：
=SUM(LEFT)
编号格式(N)：
粘贴函数(U)：　粘贴书签(B)：
确定　取消

（b）“公式”对话框

姓名	语文	数学	总分
张三	70	85	155
李四	74	77	
王五	70	88	
赵六	91	89	

（c）应用公式进行求和后的效果

姓名	语文	数学	总分
张三	70	85	155
李四	74	77	151
王五	70	88	158
赵六	91	89	180

（d）全部求和后的效果

图4-63　表格的计算

2）表格的排序

将插入点定位于表格中，选择“布局”选项卡，单击“数据”功能组中的“排序”按钮，在弹出的对话框中输入主要关键字和次要关键字，如图 4-64（a）所示，单击“确定”按钮后即可完成排序工作，如图 4-64（b）所示。

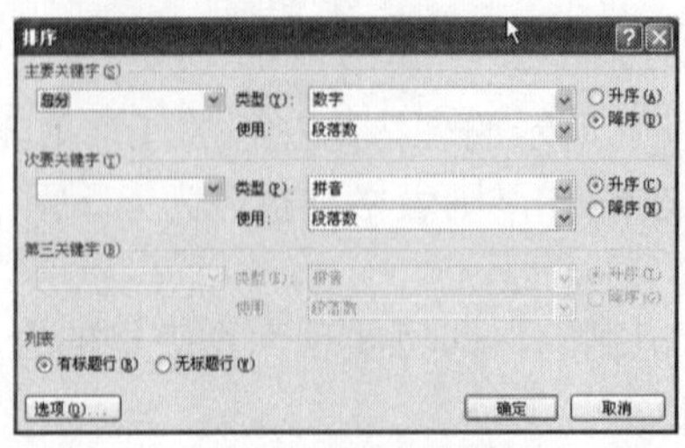

（a）“排序”对话框

姓名	语文	数学	总分
赵六	91	89	180
王五	70	88	158
张三	70	85	155
李四	74	77	151

（b）“排序”完成效果

图4-64　表格的排序

5．表格内容跨页时表头的设置

如果制作的表格非常大，就会出现跨页的情况，对于多页的表格，默认只在第一页显示表头，后面的页面只显示表格内容，这样会给读表带来很多不便。此时就需要做相应的跨页设置，使得每一个页面都显示表格的表头，操作方法如下。

选中表格的表头，选择表格工具的“布局”选项卡，在“表”功能组中单击“属性”按钮，打开“表格”属性对话框，选择对话框中的“行”选项卡，如图 4-65 所示。选中“在各页顶端以标题行形式重复出现”复选框，单击“确定”按钮，这样就会在后面的每个页面中都显示标题行了。

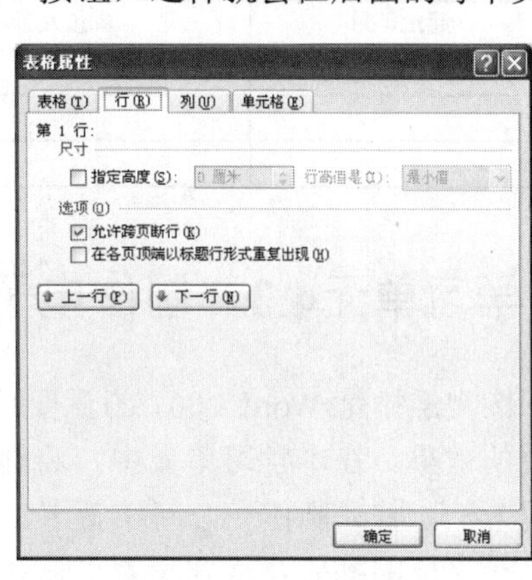

图4-65　“行”选项卡

实战训练

该任务中的“课程表”基本属于规范性表格，制作时相对简单，但在实际应用中会遇到各种各样的表格，因此需要掌握特殊表格的制作方法。在本实战训练中，通过制作一份“个人简历”使读者进一步掌握不规则表格的制作方法。

操作提示如下。

（1）创建新文档，按样文制作表格，以“个人简历”为文件名保存。

（2）标题字体为“微软雅黑，一号”。

（3）表格内部上部分中，“照片”字体为“宋体，五号”，“详细通信地址及邮政编码”字体为“楷体，五号”，其余部分为“楷体，小四”。

（4）表格内部下方两部分中，带底纹的文字字体为“隶书，四号”，双线上方的标题文字字体为“黑体，小四”。

（5）底纹样式为“水绿色，强调文字颜色 5，淡色 80%”。

（6）底纹单元格上方的框线宽度为“2.25 磅”，下方的框线宽度为“1.5 磅”。

（7）各行的行高均为 1.1 厘米。

（8）未说明部分根据样表进行调整。

样表：

个人简历

<table>
<tr><td>姓名</td><td></td><td>性别</td><td></td><td>民族</td><td></td><td>学历</td><td></td><td rowspan="3">照 片</td></tr>
<tr><td colspan="2">出生年月</td><td colspan="2"></td><td colspan="2">政治面貌</td><td colspan="2"></td></tr>
<tr><td colspan="2">籍贯</td><td colspan="6"></td></tr>
<tr><td colspan="2">详细通信地址
及邮政编码</td><td colspan="4"></td><td>电话</td><td colspan="2"></td></tr>
<tr><td colspan="2">手机</td><td colspan="3"></td><td colspan="2">电子邮件</td><td colspan="2"></td></tr>
<tr><td colspan="2">应聘岗位</td><td colspan="7"></td></tr>
<tr><td colspan="2">英语水平</td><td colspan="3"></td><td colspan="2">计算机水平</td><td colspan="2"></td></tr>
</table>

教育经历				
起止年月	毕业院校	专业	学制	学历学位

工作及实习经历			
起止年月	单位及部门	职位	工作及实习内容

学习单元4.3 制作电子小报

图文混排是 Word 2007 的重要功能之一，它可以使文档版面更加丰富多彩以达到图文并茂的效果。在本学习单元中，将通过两个任务的实现，学习图文混排中各种常用功能的使用方法。首先制作一个新年贺卡，主要是对 Word 2007 中的图片、剪贴画、艺术字、文本框等对象的插入及格式设置方法进行学习，再通过制作某校招生简章，进一步对图文混排进行实践，以提高综合排版能力。如图 4-66 和图 4-67 所示为“新年贺卡”和“招生简章”的效果图。

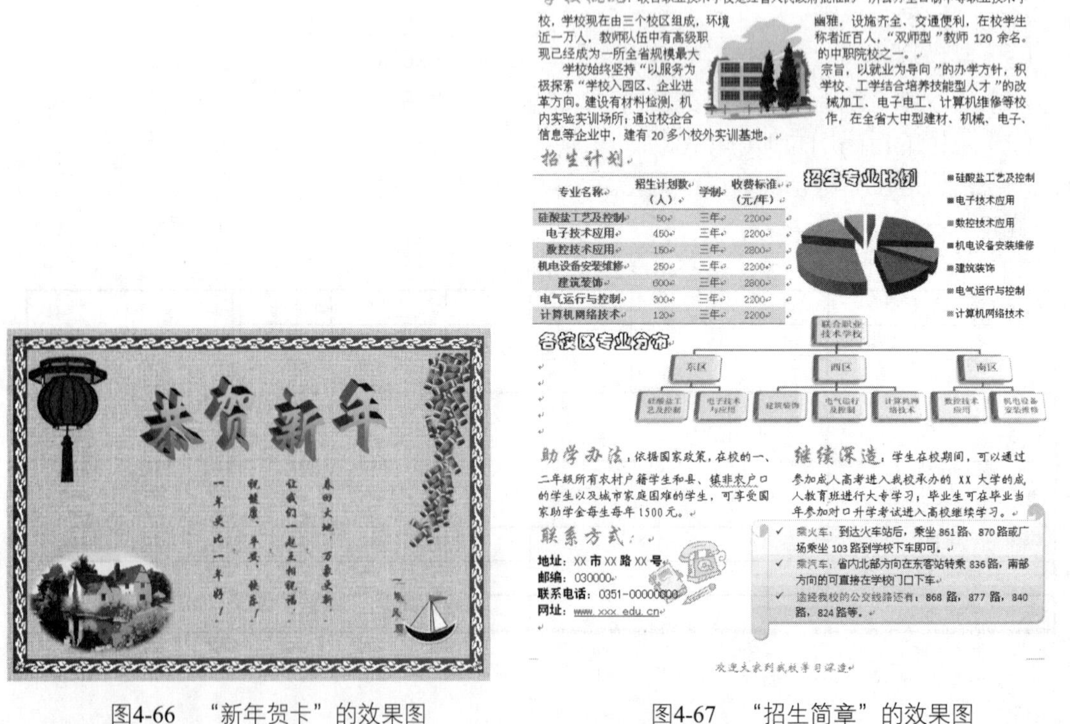

图4-66 “新年贺卡”的效果图

图4-67 “招生简章”的效果图

任务 1　制作"新年贺卡"

任务内容

在该任务中我们主要完成以下 3 个方面的学习。

- ➢ 贺卡页面的设置；
- ➢ 在贺卡中插入图形、艺术字、文本框等对象；
- ➢ 各种对象的格式设置方法。

任务分析

通过对本任务的学习，要达到对图文混排中常用功能的熟练掌握，如在制作贺卡的过程中，使读者掌握图片、剪贴画、艺术字、文本框等对象的插入及格式设置方法，为制作更复杂的综合版式奠定基础。本任务分以下几个步骤进行。

- ✧ 页面设置；
- ✧ 插入图片与剪贴画；
- ✧ 设置文字环绕方式；
- ✧ 调整图片位置；
- ✧ 调整图片大小；
- ✧ 调整图片效果与样式；
- ✧ 插入自选图形；
- ✧ 插入与编辑艺术字；
- ✧ 使用文本框。

任务实施步骤

创建一个 Word 2007 文档，并以"新年贺卡"为文件名进行保存。

【第一步】页面设置

1）基本页面设置

设置纸张大小为"A4"；设置纸张方向为"横向"。

2）设置页面边框

选择"页面布局"→"页面背景"→"页面边框"按钮，打开"边框和底纹"对话框，选择"页面边框"选项卡，如图 4-68 所示。

在"颜色"下拉列表中选择"红色"，并在"艺术型"下拉列表中选择一种艺术型边框效果，单击"确定"按钮，页面边框设置完成。

3）设置页面填充效果

选择"页面布局"→"页面背景"→"页面颜色"→"填充效果"命令，打开"填充效果"对话框，如图 4-69 所示。

选择"纹理"为"画布"效果，单击"确定"按钮后得到如图 4-70 所示的效果。

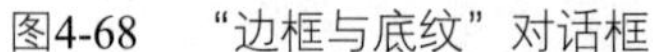

图4-68 “边框与底纹”对话框

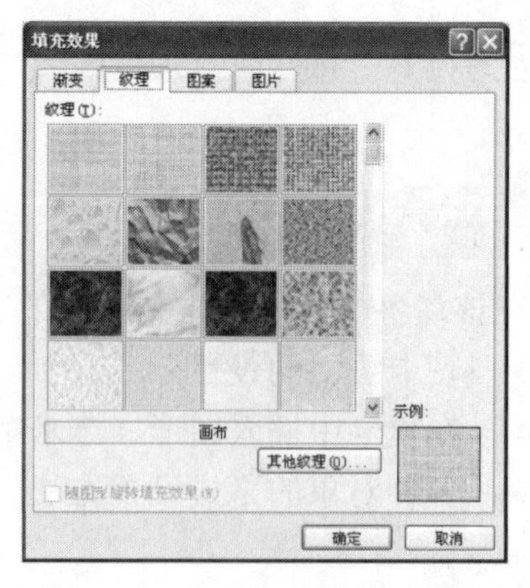

图4-69 “填充效果”对话框

图4-70 页面设置完成后的效果

Word 2007 提供了丰富的页面填充效果，不但可以选择纹理效果进行填充，还可以在“渐变”选项卡中选择不同颜色、不同底纹样式的渐变效果，在“图案”选项卡中选择多种预设图案，在“图片”选项卡中直接选择精美的图片作为背景。

【第二步】插入图片与剪贴画

1）插入图片

选择“插入”→“插图”→“图片”按钮，打开“插入图片”对话框，如图 4-71（a）所示。选择图片所在的位置，再单击要插入的图片“鞭炮.JPG”，单击“插入”按钮，得到的效果如图 4-71（b）所示。

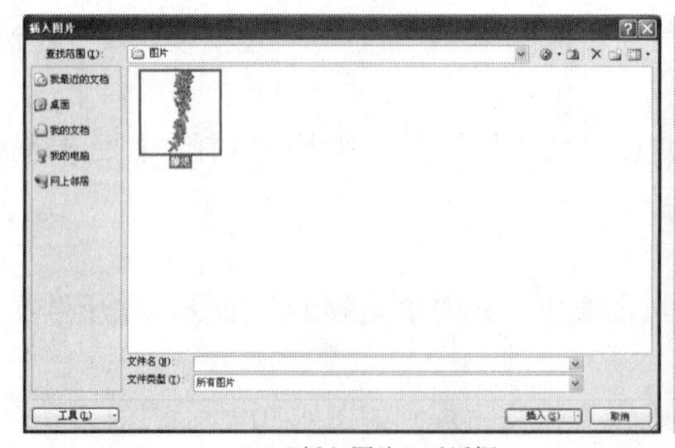

（a）“插入图片”对话框

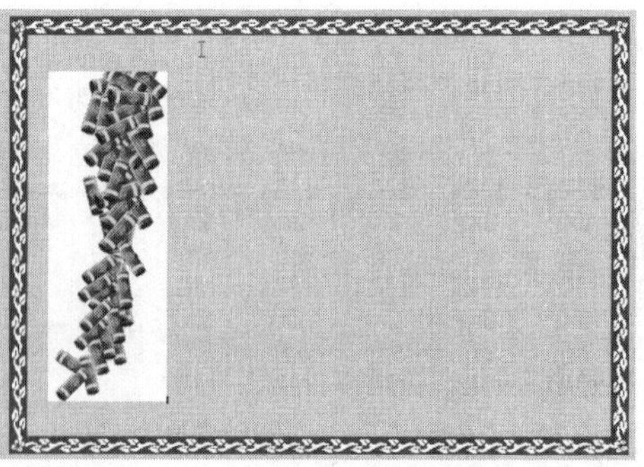

（b）插入图片后的效果

图4-71 插入图片

2）插入剪贴画

选择“插入”→“插图”→“剪贴画”按钮，在工作区的右边出现“剪贴画”任务窗格，如图 4-72（a）所示。保持“搜索文字”文本框为空的状态，单击“搜索”按钮，此时 Word 2007 的所有剪贴画都会在中间区域中显示。将鼠标移动到某一个剪贴画上方，该剪贴画的右边就会出现一个下拉按钮，单击第三幅剪贴画旁边的下拉按钮，弹出如图 4-72（b）所示的菜单，单击“插入”命令。插入后的效果如图 4-73 所示。

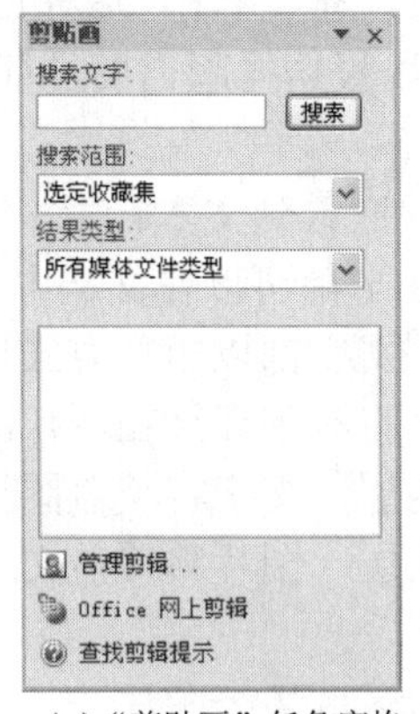

（a）“剪贴画”任务窗格

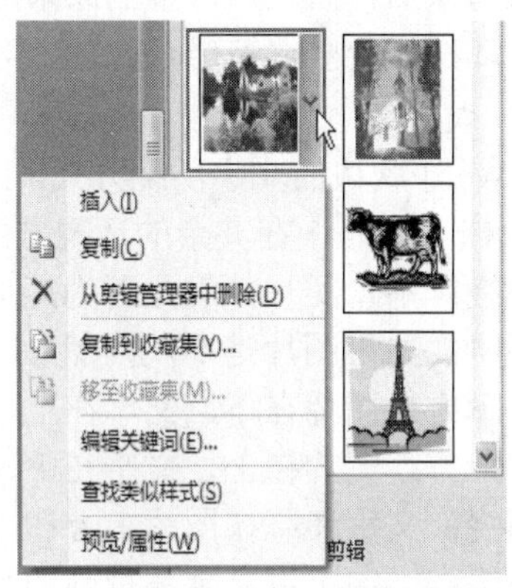

（b）剪贴画的下拉按钮与弹出菜单

图4-72　插入剪贴画

操作技巧

在“搜索文字”框内输入所需图片的特征，如灯笼，单击“搜索”按钮，或者在“搜索范围”内指定某个收藏集以减小搜索范围，即可快速得到一组与灯笼相关的剪贴画。

3）插入“Web 收藏集”中的剪贴画

在“剪贴画”任务窗格中打开“搜索范围”列表，选中“Web 收藏集”前面的复选框，在“搜索文字”框中输入“灯笼”，单击“搜索”按钮，选择倒数第二行的红色灯笼并在其上单击鼠标左键，即可将该剪贴画插入。由于该图比较大，自动进行了换页显示，效果如图 4-74 所示。

图4-73　插入剪贴画后的效果

图4-74　插入灯笼剪贴画效果

在选择了插入“Web 收藏集”剪贴画的操作时，需要用户的电脑接入因特网，并且可以访问微软的网站。

【第三步】设置文字环绕方式

在文档中插入对象后，插入点位置上原来的正文被“挤”开了，这种正文给图片“让位”的特点称为“文字环绕”。文字的环绕方式有多种，可以根据排版需要进行不同的选择。

1）文字环绕方式介绍

- ✧ 嵌入型：Word 默认的文字环绕方式，此时图片嵌入到文本行中，仅可以像字符一样移动。除嵌入型外，在其余的环绕方式下，图形都可以在文档中自由地移动。
- ✧ 四周型环绕：不管图片外观是否为矩形图片，文字都以矩形方式环绕在图片四周。
- ✧ 紧密型环绕：如果图片是不规则图形，则文字将紧密环绕在图片四周。
- ✧ 衬于文字下方：图片在下，文字在上，分为两层，文字将覆盖图片。
- ✧ 浮于文字上方：图片在上，文字在下，分为两层，图片将覆盖文字。
- ✧ 上下型环绕：文字环绕在图片上方和下方。
- ✧ 穿越型环绕：文字可以穿越不规则图片的空白区域环绕图片。
- ✧ 编辑环绕顶点：用户可以编辑文字环绕区域的顶点，实现更个性化的环绕效果。

2）设置图片的文字环绕方式

在 Word 文档中，当有图片处于操作状态时，会自动激活功能区中的“图片工具”。

选中“鞭炮”图片，选择“图片工具”的“格式”选项卡，单击“排列”→“文字环绕”按钮，弹出文字环绕列表，如图 4-75 所示，选择“浮于文字上方”命令，使得图片可以自由地移动，并可置于文档中的任意位置。

用同样的方法将其余的两个剪贴画的文字环绕方式设置为“浮于文字上方”。

【第四步】调整图片位置

可以使用以下几种方法调整图片的位置。

1）用鼠标直接拖动

以“鞭炮”图片为例，将鼠标指针移动到该图片的上方时，指针形状变为，此时按下鼠标左键，将图片拖动到右上方的位置即可。

2）使用“位置”按钮

以“风景”图片为例，选中该图片，选择“图片工具”的“格式”选项卡，单击“排列”功能组中的“位置”按钮，弹出位置列表，如图 4-76 所示，选择“底端居左”位置。

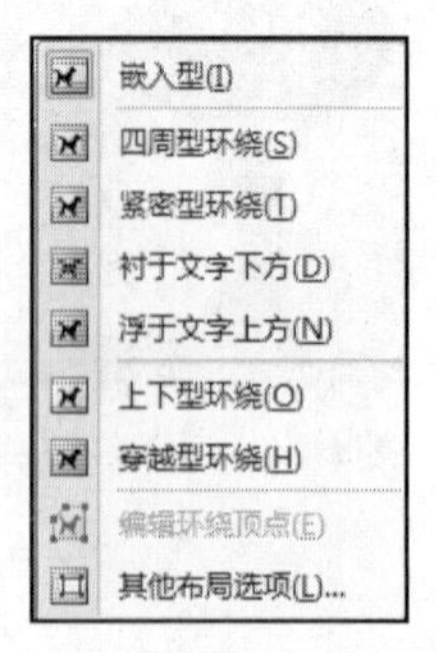

图4-75　文字环绕方式列表

图4-76　位置列表

3）进行精确定位

以“灯笼”图片为例，选中该图片，选择“图片工具”的“格式”选项卡，单击“排列”功能组中的“位置”按钮，在弹出的位置列表中选择“其他布局选项”命令。在打开的“高级版式”对话框中选择“图片位置”选项卡，如图 4-77 所示。设置图片的“绝对位置”为页面“右侧”1.66 厘米，“下侧”1.4 厘米，单击“确定”按钮。

设置完成后得到的效果如图 4-78 所示。

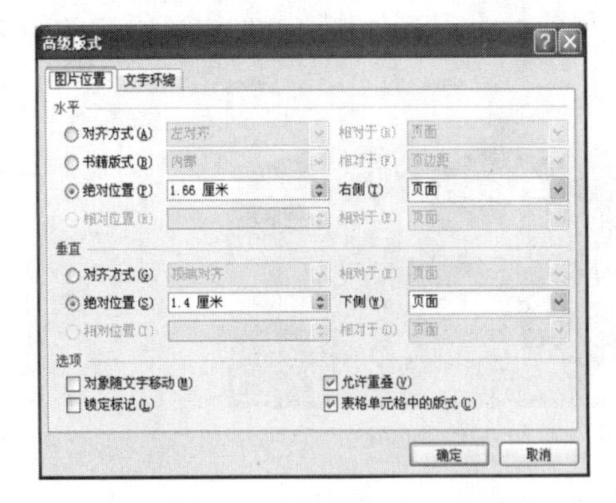

图4-77　“高级版式”对话框

图4-78　调整图片位置后的效果

在图片位置大致确定以后，可以使用键盘对图片的位置进行微调。选中图片，再通过键盘上的方向键，就可以使图片往相应的方向移动微小的距离了。

【第五步】调整图片大小

在插入图片以后，还需要对图片的大小进行调整，从而更好地适应版面的要求。可以使用以下几种方法调整图片的大小。

1）拖动鼠标调整

以“灯笼”图片为例，选中该图片后，在图片的周围就会出现 8 个控制点，将鼠标指针移动到控制点上时，指针的形状变为双向箭头，按下鼠标左键，拖动鼠标，即可改变图片的大小。

在图片周围的 8 个控制点中，四个角的控制点用来按比例缩放图片，上下两个控制点用来调整图片的高度，左右两个控制点用来调整图片的宽度。

2）精确调整图片大小

以“鞭炮”图片为例，选中该图片，选择“图片工具”的“格式”选项卡，在“大小”功能组中输入“宽度”的值为 3.85 厘米（或输入“高度”的值 11.23 厘米），即可按比例调整图片大小。

如果要同时指定图片的高度和宽度，可单击“大小”功能组右下角的“对话框启动器”按钮，打开“大小”对话框，如图 4-79 所示。取消“锁定纵横比”前面的对钩，

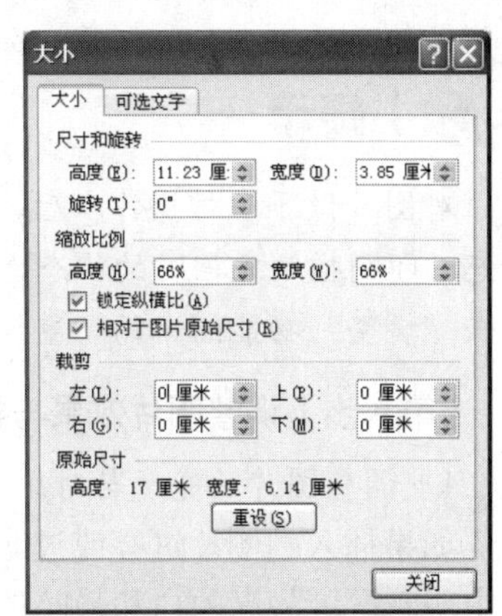

图4-79　“大小”对话框

再输入所需要的“宽度”值 3.85 厘米，“高度”值 11.23 厘米，即可完成设置。

3）裁剪图片

调整图片的大小时，除对图片进行缩放外，还可以利用 Word 提供的裁剪功能对图片的多余部分进行裁剪。

以“风景”图片为例，选中该图片，选择“图片工具”的“格式”选项卡，单击“大小”功能组中的“裁剪”按钮，图片的周围会出现 8 个裁剪手柄，如图 4-80（a）所示。用鼠标拖动各个方向上的裁剪手柄，即可将多余的部分裁剪掉，得到如图 4-80（b）所示的结果。

（a）裁剪前的图片

（b）裁剪后的图片

图4-80　裁剪图片

选中裁剪后的风景图片，在“锁定纵横比”的条件下，通过缩放功能调整大小为 9 厘米。调整图片大小后的整体页面效果如图 4-81 所示。

图4-81　调整图片大小后的页面整体效果

对图片做了多种操作以后，如果发现其中的某些操作为误操作，需要将图片恢复到原始状态，即刚插入文档时的状态，可选中要恢复的图片，选择“图片工具”的“格式”选项卡，单击“调整”功能组中的“重设图片”按钮，即可使图片还原到原始状态。

【第六步】调整图片效果与样式

1）调整图片的亮度与对比度

如果插入的图片过亮或过暗，都需要调整亮度以使其更具观赏性；对比度指的是一幅图像中明暗区域最亮的白和最暗的黑之间不同亮度层级的测量，差异范围越大代表对比越大，差异范围越小代表对比越小。

以“灯笼”图片为例，要使其亮度降低 10%，对比度增加 10%，可用以下步骤操作。

（1）设置亮度。选中“灯笼”图片，选择“图片工具”的“格式”选项卡，单击“调整”功能组中的“亮度”按钮，在弹出的亮度列表中选择“−10%”，如图 4-82（a）所示。

（2）设置对比度。选中“灯笼”图片，选择“图片工具”的“格式”选项卡，单击“调整”功能组中的“对比度”按钮，在弹出的对比度列表中选择“+10%”，如图 4-82（b）所示。

2）设置图片中的透明色

Word 2007 不仅可以为图片重新着色，如灰度、褐色、冲蚀、黑白及各种变体色等，还可以将某一种颜色设置为透明色。

以“鞭炮”图片为例，要设置使其原有的白色背景变为透明，操作步骤如下。

选中图片，如图 4-83（a）所示，选择“图片工具”的“格式”选项卡，单击“调整”功能组中的“重新着色”按钮，在弹出的“重新着色”列表中选择“设置透明色”命令。此时鼠标指针的形状变为，在鞭炮图片的白色背景区域中单击，即可完成设置，效果如图 4-83（b）所示。

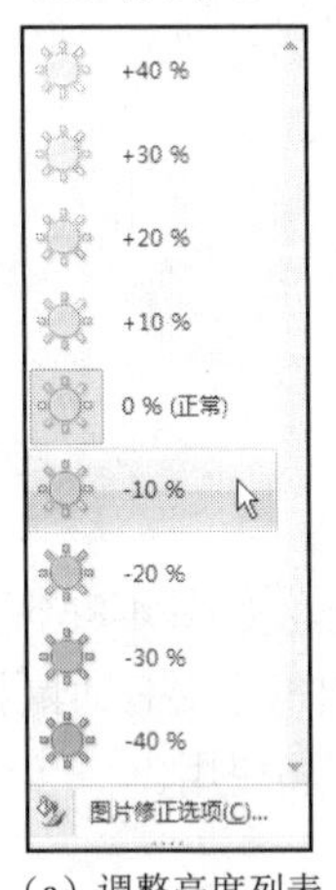

（a）调整亮度列表

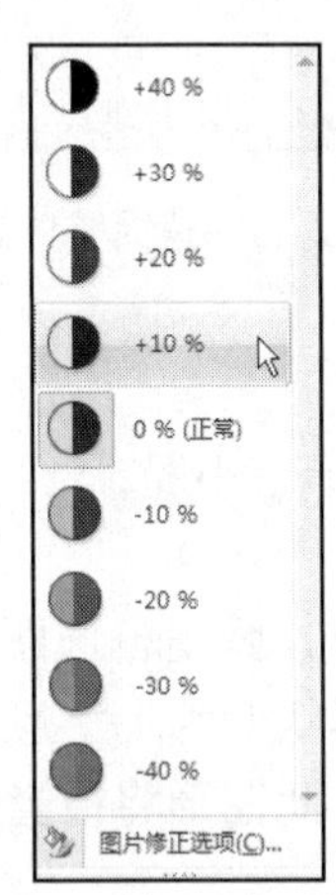

（b）调整对比度列表

图4-82　调整亮度对比度

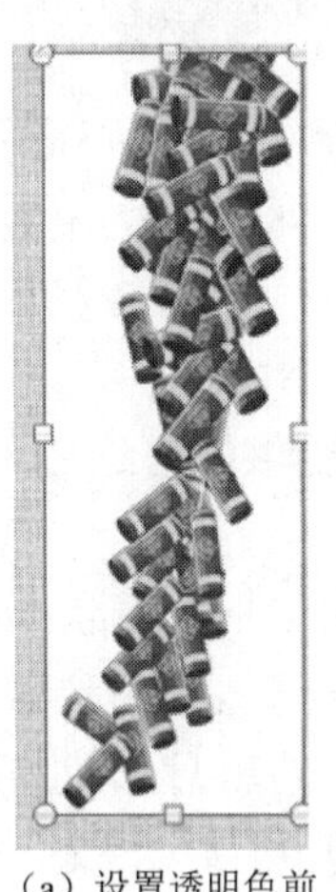
（a）设置透明色前

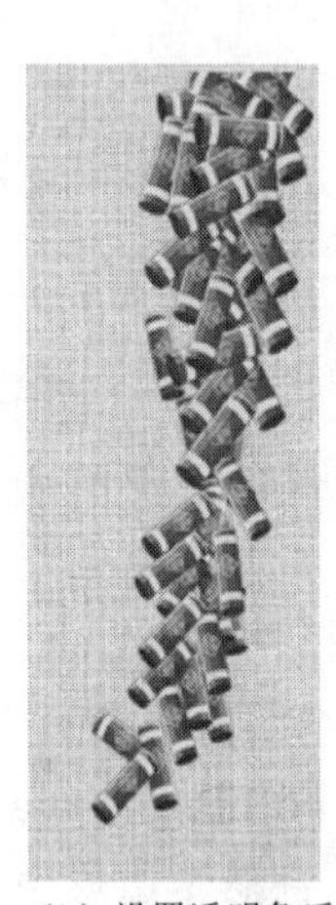
（b）设置透明色后

图4-83　设置透明色

3）设置图片样式

Word 2007 提供了丰富的图片样式，其中包括了图片的形状、边框及各种图片效果。现将“风景”图片应用“柔化边缘椭圆”效果，操作步骤如下。

选中图片，如图 4-84（a）所示，选择“图片工具”的“格式”选项卡，在“图片样式”功能组中单击“其他”按钮，再单击“柔化边缘椭圆”效果，即可完成设置，效果如图 4-84（b）所示。

（a）设置图片样式前

（b）设置图片样式后

图4-84　设置图片样式

小提示

通过设置“图片样式”功能组中的图片形状、图片边框及图片效果，可调整出比预设样式更为丰富的图片显示效果。

在进行过以上步骤后，页面整体效果如图 4-85 所示。

图4-85 调整图片效果与样式后的页面整体效果

【第七步】插入自选图形

下面将利用 Word 2007 提供的自选图形制作一个小船。

1）绘制自选图形

选择“插入”→ “插图”→“形状”按钮，弹出自选图形列表，如图 4-86 所示。选择“基本形状”中的“新月形”，此时鼠标指针形状变为十字形，在空白区域拖动鼠标左键，画出一个如图 4-87（a）所示的新月形状的图形，此图形将被当做船体来使用。

2）将船体图形向左旋转 90 度

选中该图形，选择“绘图工具”中的“格式”选项卡，单击“排列”功能组中的“旋转”按钮，选择“向左旋转 90 度”命令，得到如图 4-87（b）所示的图形。

也可以用拖动鼠标的方法达到旋转的目的。选中图形，将鼠标指针移动到图形上方的旋转手柄上，按下鼠标左键，拖动鼠标即可对图形进行旋转操作。

3）设置自选图形的形状样式

选中船体图形，选择“绘图工具”中的“格式”选项卡，单击“形状样式”功能组中的第一种样式类型“彩色填充，白色轮廓-深”。

4）绘制桅杆

用上面绘制新月图形的方法，绘制一个宽度最小的矩形作为船的桅杆，如图 4-87（c）所示。

设置桅杆的叠放次序。选中桅杆图形，选择“绘图工具”中的“格式”选项卡，单击“排列”功能组中的“置于底层”按钮，即可将桅杆的叠放次序放到最后，如图 4-87（d）所示。

5）绘制船帆及缆绳

绘制一个三角形，使其向左旋转约 20 度，再将该图形靠近船帆的位置，如图 4-87（e）所示。

绘制两条直线作为缆绳，放置在如图 4-87（f）所示的位置。

6）绘制旗帜

绘制一个稍小一些的三角形，使其向右旋转 90 度，并添加“水平渐变-强调文字颜色 2”的形状样式，再将旗帜放置到桅杆的顶部，如图 4-87（g）所示。

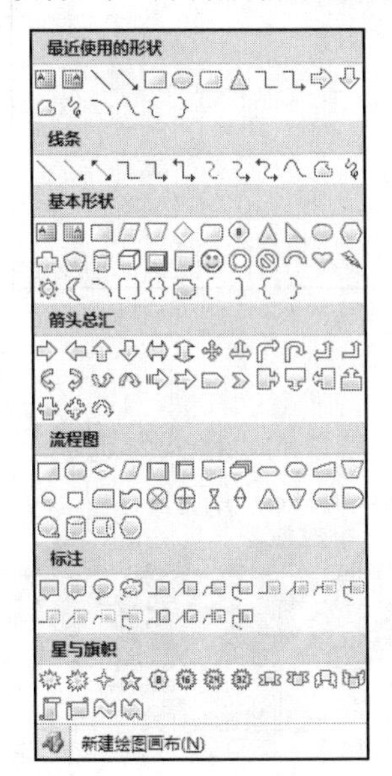

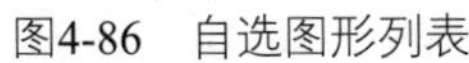
图4-86　自选图形列表

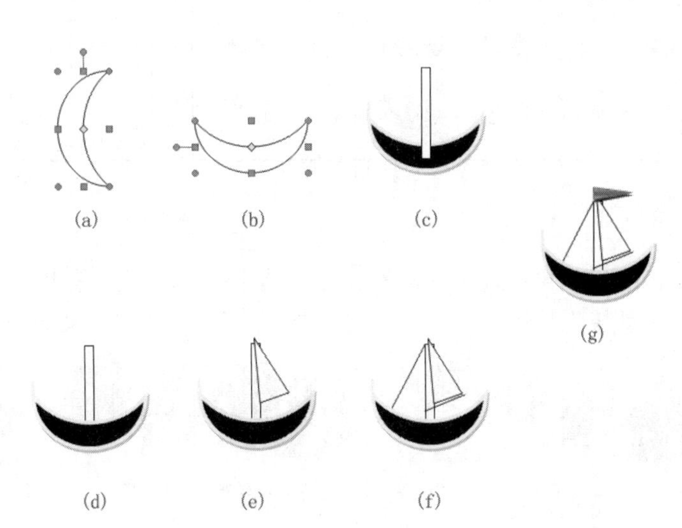

图4-87　小船图形的绘制过程

7）组合图形

按住【Shift】键，依次单击该小船图形的每一个组成部分，直至所有的部分都被选中。单击“排列”功能组中的“组合”按钮，在弹出的菜单中选择“组合”命令，即可把小船的各个部分组合成一个整体，以方便进行选中、移动和复制等操作。

完成效果如图 4-88 所示。

图4-88　添加自选图形后的效果

【第八步】插入与编辑艺术字

艺术字是具有多种艺术效果的文字样式库，艺术字的添加可以使文档更加活泼、美观。

1）插入艺术字

选择“插入”→“文本”→“艺术字”按钮，弹出如图 4-89（a）所示的艺术字列表，选择“艺术字样式 28”，弹出“编辑艺术字文字”对话框，输入文字“恭贺新年”，设置字体为“华文新魏”，如图 4-89（b）所示，单击“确定”按钮后即可生成三维效果的艺术字如图 4-90（a）所示。

用同样的方法插入艺术字“一帆风顺”，要求使用“艺术字样式 24”，字体为“隶书”，生成阴影效果的艺术字，完成效果如图 4-91（a）所示。

2）编辑艺术字

更改艺术字外形：选中“恭贺新年”艺术字，选择“艺术字工具”的“格式”选项卡，单击“艺术字样式”功能组中的“更改形状”按钮，选择“双波形 2”，得到效果如图 4-90（b）所示。

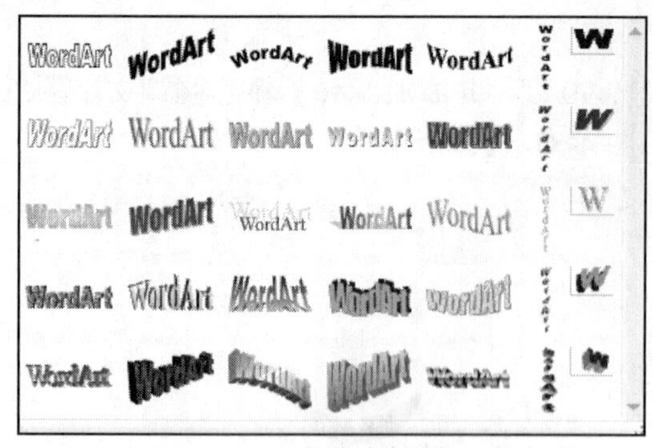

（a）艺术字列表

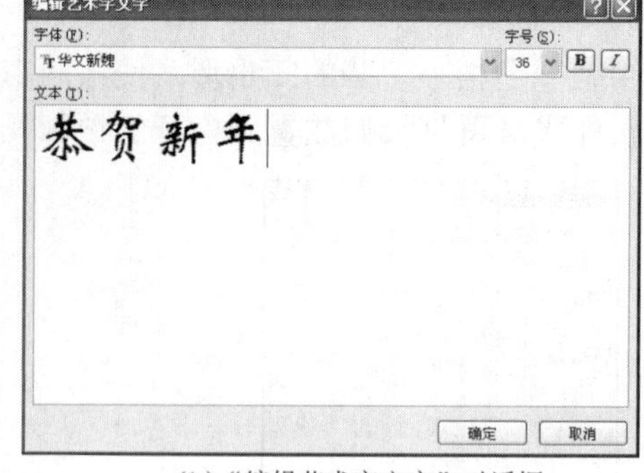

（b）“编辑艺术字文字”对话框

图4-89　插入艺术字

更改三维效果：选中“恭贺新年”艺术字，选择“艺术字工具”的“格式”选项卡，单击“三维效果”按钮，选择“三维样式 2”，得到的效果如图 4-90（c）所示。

（a）“恭贺新年”艺术字

（b）设置外形后的结果

（c）设置三维样式后的结果

图4-90　编辑艺术字

更改艺术字颜色：选中“一帆风顺”艺术字，选择“艺术字工具”的“格式”选项卡，单击“艺术字样式”功能组中的“形状填充”按钮，选择“红色”填充。

更改阴影效果：选中“一帆风顺”艺术字，选择“艺术字工具”的“格式”选项卡，单击“阴影效果”按钮，选择“阴影样式 4”。

更改阴影颜色：选中“一帆风顺”艺术字，选择“格式”选项卡，单击“阴影效果”按钮，单击“阴影颜色”，选择“黑色，文字 1，淡色 50%”，得到的效果如图 4-91（b）所示。

在取消“锁定纵横比”的条件下，将“恭贺新年”艺术字的大小设置为高 4.6 厘米，宽 14.6 厘米，将“一帆风顺”艺术字的大小设置为高 3.2 厘米，宽 0.8 厘米，再将它们的“文字环绕方式”设置为“浮于文字上方”，然后移动到合适的位置。

插入艺术字后页面的整体效果如图 4-92 所示。

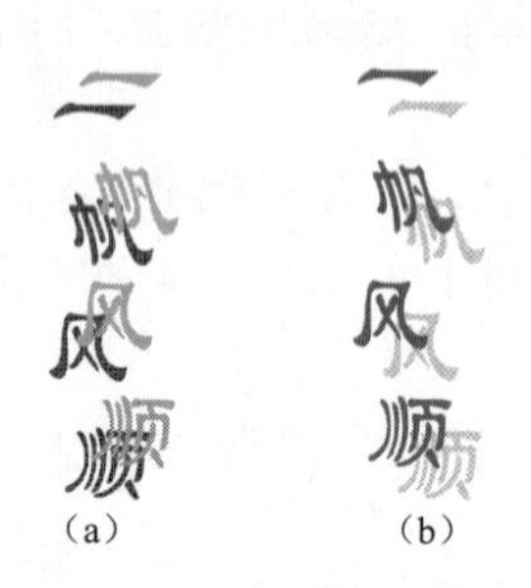

图4-91　“一帆风顺”艺术字

图4-92　插入艺术字后的页面效果

【第九步】使用文本框

文本框是可移动、可调整大小的文字或图形容器。使用文本框，可以在一页上放置数个文字块，或使文字按与文档中其他文字不同的方向排列。

1）插入文本框

选择“插入”→“文本”→“文本框”按钮，出现的文本框列表如图 4-93 所示。选择“绘制竖排文本框”命令，鼠标指针变为十字形状，按下鼠标左键，拖动鼠标，绘制合适大小的文本框。输入文字内容“春回大地，万象更新，让我们一起互相祝福，祝健康、平安、快乐！一年更比一年好！”。

2）编辑文本

将文本内容调整为 4 列，每列之间空一列；设置文字字体为“华文行楷，二号，加粗”；设置段落对齐方式为“分散对齐”；设置字体颜色为“红色”。设置后的效果如图 4-94 所示。

3）隐藏文本框的边框

选中文本框，选择“文本框工具”中的“格式”选项卡，单击“文本框样式”中的“形状轮廓”按钮，选择“无轮廓”，再将该文本框置于文档的中部即可。

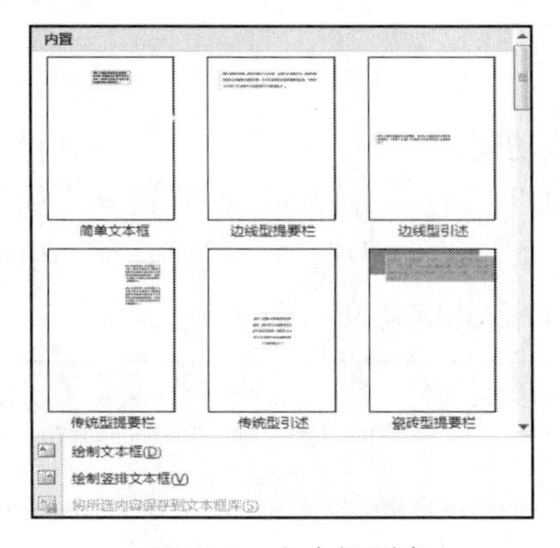

图4-93　文本框列表

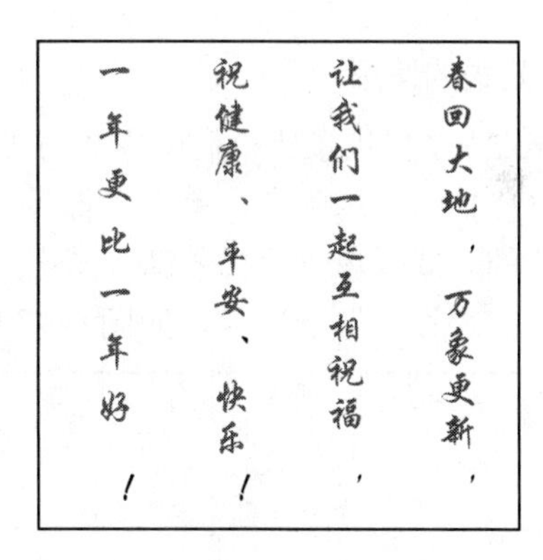

图4-94　文本框效果

最后得到的贺卡效果如图 4-95 所示。

图4-95　完成的贺卡效果

1．超链接

当输入网页的地址（如 www.sxzzy.cn）或电子邮件址（如 mail@126.com），并按回车或空格键时，Word 会自动创建超链接。

如果要创建超链接，可用以下步骤实现。

选择要显示为超链接的文本或图片，选择“插入”选项卡，单击“链接”组中的“超链接”按钮，弹出“插入超链接”对话框，如图 4-96 所示。在该对话框中选择超链接的目标位置，单击“确定”按钮，即可创建超链接。

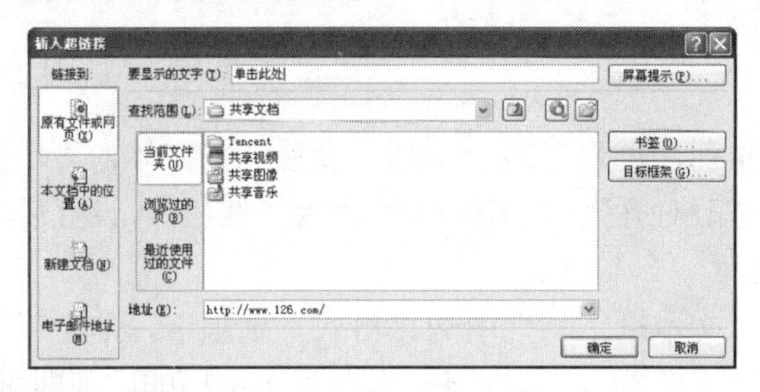

图4-96 “插入超链接”对话框

2．公式的使用

Word 2007 提供了比以前版本更方便易用的公式功能。

选择“插入”选项卡，单击“符号”组中“公式”按钮π旁边的箭头，在弹出的菜单中单击所需的公式或单击“插入新公式”命令进行公式的创建。当选中公式时，就会出现“公式工具”的“设计”选项卡，如图 4-97 所示，以进行公式的建立与编辑。

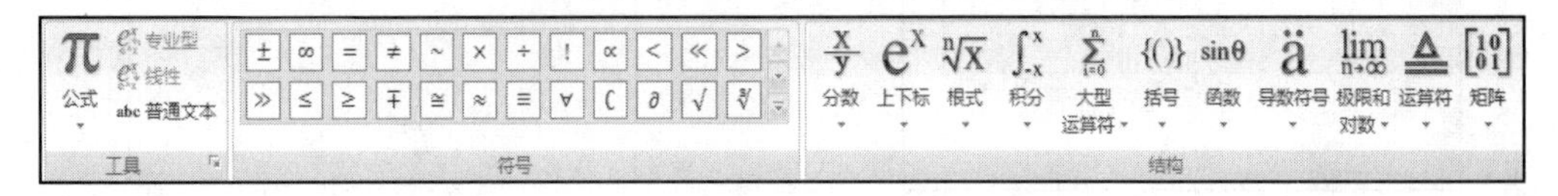

图4-97 “公式工具”的“设计”选项卡

3．在文档中插入脚注和尾注

脚注和尾注是对文本的补充说明。脚注添加在页面底部，用于对文档内容进行注释说明。尾注添加在文档的末尾，通常用于说明引文的出处等。

添加脚注：将当前插入点置于需要添加脚注的位置，选择“引用”选项卡，单击“脚注”功能组中的“插入脚注”按钮，会在插入点位置出现脚注符号“1”，并在当前页下方显示分隔线及相应符号，输入脚注文本即可。

添加尾注：将当前插入点置于需要添加尾注的位置，选择“引用”选项卡，单击“脚注”功能组中的“插入尾注”按钮，会在插入点位置出现默认的尾注符号“i”，并在文档末尾显示分隔线及相应符号，输入尾注文本即可。

4．插入题注

题注是对象下方显示的一行文字，用于描述该对象，如图片、表格等的名称和编号。使用题注功能可保证文档中图片、表格等对象能够按顺序自动编号，当带题注的对象发生变化的时候，Word 2007 会自动对编号进行更新。

选择要添加题注的对象，选择“引用”选项卡，单击“题注”功能组中的“插入题注”按钮，弹出“题注”对话框，如图 4-98 所示。在“标签”下拉列表中选择适当的标签内容，单击“确定”按钮后，即可生成自动编号的题注效果。

5. 创建目录

在创建目录前，应该确认在文档的标题中使用了样式。

将当前插入点置于要插入目录的位置，选择“引用”选项卡，单击“目录”功能组中“目录”按钮，选择“插入目录”命令，出现“目录”对话框，如图 4-99 所示。输入“显示级别”的数值，单击“确定”按钮即可创建目录。

如果要更新目录，选择“引用”选项卡，单击“目录”功能组中“更新目录”按钮，在出现的“更新目录”对话框中选择目录更新的方式，单击“确定”按钮即可。

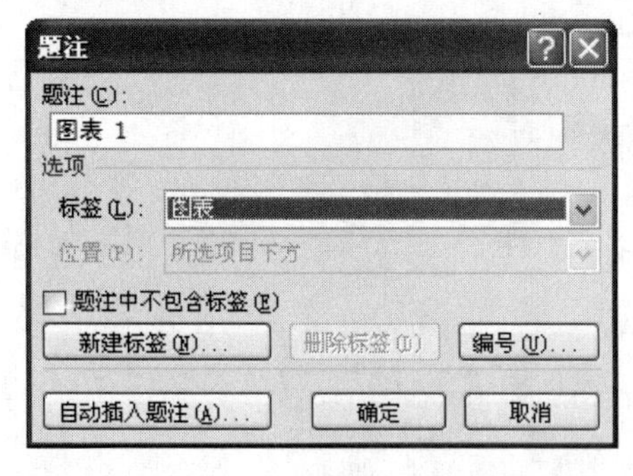

图4-98　“题注”对话框

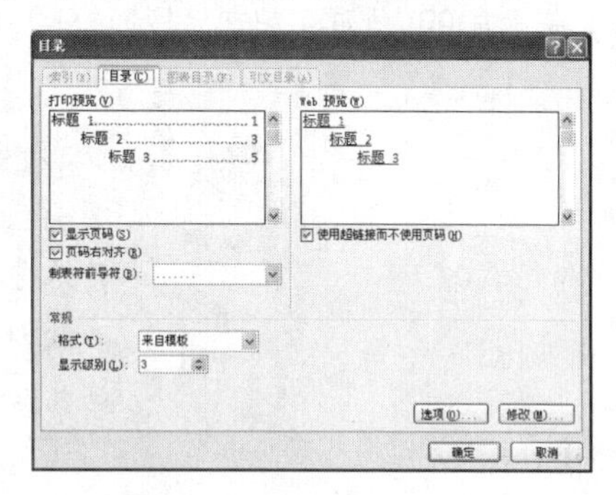

图4-99　“目录”对话框

6. 邮件合并

使用邮件合并功能，可以将标准文件与包括变化信息的数据源进行合成，合成后的文件可以保存为 Word 文档打印出来，也可以以邮件形式发送出去。该功能可用于制作信封、请柬、准考证、明信片及各类获奖证书等。

邮件合并过程需要执行以下所有步骤。

✧ 设置主文档：主文档包含的文本和图形将用于合并文档的所有版本中，如信函中的寄信人地址。

✧ 将文档连接到数据源：数据源包含要合并到文档的信息，如信函收件人的姓名和地址。

✧ 调整收件人列表或项列表：Word 2007 会为数据文件中的每一项生成主文档的一个副本，如果只希望为数据文件中的某些项生成副本，可以选择要包括的项。

✧ 向文档添加占位符：执行邮件合并时，来自数据文件的信息会填充到邮件合并域中。

✧ 预览并完成合并：打印整组文档之前可以预览每个文档副本。

可以通过“邮件”选项卡中的“开始邮件合并”功能组进行邮件合并的操作。

7. 修订功能

修订主要包含对文档内容的插入与修改。在修订状态下，插入或删除文本的操作并不直接修改原文，而是以特殊标记形式显示。

✧ 打开与关闭修订：选择“审阅”选项卡，单击“修订”功能组中的“修订”按钮，即可开始进行修订操作。如果要关闭修订的状态，只需要再次单击“修订”按钮即可。

✧ 接受修订：指审阅者接受对文档内容的补充或修改，将修订内容转换为文档正文的操作。

✧ 拒绝修订：指审阅者将修订的内容删除并返回到原始状态的操作。

实战训练

制作一个环境保护的公益广告，效果如图 4-100 所示。

操作提示如下。

（1）页面设置为 A4，横向，页面背景为“信纸”纹理。

（2）页面所用到的图片都在“Web 收藏集”里，以“回收”和“环境”为关键字查找即可。

（3）带蓝框的背景图片及左下角的树的图片，都做了白色透明效果。

（4）左上角的人物图片做了裁剪处理。

图4-100 环境保护的公益广告效果

任务 2 制作招生简章

在本任务中，将为“联合职业技术学校”制作一份招生简章。

任务分析

通过对本任务的学习，使读者进一步掌握图文混排的基本方法。综合应用本章所学知识，制作一份图文并茂的综合排版样张。本任务分为以下几个步骤进行。

✧ 页面设置；
✧ 制作标题内容；
✧ 输入文字内容；
✧ 编辑“学校概况”部分；
✧ 编辑“招生计划”部分；
✧ 插入“招生专业人数比例”图表；
✧ 插入“专业分布图”；
✧ 编辑“助学办法”与“继续深造”部分；
✧ 编辑“联系方式”部分；
✧ 设置页眉/页脚。

任务实施步骤

启动 Word 2007，将创建的文档以“2009 招生简章”为名进行保存。

【第一步】页面设置

设置要求：纸张大小为“A4”，方向为“纵向”，上下左右的页边距均为“2 厘米”，页眉和页脚距边界分别为“1.5 厘米”和“1 厘米”。

【第二步】制作标题内容

标题内容包括主标题“联合职业技术学校”，副标题“2010 年招生简章”，以及标题图片。

1）以艺术字方式插入主标题

选择“插入”→“文本”→“艺术字”按钮，选择“艺术字样式 13”，输入文本“联合职业技术学校”，选择字体为“华文行楷”，单击“确定”按钮，艺术字效果如图 4-101 所示。

选中该艺术字，选择“艺术字工具”的“格式”选项卡，单击“艺术字样式”组中的“形状填充”按钮，在出现的颜色列表中选择“红色”。单击“三维效果”组中的“三维效果”按钮，在弹出的列表中选择“三维效果 7”，再单击“三维效果”按钮，选择“三维颜色”，在出现的颜色列表中选择“橙色，强调文字颜色 6，淡色 80%”，再次单击“三维效果”，选择“照明”，选择照明方向为“135 度”，得到的效果如图 4-102 所示。

将所在行的“对齐方式”设置为“居中对齐”。

图4-101　插入默认格式的艺术字　　图4-102　调整格式后的艺术字

2）插入副标题

选择“插入”→“文本”→“艺术字”按钮，选择“艺术字样式 16”，输入文本“2010 年招生简章”，设置字体格式为“黑体，24 磅，加粗”，单击“确定”按钮。

选择生成的艺术字，选择“艺术字工具”的“格式”选项卡，单击“艺术字样式”组中的“形状填充”按钮，在出现的颜色列表中选择“红色”，得到的艺术字效果如图 4-103 所示。设置该行的“对齐方式”为“右对齐”。

3）插入标题前的图片

选择“插入”→“插图”→“剪贴画”按钮，在“剪贴画”任务窗格中，选择“所有收藏集”范围，搜索“标志”文本，插入如图 4-104 所示的剪贴画图片。

将该图片的“文字环绕方式”设置为“浮于文字上方”，再将图片移动到标题前方的位置。

2010年招生简章

图4-103　副标题艺术字

图4-104　标题旁边插入的图片

【第三步】输入文字内容

换行后，设置“段落对齐方式”为“两端对齐”，首行缩进 2 个字符，然后输入以下文字内容。

学校概况：联合职业学校是经省人民政府批准的一所公办全日制中等职业技术学校，学校现在由三个校区组成，环境幽雅、设施齐全、交通便利，在校学生近一万人，教师队伍中有高级职称者近百人，“双师型”教师120余名。现已经成为一所全省规模最大的中职院校之一。

学校始终坚持“以服务为宗旨，以就业为导向”的办学方针，积极探索“学校入园区、企业进学校、工学结合培养技能型人才”的改革方向。建设有材料检测、机械加工、电子电工、计算机维修等校内实验实训场所；通过校企合作，在全省大中型建材、机械、电子、信息等企业中，建有20多个校外实训基地。

助学办法：依据国家政策，在校的一二年级所有农村户籍学生和县、镇非农户口的学生以及城市家庭困难的学生，可享受国家助学金每生每年1500元。

继续深造：学生在校期间，可以通过参加成人高考进入我校承办的XX大学的成人教育班进行大专学习；毕业生可在毕业当年参加对口升学考试进入高校继续学习。

联系方式：

地址：XX市XX路XX号

邮编：030000

联系电话：0351-00000000

网址：www.xxx.edu.cn

【第四步】编辑“学校概况”部分

1）设置文本格式

设置“学校概况”文本字体格式为“华文行楷，二号”，字体颜色为“橙色，强调文字颜色6，深色25%”。其他字体大小为“小四”。

2）插入图片

将插入点定位在第一段文档中的任意位置，选择“插入”→“插图”→“剪贴画”按钮，打开“剪贴画”任务窗格，搜索文字输入“学校”，插入如图4-105所示的剪贴画。

选中该剪贴画，在“锁定纵横比”的条件下，设定其宽度为“4厘米”；设置其文字环绕方式为“紧密型环绕”；拖动图片，将其放置于第一、二段文字的中间，效果如图4-106所示。

图4-105　插入文档中的剪贴画图片

学校概况：联合职业技术学校是经省人民政府批准的一所公办全日制中等职业技术学
校，学校现在由三个校区组成，环境　幽雅、设施齐全、交通便利，在校学生
近一万人，教师队伍中有高级职　称者近百人，“双师型”教师 120 余名。
现已经成为一所全省规模最大　的中职院校之一。
学校始终坚持“以服务为　宗旨，以就业为导向”的办学方针，积
极探索“学校入园区、企业进　学校、工学结合培养技能型人才”的改
革方向。建设有材料检测、机　械加工、电子电工、计算机维修等校
内实验实训场所；通过校企合　作，在全省大中型建材、机械、电子、
信息等企业中，建有 20 多个校外实训基地。

图4-106　“学校概况”部分完成效果

【第五步】编辑“招生计划”部分

1）输入本部分标题

在第三段之前插入两空行，在插入的第一行处输入文本“招生计划”，并利用“格式刷”工具应用“学校概况”文本的格式。

2）插入及编辑表格

将鼠标定位于第二行，插入一个 4 列 8 行的表格，再按如图 4-107 所示的表格输入招生计划的内容。

专业名称	招生计划数（人）	学制	收费标准（元/年）
硅酸盐工艺及控制	50	三年	2200
电子技术应用	450	三年	2200
数控技术应用	150	三年	2800
机电设备安装维修	250	三年	2200
建筑装饰	600	三年	2800
电气运行与控制	300	三年	2200
计算机网络技术	120	三年	2200

图4-107　“招生计划”表格

将插入点置于表格中的任意位置，选择“表格工具”的“布局”选项卡，单击“单元格大小”功能组中的“自动调整”按钮，选择“根据内容自动调整表格”命令。

选择“设计”选项卡，在“表样式”中选择“浅色底纹，强调文字颜色 2”，即可得到如图 4-107 所示的效果。

【第六步】插入“招生专业人数比例”图表

本步骤中，将利用 Word 提供的图表功能制作一个饼图，以反映各专业招生人数的比例情况。

将插入点置于表格之外，选择“插入”→“插图”→“图表”按钮，在出现的“插入图表”对话框中选择“饼图”分类中的“分离型三维饼图”，单击“确定”按钮。

Word 会自动调用 Excel 程序为图表提供数据源。在 Excel 界面中，拖动蓝线的右下角，使蓝线包围的数据区域包含 2 列 8 行，再到上一步创建的表格中复制前两列的数据部分到 Excel 程序中进行粘贴，并将标题改为“招生专业比例”，如图 4-108（a）所示。关闭 Excel 程序，得到 Word 中的图表，如图 4-108（b）所示。

	A	B
1		招生专业比例
2	硅酸盐工艺及控制	50
3	电子技术应用	450
4	数控技术应用	150
5	机电设备安装维修	250
6	建筑装饰	600
7	电气运行与控制	300
8	计算机网络技术	120

（a）Word 调用 Excel 界面

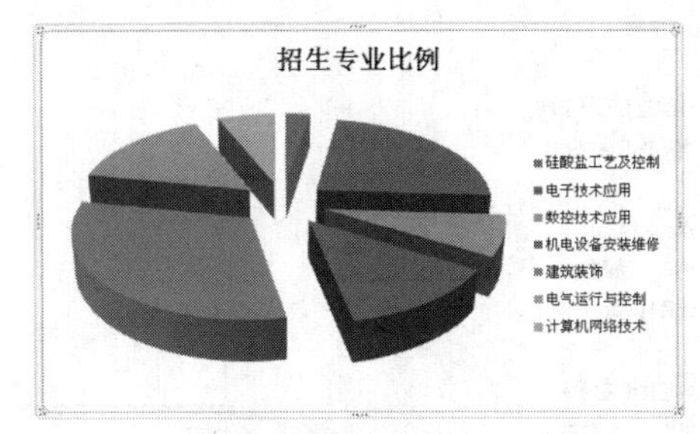

（b）生成图表效果

招生计划

专业名称	招生计划数（人）	学制	收费标准（元/年）
硅酸盐工艺及控制	50	三年	2200
电子技术应用	450	三年	2200
数控技术应用	150	三年	2800
机电设备安装维修	250	三年	2200
建筑装饰	600	三年	2800
电气运行与控制	300	三年	2200
计算机网络技术	120	三年	2200

招生专业比例：硅酸盐工艺及控制、电子技术应用、数控技术应用、机电设备安装维修、建筑装饰、电气运行与控制、计算机网络技术

（c）“招生计划”表格与“招生专业比例”图表完成效果

图4-108　插入图表

选中图表，在“图表工具”的“格式”选项卡中设置“文字环绕方式”为“浮于文字上方”；选择“形状样式”→“形状轮廓”→“无轮廓”选项；选择“形状填充”→“无填充颜色”选项；选择图表标题“招生专业比例”的字体为“华文彩云”。

调整图表大小及图表中各部分的比例，并移动图表的位置，得到如图 4-108（c）所示的整体效果。

【第七步】插入“专业分布”图

本步骤中，将利用 SmartArt 制作一个各校区的专业分布图。

1）输入分布图标题

输入文本“各校区专业分布”，设置字体格式为“华文彩云，18 磅，加粗”，并在其后插入五行空行，以容纳下面生成的“浮于文字上方”的专业分布图。

2）创建 SmartArt 图形

选择“插入”→“插图”→“SmartArt”按钮，弹出“选择 SmartArt 图形”对话框，选择“层次结构”类中的“层次结构”图形，单击“确定”按钮后即生成一个 SmartArt 图形。

选中生成的 SmartArt 图形，单击外框左边的按钮，弹出“在此处输入文字”窗口，在“SmartArt 工具”的“设计”选项卡中“创建图形”功能组中工具的配合下，输入层次结构，如图 4-109 所示。结构输入完毕后关闭“在此输入文字”窗口即可。

在生成的 SmartArt 图形中，放置文字的形状图形如果需要调整大小时，可以利用“设计”选项卡中“形状”功能组的按钮对形状图形进行放大或缩小。

3）应用样式

选中 SmartArt 图形，选择“SmartArt 工具”的“设计”选项卡，在“SmartArt”样式里选择“平面场景”样式，效果如图 4-110 所示。

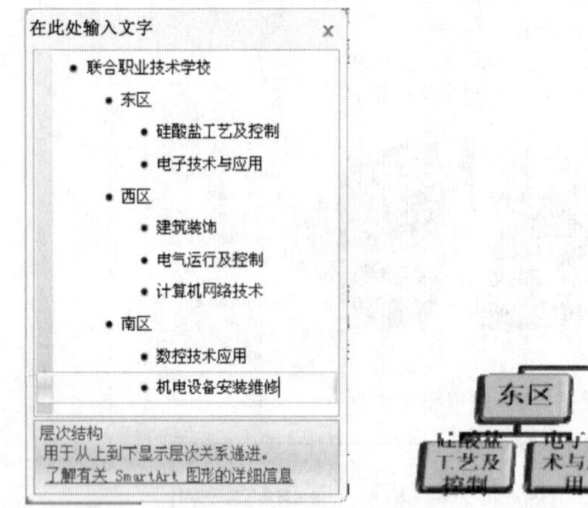

图4-109　SmartArt“在此输入文字”窗口

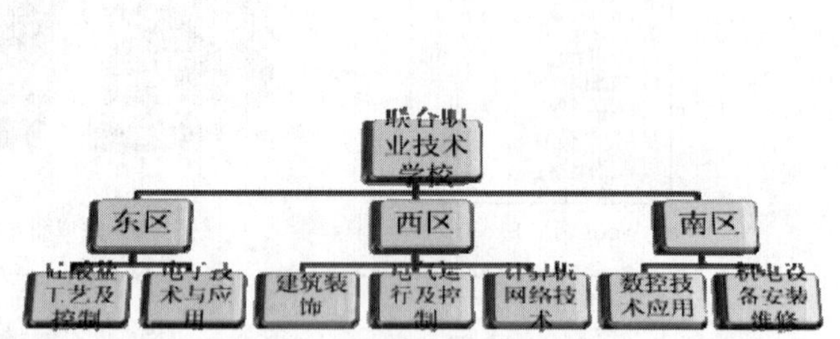

图4-110　生成的SmartArt图形

4）移动 SmartArt 图形

选中 SmartArt 图形，设置其文字环绕方式为“浮于文字上方”，经调整大小后，移动到招生计划表格右边的区域。

【第八步】编辑“助学办法”与“继续深造”部分

1）设置分栏

选中“助学办法”与“继续深造”部分的两段内容，选择“页面布局”选项卡，单击“页面设置”组中的“分栏”按钮，选择“两栏”。

2）设置字体

设置“助学办法”文本与“继续深造”文本的字体格式为“华文行楷，二号”，字体颜色为“橙色，强调文字颜色 6，深色 25%”。其余部分字体格式为“楷体，小四”。

【第九步】编辑“联系方式”部分

1）设置字体

设置“联系方式”字体格式为“华文行楷，二号”，字体颜色为“橙色，强调文字颜色 6，深色 25%”。其余部分为“黑体，小四”。

2）给“联系方式”部分插入一个背景图片

从剪贴画中导入一个与电话相关的图片，调整到合适的大小后，设置其文字环绕方式为“衬于文字下方”，然后移动到“联系方式”部分，即可实现局部图片背景效果。

3）插入“乘车路线”文本框

选择“插入”→“文本”→“文本框”按钮，选择“简单文本框”，将原来的文字删除后，输入如下文字内容。

乘火车：到达火车站后，乘坐 861 路、870 路或广场乘坐 103 路到学校下车即可。

乘汽车：省内北部方向在东客站转乘 836 路，南部方向的可直接在学校门口下车。

途经我校的公交线路还有：868 路，877 路，840 路，824 路等。

将文本框中每个段落冒号之前部分的字体设置为“黑体”，颜色为“红色”，并添加项目符号。

4）设置文本框样式

选中文本框，选择“文本框工具”的“格式”选项卡，单击“文本框样式”组中的“更改形状”按钮，在出现的形状列表中选择“横卷型”，再到“文本框样式”组中选择“线性向上渐变-强调文字颜色 6”样式。

将文本框移动至“联系方式”的右边即可。

【第十步】设置页脚

在页脚区域双击，进入页脚的编辑状态，输入文字“欢迎大家到我校学习深造”，设置字体格式为“华文新魏，小四”，对齐方式为“居中”。

完成效果如图 4-111 所示。

图4-111　招生简章完成效果

实战训练

根据个人的兴趣或爱好设计制作一份电子宣传小报，要求包含的知识点如下。

（1）小报中要包含至少 3 种字体、3 种字号，行间距与段落间距要有区别。

（2）要有整体页面设置，要有页眉或页脚。

（3）要包含表格和图表内容。

（4）要包含艺术字、剪贴画、图片、文本框、自选图形和 SmartArt 等。

（5）要求整体版面布置合理，色彩搭配美观和谐。

本 章 小 结

在本章的 3 个学习单元中，通过逐渐深入的任务，对文字处理软件 Word 2007 进行了全面的学习，又结合每个任务附带的实战训练进行了实际操作。通过对本章的学习，使读者可以熟练地使用 Word 2007 进行日常工作中的文字处理工作。

第一个学习单元中，通过制作一份“关于计算机技能大赛的通知”，学习了 Word 2007 的基础操作与文档内容的基本编排方法。具体内容包括文档的创建与保存、文字的输入与编辑、字体格式的设置、段落格式的设置、边框与底纹的设置、页眉与页脚的设置等。

第二个学习单元中，通过制作一份常用的“课程表”，学习了表格制作的相关内容，表格的多种创建方法，行、列、单元格的添加与删除，表格、单元格的拆分与合并，斜线表头的绘制，表格的各种外观样式的应用，边框和底纹的设置方法等。

第三个学习单元中，通过制作一个新年贺卡与某校的招生简章，对图片、剪贴画、艺术字、文本框、图表及 SmartArt 等对象的插入及格式设置方法进行了学习，并对图文混排操作进行了实践。

思考与练习

一、填空题

1. Word 2007 对用户界面进行了全新的设计，与之前的版本相比，________替代了原来的工具与菜单命令，“文件”菜单也被__________ 取代。

2. 快速访问工具栏默认提供有____________、“撤销”和“恢复”等常用工具，并可根据需要使用_____________按钮对包含工具进行增减。

3. 用 Office 按钮可进行文档的___________、___________和保存，并可对文档进行打印等操作。

4. ___________是位于界面上方的一个带状区域，它包含了用户使用 Word 2007 时需要用到的几乎所有的功能。功能命令被组织在“组”中，“组”集中在____________下。

5. 如果在编辑过程不需要用到功能区时，可以双击____________将功能区最小化。

6. 工作区是位于窗口中央的白色区域，是 Word 进行____________、图片插入和表格编辑等操作的工作区域。工作区中不断闪动的光标，即____________。

7. 如果要选择连续的文本，可先将插入点放到起始位置，再按住____________键，在结尾处单击鼠标左键。

8. 系统默认的字体是____________，常用字体还有仿宋、黑体、__________和隶书等。

9. 段落的缩进包括四种方式，即左缩进、右缩进、____________和____________。

10. 样式是指____________和____________的集合，包括对字体、字号、行间距等的设置。使用样式可以快速设置文档的内容。

11. Word 2007 提供了页面视图、____________、Web 版式视图、____________和普通视图共 5 种视图。

12. 系统默认的对齐方式为____________，还包括的对齐方式有左对齐、____________、右对齐和分散对齐。

13. 使用_________可以快速地将已有的文本或段落的格式应用到其他的文本或段落中。

14. 表格工具的“设计”选项卡包含____________、____________、____________3 个功能组。

15. 文字环绕方式包括嵌入型、四周型环绕、紧密型环绕、衬于文字下方、____________、上下型环绕、穿越型环绕和____________。

二、选择题

1．Word 2007 默认的文件扩展名是（　　）。

A．doc　　B．xls　　C．docx　　D．xlsx

2．Office 按钮位于整个窗口的（　　）角。

A．左上　　B．右上　　C．左下　　D．右下

3．在 Word 编辑状态下，保存文档的快捷键是（　　）。

A．Ctrl+N　　B．Ctrl+O　　C．Ctrl+S　　D．Ctrl+P

4. 在 Word 编辑状态下，撤销上一步操作的快捷键是（　　）。

A．Ctrl+Z　　B．Ctrl+X　　C．Ctrl+C　　D．Ctrl+Y

5．在 Word 编辑状态下，设置纸张页边距时，应使用（　　）选项卡中的“页边距”按钮。

A．开始　　B．插入　　C．页面布局　　D．视图

6．“格式刷”按钮位于“开始”选项卡的（　　）组中。

A．字体　　B．段落　　C．剪贴板　　D．编辑

7. 在 Word 编辑状态下，单击“复制”按钮后会（　　）。

A．将文档中被选中的内容复制到当前插入点

B．将剪贴板的内容复制到当前插入点

C．将文档中被选中的内容复制到剪贴板

D．将剪贴板的内容移动到当前插入点

8．打印文档时，设置页码范围是 1-5，8，10，表示打印的是（　　）

A．第 1、5、8、10 页　　B．第 1～5 页，第 8、10 页

C．第 1～10 页　　D．第 1～5 页，第 8～10 页

9．在文档中插入艺术字，应选择“插入”选项卡下的（　　）功能组。

A．插图　　B．文本　　C．符号　　D．链接

10．当有多个 Word 文档同时打开时，直接退出所有 Word 文档的方法是（　　）。

A．单击文档窗口右上方的 × 按钮　　B．单击“Office 按钮”→“关闭”

C．单击“Office 按钮”→“退出 Word”　D．单击文档窗口右上方的 - 按钮

11．对于一个以文件名 A 保存过的 Word 文档，如果要把该文件以文件名 B 保存，则可以使用方法是（　　）。

A．单击快速访问工具栏中的“保存”按钮

B．选择 Office 按钮菜单中的“另存为”→“Word 文档”命令

C．选择 Office 按钮菜单中的“保存”命令

D．选择 Office 按钮菜单中的“打开”命令

12．如果要使保存的文档在 Word 2003 或更早的版本中使用，应选择保存类型为（　　）。

A．Word 文档　　B．Word 97-2003 文档

C．Word 模板　　D．Word 97-2003 模板

13．为防止意外情况而造成没有存盘的文件丢失，可以利用“自动保存”功能，如果要设置自动保存时间，则可执行的操作是（　　）。

A．单击 Office 按钮→“Word 选项”按钮，选择“保存”项并进行设置

B．单击 Office 按钮→“Word 选项”按钮，选择“高级”项并进行设置

B．单击 Office 按钮→“保存”命令

D．按【Ctrl+S】组合键

14．下面关于格式刷的叙述中，正确的是（　　）。

A．格式刷可以复制文本内容

B．格式刷只能复制段落的格式

C．格式刷只能复制文本的字体格式

D．格式刷既能复制段落格式，也能复制字体格式

15．在 Word 2007 中，如果不缩进段落的第一行，而缩进其余的行，是指（　　）。

A．首行缩进　　B．左缩进　　C．悬挂缩进　　D．右缩进

第 5 章　电子表格处理软件的应用（Excel 2007）

学习情境

小王是某中职学校办公文秘专业的学生，最近来到一家商业公司实习，部门领导叫他将公司员工的相关数据用计算机进行处理，以提高本部门的工作效率。当小王得知员工资料数据有手写的和多种文件格式时，他想到了在学校学过的 Excel 2007 电子表格处理软件，如果用它来采集这些复杂的数据并进行管理分析，那就能轻而易举地完成领导交给的任务了。

Excel 2007 是微软 Office 2007 产品的一个重要组成部分。它是集数据收集、数据编辑、数据计算、数据分析等功能于一体的电子表格处理软件。用户可用它完成一系列商务、科学和人事的数据处理任务。例如，销售部门可以利用它来处理分析客户及产品的相关数据，完成各种表格的制作和数据的计算及分析，获得各种形式的图形报表；人事部门可以利用它管理和处理本单位员工的复杂数据等。

在新的面向结果的用户界面中，微软的 Excel 2007 提供了强大的功能。用户可以使用这些工具和功能轻松地分析、共享和管理数据。除此之外，它还提供了十几项新功能，如更多行和列、轻松编写公式、新的图表外观、更佳的打印体验等。

本章将通过一系列任务，介绍 Excel 2007 电子表格的基本操作、电子表格的数据计算及管理、电子表格的数据分析、电子表格的打印及设置等常规操作方法。

学习单元5.1　电子表格的基本操作

在本学习单元中，将通过制作一个“员工资料”工作簿，对 Excel 2007 的基本操作与数据的处理进行认知与实践。具体操作内容包括，在工作表“员工信息表”中输入数据并编辑和格式化，在工作表“新员工信息表”中导入外部数据等。

“员工资料”工作簿（其中有 4 个工作表）的效果图如图 5-1 所示。

本学习单元的内容将分解为以下 3 个任务来完成。

- 创建员工信息表；
- 编辑员工信息表；
- 格式化员工信息表。

任务 1　创建员工信息表

在该任务中我们主要完成以下 5 个方面的学习。

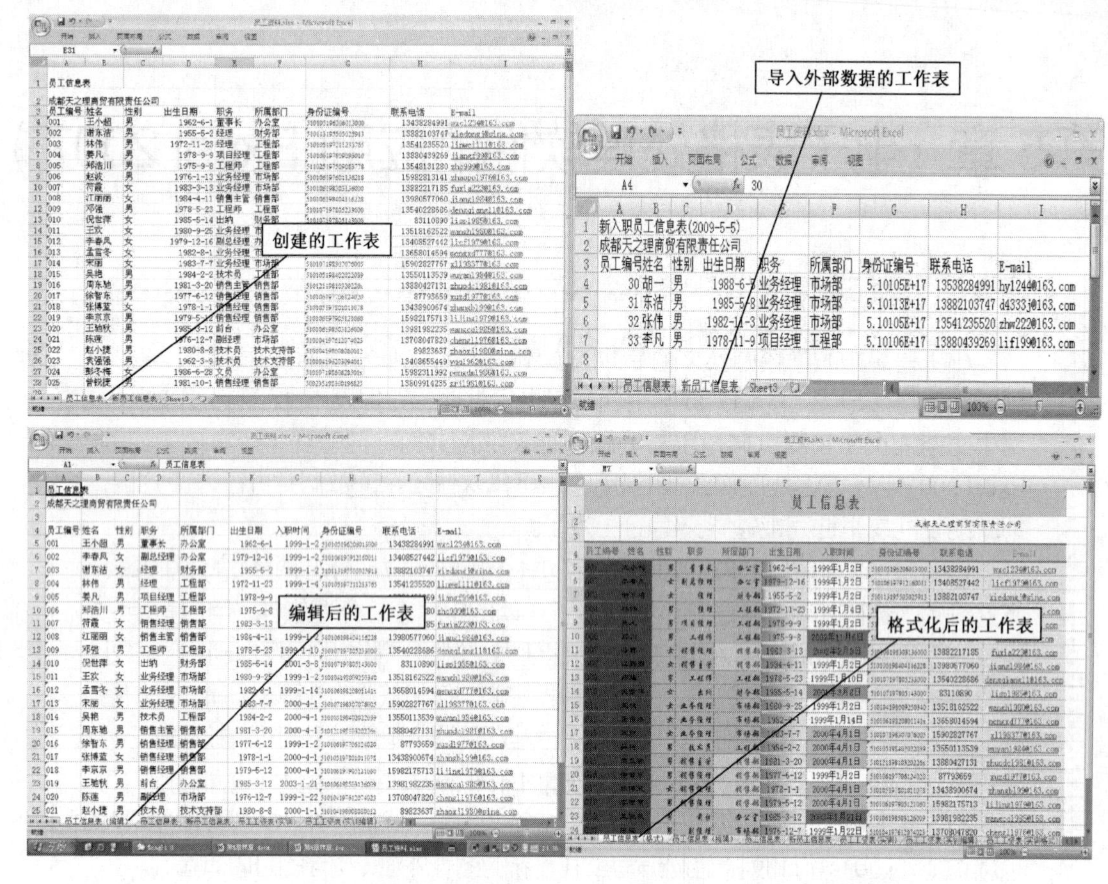

图5-1　“员工资料”工作簿的效果图

- ➢ Excel 2007 界面及视图的认识；
- ➢ 工作簿的新建、关闭和加密等操作；
- ➢ 数据的输入及数据的选取操作；
- ➢ 外部数据的导入；
- ➢ 单元格的数据形式等。

任务分析

本单元从数据创建开始，首先应尽量让输入的数据准确且符合要求，以便为后续任务打好基础。通过对本任务的学习，要熟悉 Excel 2007 的操作环境，掌握 Excel 2007 编辑窗口的基本使用方法，包括数据的输入和导入、工作簿的新建与保存等。要会使用 Excel 2007 提供的各种视图方便地查看工作簿。本任务分为以下几个步骤进行。

- ✧ 启动 Excel 2007；
- ✧ 认识 Excel 2007 的界面；
- ✧ 创建工作簿；
- ✧ 保存工作簿；
- ✧ 输入员工信息数据；
- ✧ 导入新员工信息数据；
- ✧ 认识 Excel 2007 视图方式；

✧　退出工作簿。

本任务的效果图如图 5-2 所示。

图5-2　任务1的效果图

任务实施步骤

【第一步】启动 Excel 2007

当用户计算机中安装有 Microsoft Office 2007 时，可选用以下方法之一来启动 Excel 2007。

（1）单击“开始”→“所有程序”→“Microsoft Office”→“Microsoft Office Excel 2007”命令。

（2）如果桌面上有 Excel 2007 快捷图标，如图 5-3 所示，双击该快捷图标即可。

Microsoft Office Ex...

图5-3　Excel 2007图标

【第二步】认识 Excel 2007 界面

Microsoft 对包括 Excel 2007 在内的 Office 2007 用户界面进行了全新的设计，与之前的版本相比，功能区替代了原来的很多工具与菜单命令，“文件”菜单也被“Office 按钮”取代，不仅更加美观，还可以更简便快捷地找到相应的功能，如图 5-4 所示。

由于 Excel 2007 与 Word 2007 的窗口界面有很多相似之处，所以现只对 Excel 2007 所特有的界面元素作一些介绍。

（1）名称框：显示单元格的名称或地址。

（2）编辑栏：用于编辑单元格的数据和公式。

（3）全选按钮：单击它，可选取整个工作表。

（4）行号：用阿拉伯数字从上至下有序地表示单元格的行坐标，共 1 048 576 行。

（5）列标：用大写英文字母从左至右按一定的规则有序地表示单元格的列坐标，共 16 384 列。

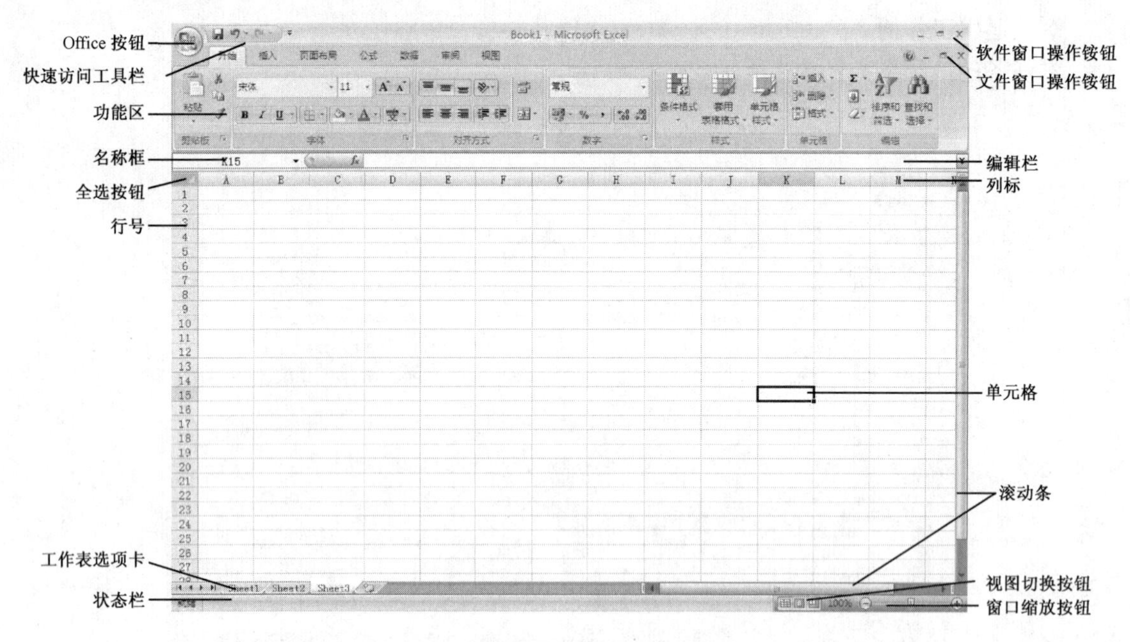

图5-4 Excel 2007窗口界面

（6）单元格：单元格是 Excel 2007 中最小的数据单位，用于存放数据。它构成了工作表的区域。

（7）工作表选项卡：单击它可切换显示不同的工作表。工作表选项卡由工作表标签和工作表区域构成。

【第三步】创建工作簿

可选用以下常用方法之一来创建 Excel 2007 工作簿。

（1）启动 Excel 2007 以后，系统会自动生成一个名为“book 1”的空白工作簿。

（2）单击“Office 按钮”→“新建”命令，在“新建工作簿”对话框中双击“空工作簿”按钮。

在 Excel 中人们通常把“文件”叫成“工作簿”，就如同一本由多页合订成的书一样。几个相关的工作表构成一个工作簿，每个工作簿是一个 Excel 格式的文件。当用户新建立一个工作簿时，会产生 3 个默认的工作表（Sheet1、Sheet2、Sheet3）供用户输入数据。

【第四步】保存工作簿

（1）单击快速访问工具栏中的“保存”按钮，或选择“Office 按钮”→“保存”命令。

（2）如果是第一次保存，屏幕上会弹出一个“另存为”对话框，如图 5-5 所示。

（3）在“保存位置”中选择文档所放的磁盘位置。

（4）在“文件名”框中输入要保存的文件名，如“员工资料.xlsx”。

（5）单击“保存”按钮，系统默认保存为“Excel 工作簿”类型，扩展名为“xlsx”。

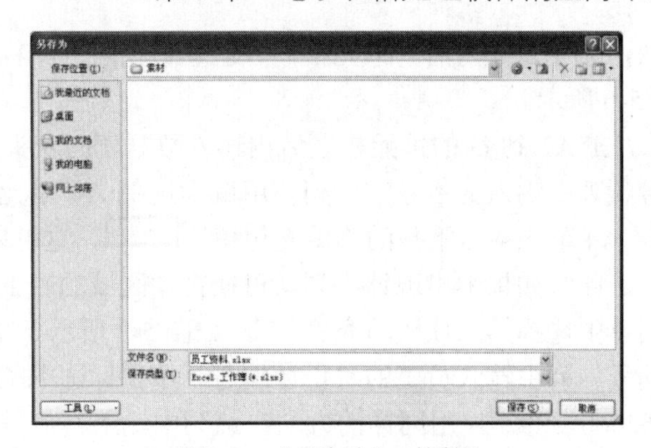

图5-5　“另存为”对话框

如果文档已经进行过保存操作，则系统直接对文档进行保存，不会弹出“另存为”对话框。如果要将当前文档保存为其他名字或保存在其他位置，可使用“Office 按钮”中的“另存为”命令进行操作。工作簿即可保存为“Excel 2007”对应的“*.xlsx”格式，也可以保存为与“Excel 97-2003”等早期版本兼容的“*.xls”格式。

【第五步】输入员工信息数据

（1）将“Sheet1”更名成“员工信息表”。双击工作表标签“Sheet1”，此时“Sheet1”被选中，输入文字“员工信息表”，按【Enter】键确认，如图 5-6 所示。

（2）创建数据表的标题。当把鼠标移到工作表区域时，光标会变成空心的十字形，单击第一行第一列的单元格 A1，使其成为活动单元格，然后输入数据表的标题“员工信息表”，按【Enter】键确认，如图 5-6 所示。

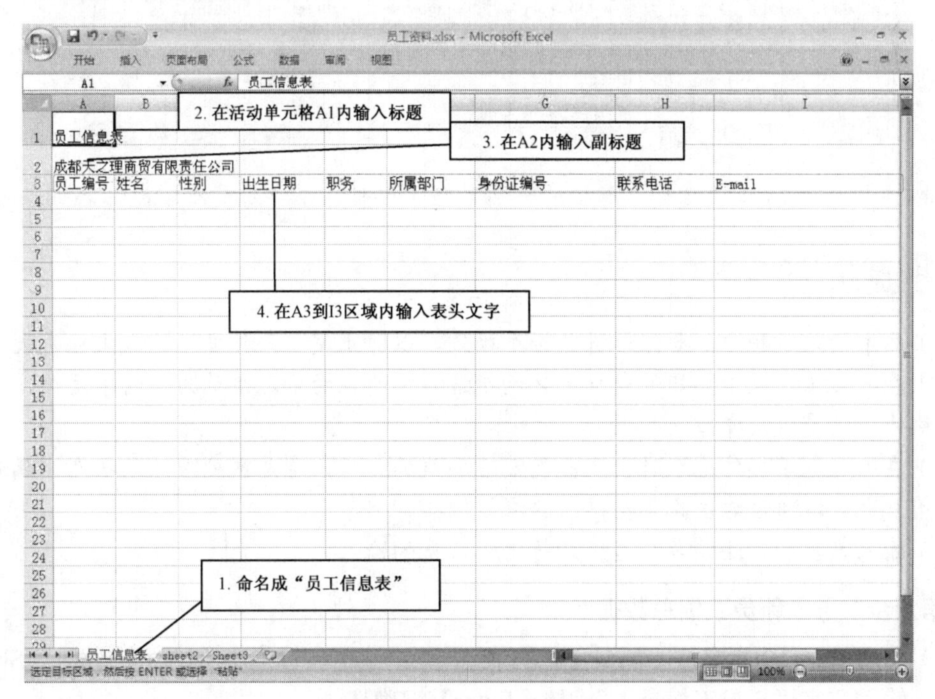

图5-6　工作表的命名、数据表的标题及表头的创建

（3）用同样的方法，使 A2 成为活动单元格，并创建数据表的副标题“成都天之理商贸有限责任公司”，如图 5-6 所示。

（4）用同样的方法，在 A3 到 I3 的单元格区域内输入数据表的表头文字，如图 5-6 所示。

（5）在“员工编号”列中输入文本数字序列。用鼠标选中 A4 单元格，在英文状态下输入“’001”。将鼠标移至 A4 单元格右下角的“填充句柄”，这时鼠标光标变成“+”形状，拖动到单元格 A28。此时如果未出现该序列，可在拖动区域的右下角单击“自动填充选项”按钮，在其下拉菜单中选择第二项“填充序列”，如图 5-7 所示。

（6）在“身份证编号”列中输入员工的身份证编号。用鼠标选中 G4 单元格，在英文状态下输入“’510105196206013000”，用同样的方法在该列中输入其他员工的身份证编号，如图 5-7 所示。

（7）输入表中的其他数据。输入时用鼠标或键盘光标选择单元格，再输入相应的数据和文本，如图 5-7 所示。

图5-7　数据表中数据的输入

（1）文本输入过程中，要经常进行保存操作，以防止突发事件发生造成文档丢失。

（2）在一张工作表中，矩形光标（黑色粗边框）所在的单元格称为活动单元格，只有活动单元格才能接受输入操作。

（3）在输入电子邮件地址时出现蓝色带下画线的文字，这是系统默认的状态，属超链接文本。用户也可以通过右击此单元格，取消超链接。

（4）输入数据的方法较多，这里只是比较常见的输入方式。

【第六步】导入新员工信息数据

（1）将“Sheet2”更名成“新员工信息表”。双击工作表标签“Sheet2”，此时“Sheet2”被选中，输入文字“新员工信息表”，按【Enter】键确认。

（2）导入文本文件到“新员工信息表”中。双击“数据”选项卡以打开数据功能区，单击“获取外部数据”组中的“自文本”按钮，出现“导入文本文件”对话框，如图 5-8（a）所示。双击想要打开的文件，出现“文本导入向导”，按“下一步”按钮，如图 5-8（b）所示。导入数据的分隔符号有“Tab 键”、“分号”、“逗号”、“空格”、“其他”等格式可以勾选，本例勾选“逗号”，单击“下一步”按钮，如图 5-8（c）所示。可以在此指定各列数据格式，结束后单击“完成”按钮，如图 5-8（d）所示。出现“导入数据”对话框，选择数据要放置的单元格位置，单击“确定”按钮，如图 5-8（e）所示。完成效果如图 5-2 所示。

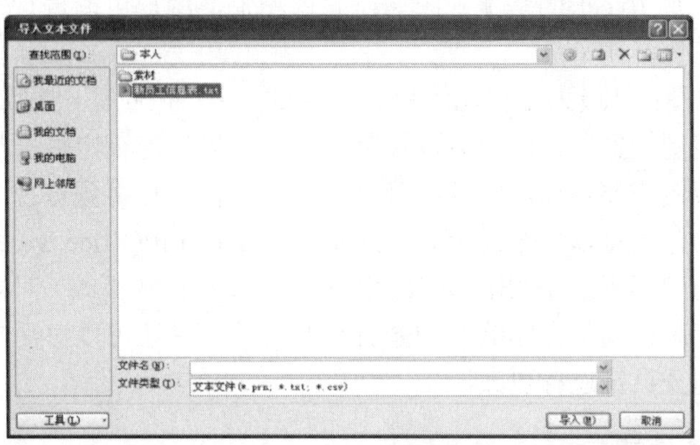

（a）导入文本文件对话框

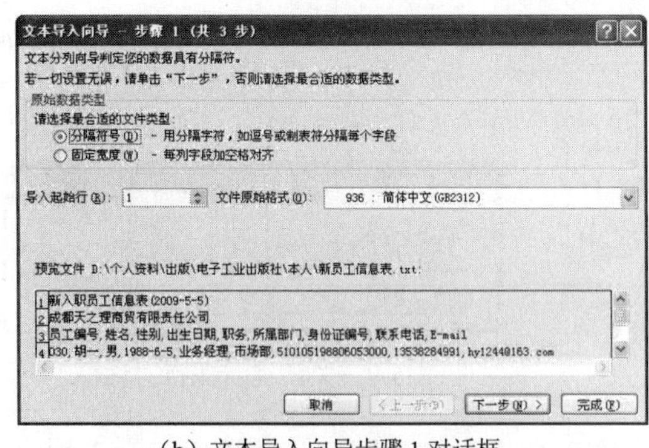

（b）文本导入向导步骤 1 对话框

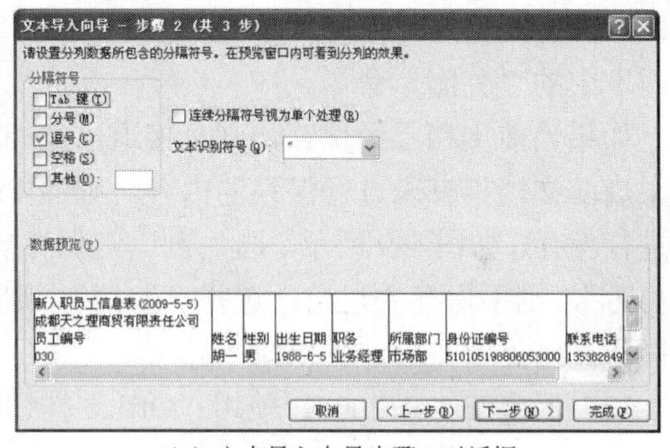

（c）文本导入向导步骤 2 对话框

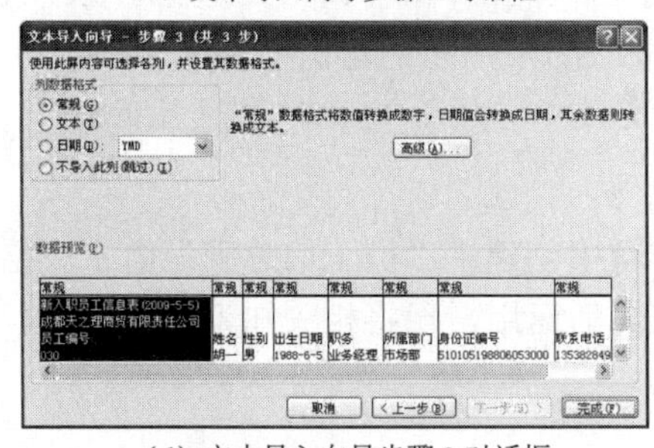

（d）文本导入向导步骤 3 对话框

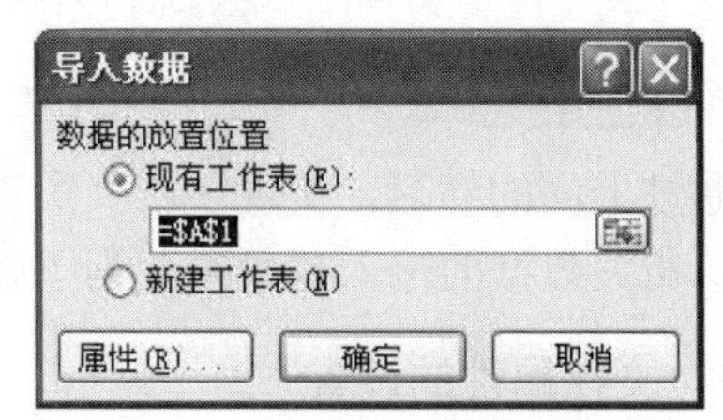

（e）文本导入数据放置位置对话框

图5-8　导入新员工信息数据

为防止意外情况造成没有存盘的文件丢失，可以使用“自动保存”功能。

单击“Office 按钮”→“Excel 选项”按钮系统会弹出“Excel 选项”对话

框，选择“保存”项，将“保存自动恢复信息时间间隔”前面的复选框打钩，并选择适合的保存时间间隔，单击“确定”按钮即可。操作方法与“Word”的自动保存方法类似。

【第七步】认识 Excel 2007 视图方式

Excel 2007 提供了普通视图、页面视图、分页预览、自定义、全屏显示 5 种视图，通过它们用户可以把注意力集中到工作簿的不同方面，从而高效、快捷地查看、编辑数据。可以通过位于状态栏中的“视图快捷方式按钮”进行切换。下面主要介绍 3 种视图。

（1）普通视图：是 Excel 的基本视图。在此视图中，用户可以进行输入、编辑、格式化和数据分析管理等工作。

（2）页面布局视图：是最为可视化的视图。Excel 2007 中加入了类似于 Word 的页面视图界面，切换到页面视图设置下，除了可以预览外，还可以快速设定页眉与页脚等。

（3）分页预览视图：要打印所需的准确页数，可以使用分页预览视图来快速调整。在此视图中，手动插入的分页符以实线显示。虚线指示 Microsoft Office Excel 自动分页的位置。“分页预览”视图对于查看用户作出的更改（如页面方向和格式更改）对自动分页的影响特别有用。例如，更改行高和列宽会影响自动分页符的位置。它还可以对受当前打印机驱动程序的页边距设置影响的分页符进行更改。

【第八步】退出工作簿

（1）关闭当前工作簿。方法：单击工作簿窗口右上方的“关闭”按钮，或使用“Office 按钮”中的“关闭”命令。

如果当前文档已经保存，则直接退出文档窗口；如果当前文档仍有未进行保存的内容，则弹出窗口提示进行保存，如图 5-9 所示。选“是”，则保存后退出；选“否”，则不保存并退出；选择“取消”，则取消退出操作，仍停留在当前工作簿中。

图5-9　关闭提示保存对话框

（2）退出 Excel 2007。使用“Office 按钮”中的“退出 Excel”按钮，系统会关闭所有的 Excel 工作簿窗口，并退出 Excel 程序。如果 Excel 工作簿中有未保存的内容，同样会弹出如图 5-9 所示的对话框提示保存。

相关知识

通过上面的学习，实现了在“员工资料”工作簿中创建了“员工信息表”电子表格，并完成了相关数据的输入与导入，为了能将所学知识灵活运用，现将相关知识介绍如下。

1. 文档属性的设置

单击“Office 按钮”→“准备”→“属性”命令，就会在功能区的下方显示“文档属性”面板，如图 5-10 所示。在“文档属性”面板中，可以直接修改相关的文档信息，或单击“文档属性”旁边的箭头，选择“高级属性”命令，以查看或修改更多的信息。

图5-10　“文档属性”面板

2. 加密文档

单击“Office 按钮” →“准备”→“加密文档”，系统弹出“加密文档”对话框，如图 5-11 所示。输入密码，如“1818”，单击“确定”按钮后，系统会提示重新输入密码，再次输入密码，单击“确定”按钮后即完成加密文档的操作，保存后生效。

如果要取消对文档的加密，只需要再到“加密文档”对话框中将密码文本框中的字符删除，单击“确定”按钮，保存后即可生效。

3. 单元格的选取操作

视窗环境是一个面向对象的环境，窗口、工作表、单元格等都是 Excel 2007 环境中的对象，任何操作都是针对一个或多个具体的对象进行的。请记住：“要操作谁，先选取谁”。

单元格是 Excel 2007 中最常使用的对象，用户要在单元格中输入或编辑数据，必须先选定一个或多个单元格。

1）选取当前单元格

选取当前单元格的方法较多，可以用鼠标左键单击单元格，也可以用键盘上的上下左右光标键来移动到当前单元格，还可以在名称框中输入一个有效的单元格地址来选中单元格，如图 5-12 所示。

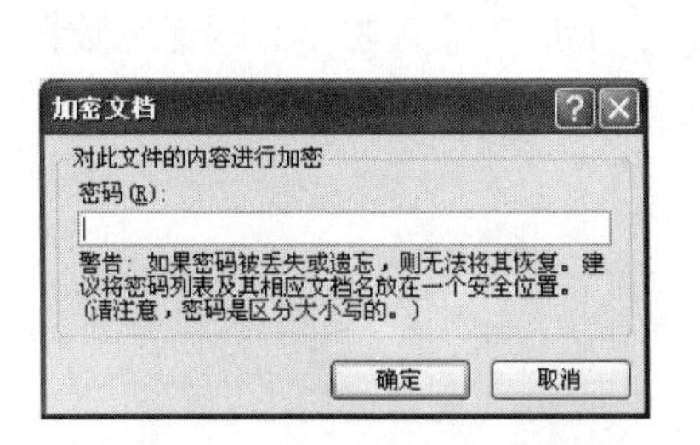

图5-11　“加密文档”对话框

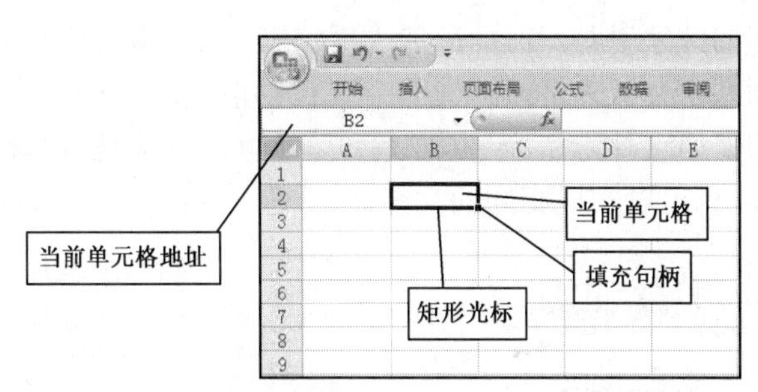

图5-12　选取当前单元格

2）选定单元格区域

选定单元格区域有以下两种方法。

（1）将鼠标移到待选区域左上角的起始单元格，按下鼠标左键并向右下角方向拖动，这时有一个粗边矩形框会随鼠标的拖动而变化大小，待拖到待选区域右下的最后一个单元格时释放鼠标左键，粗边矩形框固定，被选中的单元格被加上轻微的阴影，该区域可表示为 A4:C5，如图 5-13 所示。

（2）用【Shift】键选定单元格区域。用鼠标单击待选区域左上角的第一个单元格，然后将鼠标移至待选区域右下角的末尾单元格，按下键盘上的【Shift】键不放，单击鼠标左键即可。

3）选定多个单元格区域

用【Ctrl】键选定多个单元格区域。先按通常方法选定第一个单元格区域；接下来选定其他区域时，首先按住键盘上的【Ctrl】键不放，等其他区域选定后再释放【Ctrl】键，如图 5-14 所示。

4. 单元格的数据形式

单元格用来存储用户输入的数据。这里的数据含义是广泛的，它可以是数值、字符串、日期、公式、函数，甚至是声音或图形。下面就数值数据、日期数据和字符串数据进行说明。

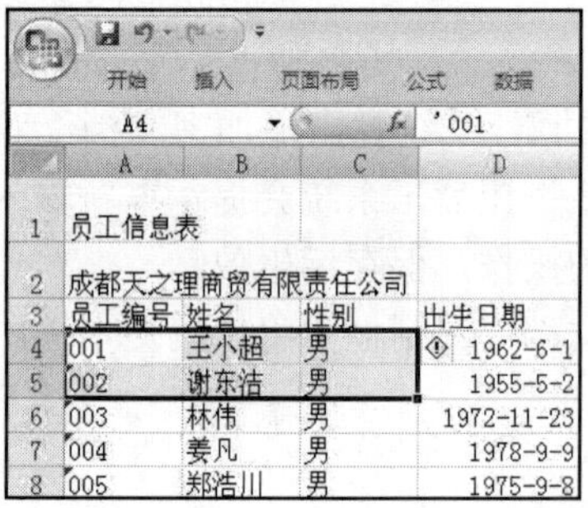

图5-13　选定单元格区域

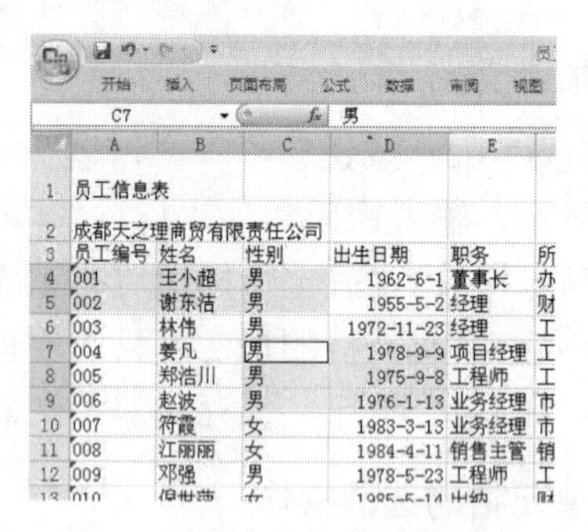

图5-14　选定多个单元格区域

在单元格可以存储的数值数据中，常见的有整数、小数、分数，以及用科学计数法表示的浮点数，数值中可以含有正号、负号或百分比等符号。特别提示：输入分数时必须用带分数表示，如“0 4/5”，如果只输入“4/5”，则Excel理解为4月5日；输入负数时，应加一个负号“-”或用圆括号括起来，如输入-12.22与(12.22)是相同的。

Excel表示日期、时间的显示格式很丰富，可适应各种需要和用户的个人习惯，读者会在以后的应用中体会到。

字符串也称文本，它可以是由字母、汉字、字符及数字等构成的串。注意，在输入带前导零的数字串时，前面应加“’”，如“’001”，此时的“001”系统会认为是文本不再是数值，否则系统会认为“001”是数字，自动取消前面的两个“0”。平常在输入邮编、电话等数据时，均应采用这种方法。也可以通过右击单元格，选择“设置单元格格式”，在“分类”里选择“文本”，也可以实现相同的功能。

实战训练

1．创建表格

通过两种方法在“员工资料”工作簿的“Sheet3”工作表中创建一个数据表格，并保存该文档。

（1）在“Sheet3”工作表中输入数据来创建。

（2）导入外部文本数据来创建（文本文件在随书光盘中）。

- 员工工资表
- 2009年1月
- 员工编号　姓名　所属部门　基本工资　奖金　行政工资　应发工资　扣款　实发工资
- 001　王小超　办公室　2 500　1 000　2 500　100
- 002　谢东洁　财务部　1 700　200　1 200　100
- 003　林伟　工程部　1 800　1 000　2 500　300
- 004　姜凡　工程部　1 300　342.5　1 200　100
- 005　郑浩川　工程部　800　450　800　100
- 006　赵波　市场部　1 400　1 000　1 200　100
- 007　符霞　市场部　500　300　500　0
- 008　江丽丽　销售部　1 300　5 000　1 200　100
- 009　邓强　工程部　1 000　4 000　800　100

- 010 倪世萍 财务部 1 000 3 000 800 100
- 011 王欢 市场部 600 2 300 500 100
- 012 李春凤 办公室 500 1 200 500 100
- 013 孟雪冬 市场部 1 000 1 100 800 0
- 014 宋丽 市场部 800 400 500 100
- 015 吴艳 工程部 600 700 500 100
- 016 周东驰 销售部 2 500 400.5 2 500 100
- 017 徐智东 销售部 600 500 500 100
- 018 张博蓝 销售部 600 600 500 100
- 019 李京京 销售部 800 3 000 500 100
- 020 王驰秋 办公室 500 1 400 500 200
- 021 陈莲 市场部 500 3 000 500 100
- 022 赵小捷 技术支持部 500 2 300 500 100
- 023 袁强强 技术支持部 500 1 230 500 100
- 024 彭冬梅 办公室 500 3 122 500 200
- 025 曾锐捷 销售部 1 600 2 100.5 1 200 100

2. 建立与使用模板

“模板”可以帮助用户节省重复输入数据与设定储存格式的时间，所以定期或经常制作的工作报表或文件都可以存成模板格式文件（.xltx）。Excle 2007 安装时会在系统中装入部分模板，更多的模板可以从网上下载。

请读者试着完成以下两个任务。

（1）用 Excel 2007 现存的模板创建工作簿；

（2）以一个格式化后的工作表来创建自己的模板。

任务 2 编辑员工信息表

任务内容

在该任务中我们主要完成以下 4 个方面的学习。

- 工作表、行列及单元格的相关操作；
- 数据的编辑修改；
- 数据的查找及替换；
- 数据的保护。

任务分析

刚输入的数据往往有一定的问题，这时就需要对数据进行编辑。通过对本任务的学习，要熟练操作 Excel 2007 的工作表及单元格，掌握 Excel 2007 数据编辑的常见操作方法，包括工作表及单元格的相关操作、行列的相关操作，以及数据的修改等。

本任务分为以下几个步骤进行。

- ✧ 工作表的命名、复制；
- ✧ 插入行列并输入数据；
- ✧ 数据的复制、移动、删除；
- ✧ 单元格数据的修改；
- ✧ 列宽行高的调整；
- ✧ 数据的查找与替换。

本任务的效果图如图 5-15 所示。

图5-15　编辑员工信息表效果图

任务实施步骤

【第一步】工作表的命名、复制

（1）为“Sheet3”工作表命名。打开在任务 1 中建立的“员工资料.xlsx”工作簿，对工作表“sheet3”重命名为“员工工资表（实训）”。

（2）复制工作表“员工信息表”。用鼠标右键单击“员工信息表”标签，在弹出的下拉菜单中选中“移动或复制工作表”命令，出现“移动或复制工作表”对话框。按如图 5-16 所示进行选择，此时在“员工信息表”前复制生成了一张新工作表，将其重命名为“员工信息表（编辑）”，如图 5-17 所示。

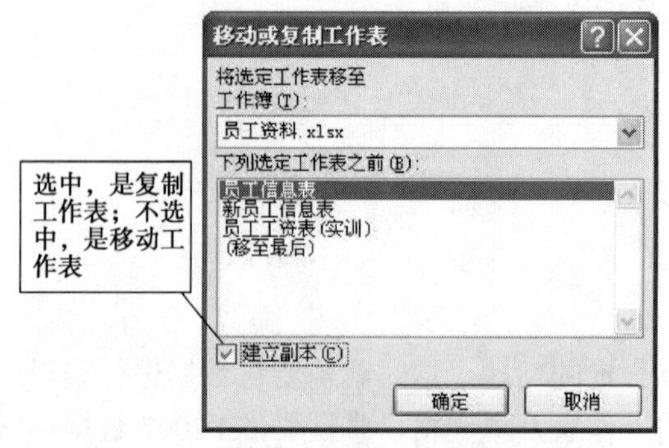

图5-16　“移动或复制工作表”对话框

21	018	张博蓝	女	1978-1-1	销售经理	销售部	5101
22	019	李京京	男	1979-5-12	销售经理	销售部	5101
23	020	王驰秋	男	1985-3-12	前台	办公室	5101
24	021	陈莲	男	1976-12-7	副经理	市场部	
		赵小捷	男	1980-8-8	技术员	技术支持部	
		袁强强	男	1962-3-9	技术员	技术支持部	
		彭冬梅	女	1986-6-28	文员	办公室	
28	025	曾锐捷	男	1981-10-1	销售经理	销售部	5002
29							

员工信息表（编辑）　员工信息表　新员工信息表　员工工资表(实训)

就绪

复制生成的工作表

任务1中制作的表

图5-17　新生成的“员工信息表（编辑）”

【第二步】插入行列并输入数据

（1）在第三行的上方插入一个空行。单击第三行的行号可以选中该行，双击“开始”选项卡，以打开功能区，在“单元格”组中单击“插入”按钮插入，选择“插入工作表行”命令，这时便在第三行上方产生了一个空白行。

（2）在 E 列左侧插入一列并输入数据。单击 E 列的列标可以选中该列，双击“开始”选项卡，以打开功能区，在“单元格”组中单击“插入”按钮插入，选择“插入工作表列”命令，这时便在 E 列的左侧产生了一个空白列。在该空白列中输入相关的数据，如图 5-18 所示。

C	D	E	F	G	
性别	出生日期	入职时间	职务	所属部门	身份
男	1962-6-1	1999-1-2	董事长	办公室	5101
男	1955-5-2	1999-1-2	经理	财务部	5101
男	1972-11-23	1999-1-4	经理	工程部	5101
男	1978-9-9	1999-1-2	项目经理	工程部	5101
男	1975-9-8	1999-1-6	工程师	工程部	5110
男	1976-1-13	1999-1-7	业务经理	市场部	5101
女	1983-3-13	2002-2-8	业务经理	市场部	5101
女	1984-4-11	1999-1-2	销售主管	销售部	5101
男	1978-5-23	1999-1-10	工程师	工程部	5101
女	1985-5-14	2001-3-8	出纳	财务部	5101
女	1980-9-25	1999-1-2	业务经理	市场部	5101
女	1979-12-16	1999-1-2	副总经理	办公室	5101
女	1982-8-1	1999-1-14	业务经理	市场部	5101
女	1983-7-7	2000-4-1	业务经理	市场部	5101
男	1984-2-2	2000-4-1	技术员	工程部	5101
男	1981-3-20	2000-4-1	销售主管	销售部	5101
男	1977-6-12	1999-1-2	销售经理	销售部	5101
女	1978-1-1	2000-4-1	销售经理	销售部	5101
男	1979-5-12	2000-4-1	销售经理	销售部	5101
男	1985-3-12	2003-1-21	前台	办公室	5101
男	1976-12-7	1999-1-22	副经理	市场部	5101
男	1980-8-8	2000-1-1	技术员	技术支持部	5101
男	1962-3-9	1999-1-2	技术员	技术支持部	5101
女	1986-6-28	2001-1-25	文员	办公室	5101
男	1981-10-1	2001-11-2	销售经理	销售部	5002

图5-18　输入“入职时间”数据

【第三步】数据的删除、移动、复制

（1）删除员工编号为“006”的这一行。单击待删除行的行号可以选中该行，双击“开始”选项卡，以打开功能区，在“单元格”组中单击“删除”按钮删除，选择“删除工作表行”命令，如图 5-19 所示（图中未显示最终删除结果，最终删除结果如图 5-15 所示）。

（2）将员工编号为“012”的这一行移动到员工编号为“002”的那一行的上方。用鼠标右键单击待移动行的行号，在弹出的下拉菜单中选中“剪切”命令，用鼠标右键单击员工编号为“002”的这一行的行号，在弹出的下拉菜单中选中“插入已剪切的单元格”命令，如图 5-20 所示（图中未显示最终移动结果，最终移动结果如图 5-15 所示）。

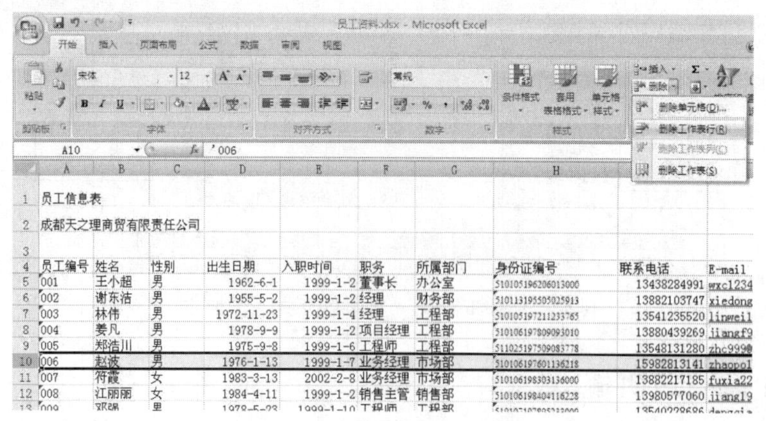

图5-19　删除行的操作示意图

（3）将“职务”和“所属部门”两列移动到“出生日期”这列之前。用鼠标选中这两列，用上述同样的方法即可实现，如图 5-21 所示（图中未显示最终移动结果，最终移动结果如图 5-15 所示）。

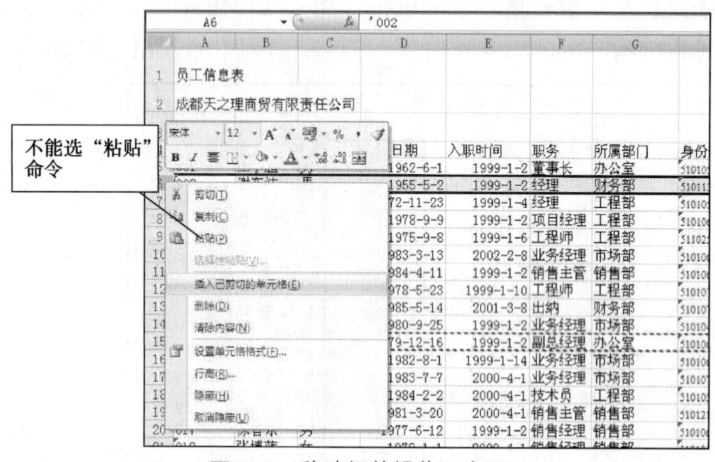

图5-20　移动行的操作示意图

（4）将员工编号为“007”的员工的职务及所属部门分别改成“销售经理”和“销售部”。选中单元区域 D20:E20，双击“开始”选项卡，以打开功能区，在“剪贴板”组中选择“复制”按钮。选中单元格区域 D11:E11，在“剪贴板”组中选择“粘贴”按钮，如图 5-22 所示。

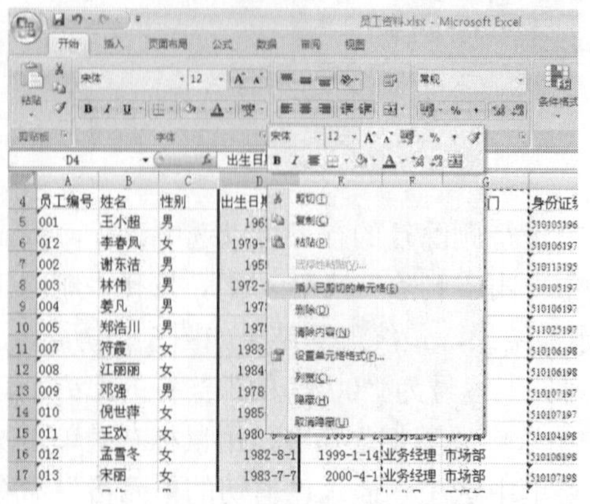

图5-21　移动列的操作示意图

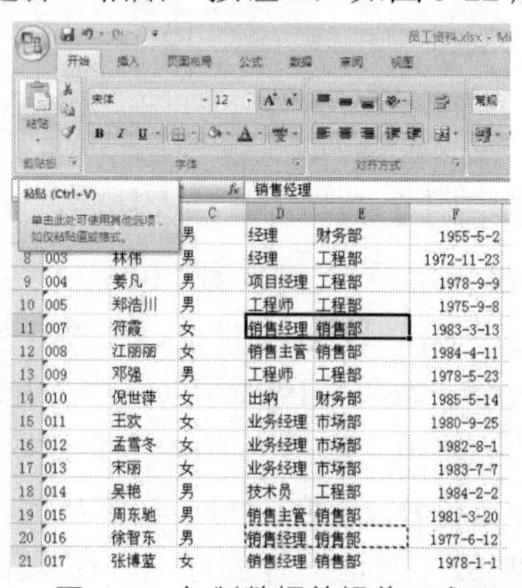

图5-22　复制数据的操作示意图

【第四步】单元格数据的修改

（1）对员工编号序列进行修改。选中 A5 单元格，拖动“填充句柄”到 A28 单元格即可，如图 5-23 所示。

（2）双击单元格 B10，将闪烁的编辑光标移到“浩”字后，按退格键即可，如图 5-23 所示。

（3）用同样的方法，将 C7 单元格的值改为“女”；将 G10 单元格的数据改为“2002-11-6”，如图 5-23 所示。

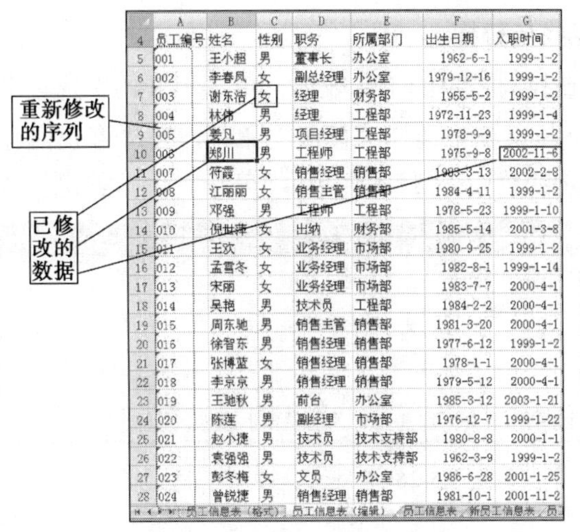

	A	B	C	D	E	F	G
4	员工编号	姓名	性别	职务	所属部门	出生日期	入职时间
5	001	王小超	男	董事长	办公室	1962-6-1	1999-1-2
6	002	李春凤	女	副总经理	办公室	1979-12-16	1999-1-2
7	003	谢东浩	女	经理	财务部	1955-5-2	1999-1-2
8	004	林伟	男	经理	工程部	1972-11-23	1999-1-4
9	005	姜凡	男	项目经理	工程部	1978-9-9	1999-1-2
10	006	郑川	男	工程师	工程部	1975-9-8	2002-11-6
11	007	符霞	女	销售经理	销售部	1983-3-13	2002-2-8
12	008	江丽丽	女	销售主管	销售部	1984-4-11	1999-1-2
13	009	邓强	男	工程师	工程部	1978-5-23	1999-1-10
14	010	倪世萍	女	出纳	财务部	1985-5-14	2001-3-8
15	011	王欢	女	业务经理	市场部	1980-9-25	1999-1-2
16	012	孟雪冬	女	业务经理	市场部	1982-8-1	1999-1-14
17	013	宋丽	女	业务经理	市场部	1983-7-7	2000-4-1
18	014	吴艳	男	技术员	工程部	1984-2-2	2000-4-1
19	015	周东驰	男	销售主管	销售部	1981-3-20	2000-4-1
20	016	徐智东	男	销售经理	销售部	1977-6-12	1999-1-2
21	017	张博蓝	女	销售经理	销售部	1978-1-1	2000-4-1
22	018	李京京	男	销售经理	销售部	1979-5-12	2000-4-1
23	019	王驰秋	男	前台	办公室	1985-3-12	2003-1-21
24	020	陈莲	男	副经理	市场部	1976-12-7	1999-1-22
25	021	赵小捷	男	技术员	技术支持部	1980-8-8	2000-1-1
26	022	袁强强	男	技术员	技术支持部	1962-3-9	1999-1-2
27	023	彭冬梅	女	文员	办公室	1986-6-28	2001-1-25
28	024	曾锐捷	男	销售经理	销售部	1981-10-1	2001-11-2

图5-23　修改单元格的数据

【第五步】行高列宽的调整

（1）行高的调整。选中第 1 行到第 28 行，单击“开始”选项卡中的“单元格”组中的“格式”按钮，在下拉菜单中选择“行高”命令，在“行高”对话框中输入值“18”即可，如图 5-24 所示。也可以将鼠标移动到工作表左边相应的行的行标线上，按下鼠标左键拖动，调整行的高度。

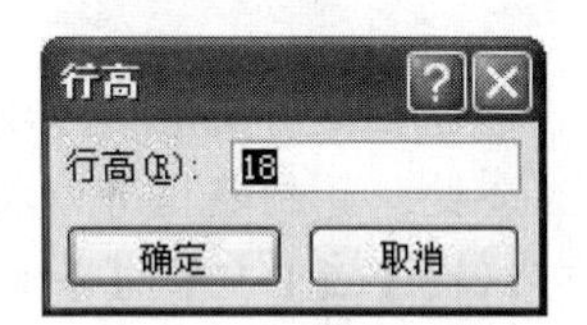

图5-24　“行高”对话框

（2）列宽的调整。将鼠标移到工作表上方的相应列的列标线上，鼠标光标变形成“竖线左右光标箭头”，这时按下鼠标左键向右或向左拖动鼠标，列宽随即改变并有当前列宽的数据提示。拖至合适的宽度后，释放鼠标左键即可。用此方法调整所有列，如图 5-25 所示。也可以在对应列的上方右击，选择“列宽”，通过设置具体的宽度数字调整列的宽度。

图5-25　调整各列宽度

在工作表的编辑过程中，为了使两行之间距离加大，需要调整行高；为了使两列之间的距离加大，或使屏幕上能显示出某些单元格中的完整数据，需要调整列宽。比如，有些数据以“#”号显示就是因为列宽不够所致。

行列的隐藏，就是让其宽度为 0，可以起到保护数据的作用。方法较多，读者可以试一下。

【第六步】数据的查找与替换

（1）将光标移到待查找与替换的工作表中，单击“开始”选项卡中“编辑”组中的“查找和选择”按钮，在下拉菜单中选择“替换”命令，在“查找内容”文本框中输入“技术员”，在“替换为”文本框中输入“技术人员”，单击“全部替换”按钮，如图 5-26 所示。

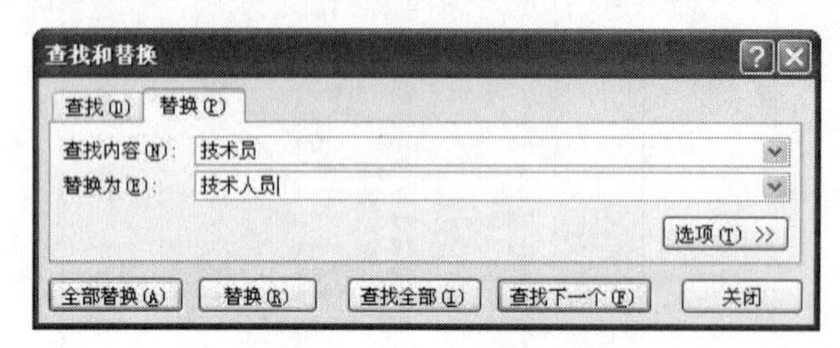

图5-26　“查找与替换”对话框

合理使用快捷键可以提高工作效率。比如，要打开“查找和替换”对话框，可以按【Ctrl+F】组合键；复制数据可以按【Ctrl+C】组合键；剪切数据可以按【Ctrl+X】组合键；粘贴数据可以按【Ctrl+V】组合键，等等。

相关知识

通过上面的学习，实现了在“员工资料”工作簿中对“员工信息表（编辑）”工作表进行了数据的编辑修改工作，为了将所学知识灵活运用，现将相关知识介绍如下。

1．工作表的相关操作

用鼠标右键单击工作表标签，会弹出一个下拉菜单，上面显示了有关工作表的操作命令，如图 5-27 所示。

工作表的隐藏操作。为了让一些数据不被误操作破坏，可将工作表隐藏起来，操作方法是，用鼠标右键单击工作表标签，在下拉菜单中选择“隐藏”命令，这时该工作表就被隐藏起来了。用同样的方法可以取消对该工作表的隐藏，读者可以试一试。

改变工作表标签的颜色。为了体现某个工作表与其他工作表的不同，可以将该工作表的标签设置成某种颜色。

工作表的保护。对一些涉及个人或商业机密等的数据，还有必要进行密码保护。比如，只能选择单元格而不能修改其中的数据。将“员工信息表”加密保护的方法为，将光标移到“员工信息表”中，单击“开始”选项卡中“单元格”组中的“格式”按钮，在下拉菜单中确认“锁定单元格”命令左边的图标处于按下状态，选择“保护工作表”命令，在“保护工作表”对话框中输入密码“123”，单击“确定”按钮完成保护，如图 5-27 所示。

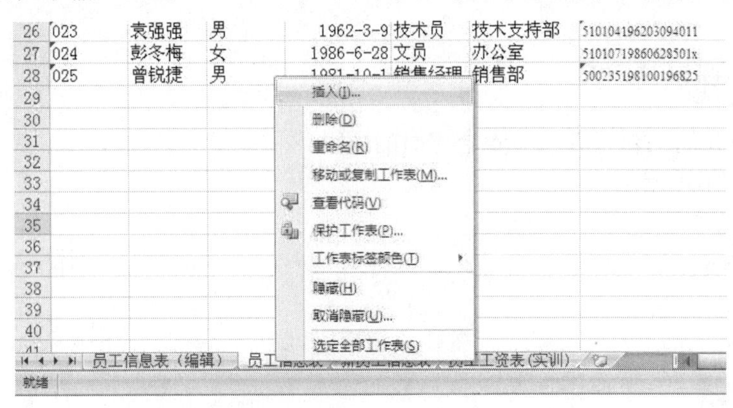

图5-27　工作表的相关操作

2．修改数据的方法

（1）重新输入数据。要更正输入错误的数据，最直接的方法就是选中单元格重新输入。

（2）在单元格内修改数据。有时输入到单元格的数据仅仅是个别字符错了，这时就可以直接在单元格内加以修改。操作方法为，双击单元格，当出现闪烁的编辑光标时，通过键盘或鼠标移动编辑光标到指定位置，再使用“退格键”、“删除键”或输入正确数据来完成编辑操作。

（3）在公式编辑栏中修改数据。该方法适用于单元格数据较多或单元格中的公式需要修改时。

实战训练

打开“员工资料.xlsx”工作簿，按下列操作要求对“员工工资表（实训）”进行编辑，并保存工作簿。

（1）新建一个工作表，命名为“员工工资表（实训编辑）”，将“员工工资表（实训）”中的数据全部复制到该表中。

（2）根据已编辑好的“员工信息表（编辑）”工作表的数据，修改并完善“员工工资表（实训编辑）”工作表中的相关数据。使两个表的相关数据信息一致。

（3）在“扣款”一列前插入三列，列标题分别为“扣税”、“失业”和“医疗”，并输入相应的数据（自行根据情况输入数据或通过公式计算）。

（4）将“扣款”一列的列标题修改成“捐款总额”。

（5）将“捐款总额”一列中的数据全部删除（不删除标题）。

（6）将“行政工资”列与“奖金”列互换。

（7）在表头前插入一个空行。

（8）将“奖金”列隐藏，并将该表保护起来，密码为“321”。

（9）将“员工工资表（实训编辑）”工作表隐藏起来。

（10）取消对“员工工资表（实训编辑）”工作表的隐藏。

任务3　格式化员工信息表

在该任务中我们主要完成以下4个方面的学习。

- 单元格的格式化；
- 工作表的格式化；
- 条件格式化；
- 套用表格格式。

任务分析

使用Excel 2007的默认格式编辑工作表，这样的表格外观简单、朴实。随着社会的发展和实际应用的不断深入，有时总感到一些美中不足。通过对本任务的学习，要熟练掌握单元格的格式化、工作表的格式化及条件格式化等。

本任务分为以下几个步骤进行。

- ✧ 格式化表格的标题；
- ✧ 格式化表格的表头；
- ✧ 格式化表格的数据区域；
- ✧ 数据的条件格式。

本任务的效果图如图5-28所示。

员工资料.xlsx - Microsoft Excel

开始　插入　页面布局　公式　数据　审阅　视图

M7

员工信息表

成都天之理商贸有限责任公司

员工编号	姓名	性别	职务	所属部门	出生日期	入职时间	身份证编号	联系电话	E-mail
001	[illegible]	男	董事长	办公室	1962-6-1	1999年1月2日	510105196206013000	13438284991	wxc1234@163.com
002	[illegible]	女	副总经理	办公室	1979-12-16	1999年1月2日	510106197912160011	13408527442	licf1979@163.com
003	[illegible]	女	经理	财务部	1955-5-2	1999年1月2日	510113195505025913	13882103747	xiedongj@sina.com
004	[illegible]	男	经理	工程部	1972-11-23	1999年1月4日	510105197211233765	13541235520	linwei111@163.com
005	[illegible]	男	项目经理	工程部	1978-9-9	1999年1月2日	510106197809093010	13880439269	jiangf99@163.com
006	[illegible]	男	工程师	工程部	1975-9-8	2002年11月6日	511025197509083778	13548131280	zhc999@163.com
007	[illegible]	女	销售经理	销售部	1983-3-13	2002年2月8日	510106198303136000	13882217185	fuxia223@163.com
008	[illegible]	女	销售主管	销售部	1984-4-11	1999年1月2日	510106198404116228	13980577060	jiang1984@163.com
009	[illegible]	男	工程师	工程部	1978-5-23	1999年1月10日	510107197805233000	13540228686	dengqiang11@163.com
010	[illegible]	女	出纳	财务部	1985-5-14	2001年3月8日	510107197805143000	83110890	lisp1985@163.com
011	[illegible]	女	业务经理	市场部	1980-9-25	1999年1月2日	510104198009250340	13518162522	wangh1980@163.com
012	[illegible]	女	业务经理	市场部	1982-8-1	1999年1月14日	51010619820801141x	13658014594	mengxd777@163.com
013	[illegible]	女	业务经理	市场部	1983-7-7	2000年4月1日	510107198307076005	15902827767	xl198377@163.com
[illegible]	[illegible]	男	技术员	工程部	1984-2-2	2000年4月1日	510105198402022039	13550113539	wuyan1984@163.com
015	[illegible]	男	销售主管	销售部	1981-3-20	2000年4月1日	51012119810320226x	13880427131	zhuodc1981@163.com
016	[illegible]	男	销售经理	销售部	1977-6-12	1999年1月2日	510106197706124020	87793659	xuzd1977@163.com
017	[illegible]	女	销售经理	销售部	1978-1-1	2000年4月1日	510105197801011078	13438900674	zhangb199@163.com
018	[illegible]	男	销售经理	销售部	1979-5-12	2000年4月1日	510106197905121060	15982175713	lijing1979@163.com
019	[illegible]	男	前台	办公室	1985-3-12	2003年1月21日	510106198503126009	13981982235	wangcq1985@163.com
020	[illegible]	男	副经理	市场部	1976-12-7	1999年1月22日	510104197612074023	13708047820	chengl1976@163.com

员工信息表（格式）　员工信息表（编辑）　员工信息表　新员工信息表　员工工资表(实训)　员工工资表(实训编辑)　员工工资表(实训格式)

就绪　100%

图5-28　格式化员工信息表效果图

任务实施步骤

根据已编辑好的“员工信息表（编辑）”工作表的数据，复制生成新表并命名为“员工信息表（格式）”，以下任务就在该表中完成。

【第一步】格式化表格的标题

（1）选中 A1 至 J1 单元格区域（A1:J1），单击“开始”选项卡中“单元格”组中的“格式”按钮，在下拉菜单中选择“设置单元格格式”命令。在“设置单元格格式”对话框中选中“对齐”选项卡，按如图 5-29 所示进行设置。选中“字体”选项卡，按如图 5-30 所示进行设置。选中“填充”选项卡，按如图 5-31 所示进行设置。适当调整行高，效果图如图 5-28 所示。

（2）将单元格 A2 的数据移动到 H2 中，选中 H2 至 J2 单元格区域（H2:J2），单击“开始”选项卡中“对齐方式”组中的“合并后居中”按钮，设置字体格式为“华文楷体”，效果图如图 5-28 所示。

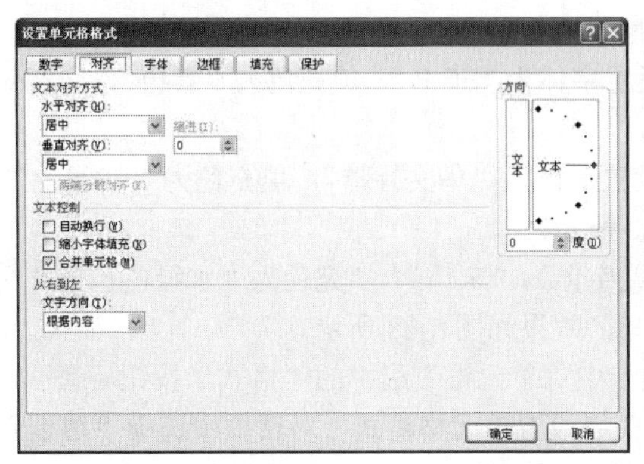

图5-29　标题的“对齐”选项卡设置

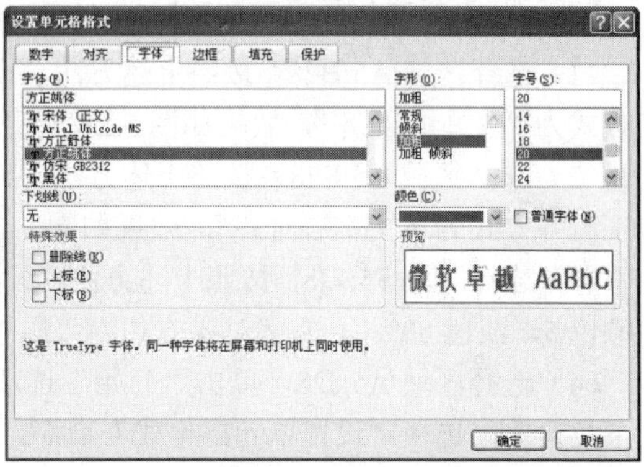

图5-30　标题的“字体”选项卡设置

【第二步】格式化表格的表头

选中 A4 至 J4 单元格区域（A4:J4），单击“开始”选项卡中“单元格”组中的“格式”按钮，在下拉菜单中选择“设置单元格格式”命令。在“设置单元格格式”对话框中选中“字体”选项卡，按如图 5-32 所示进行设置。选中“边框”选项卡，按如图 5-33 所示进行设置。选中“填充”选项卡，按如图 5-34 所示进行设置。参考图 5-29 设置“水平对齐”和“垂直对齐”均为“居中”，适当调整行高，效果如图 5-28 所示。

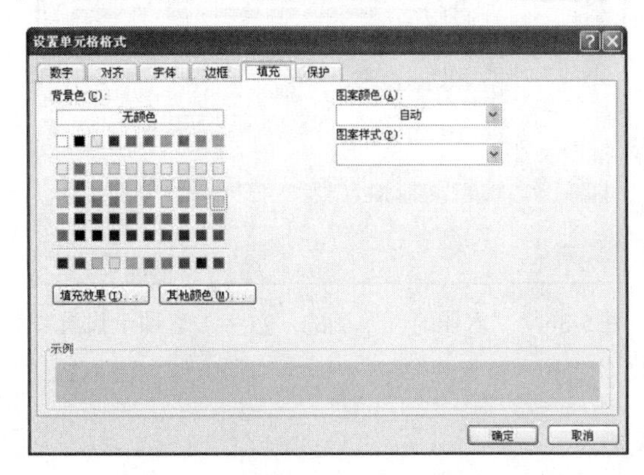

图5-31　标题的“填充”选项卡设置

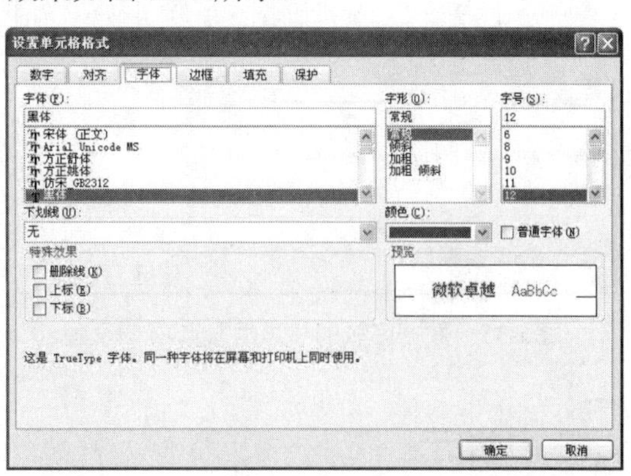

图5-32　表头的“字体”选项卡设置

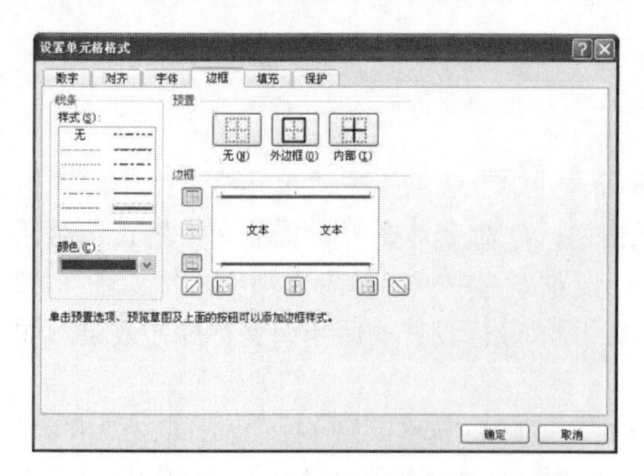

图5-33 表头的“边框”选项卡设置

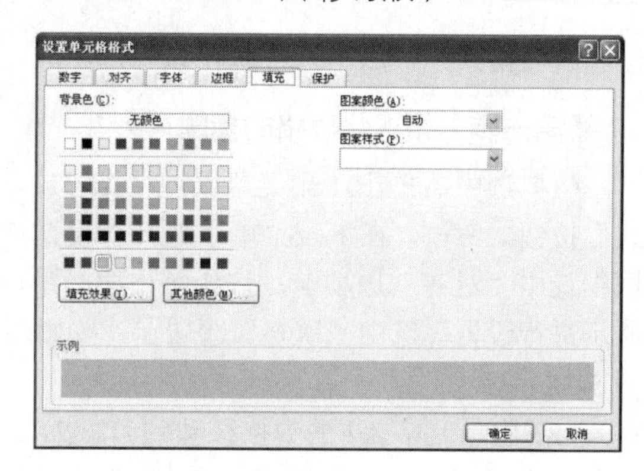

图5-34 表头的“填充”选项卡设置

【第三步】格式化表格的数据区域

（1）选择区域 A5:B28，按照上述方法，设置字体为“隶书”，填充色为“紫色”，文字对齐方式为“文本左对齐”，效果如图 5-28 所示。

（2）选择区域 C5:E28，按照上述方法，设置字体为“华文行楷”，填充色为“浅绿色”，文字对齐方式为“文本右对齐”，效果如图 5-28 所示。

（3）选择区域 F5:J28，按照上述方法，设置字体为“宋体”，填充色为“水绿色，强调文字颜色 5，淡色 80%”，文字对齐方式为“居中”，效果如图 5-28 所示。

（4）选择区域 A5:J28，单击“开始”选项卡中“单元格”组中的“格式”按钮格式，在下拉菜单中选择“设置单元格格式”命令，在“设置单元格格式”对话框中选中“边框”选项卡，按如图 5-35 所示进行设置。

（5）数字格式设置。将“入职时间”这一列的数据格式化。选择区域 G5:G28，单击“开始”选项卡中“单元格”组中的“格式”按钮格式，在下拉菜单中选择“设置单元格格式”命令，在“设置单元格格式”对话框中选中“数字”选项卡，按如图 5-36 所示进行设置，适当调整列宽即可，效果如图 5-28 所示。

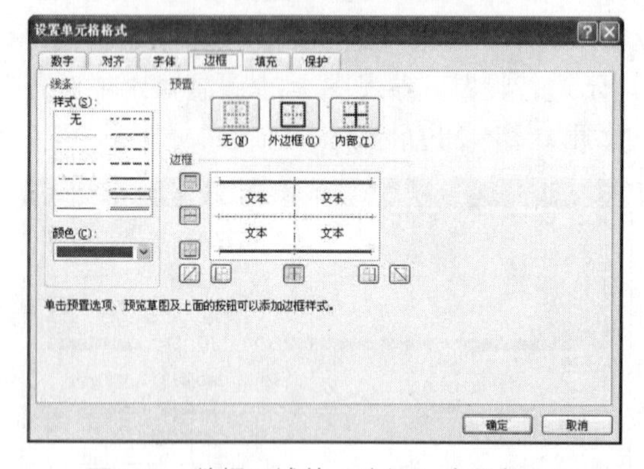

图5-35 数据区域的“边框”选项卡设置

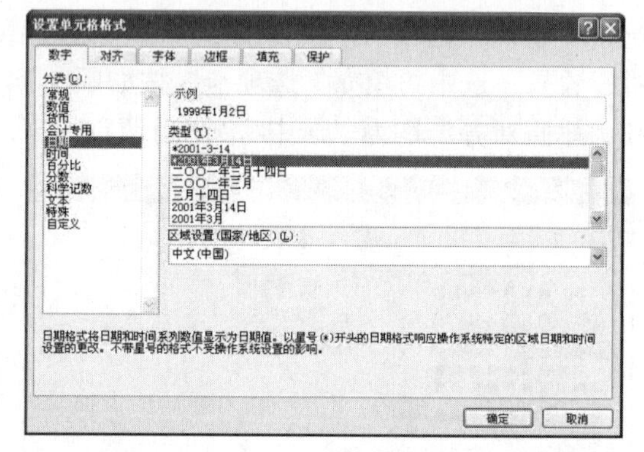

图5-36 “入职时间”列的“数字”选项卡设置

图 5-36 中的“数字”选项卡，特别是分类列表中的“数值”和“货币”的格式设置，读者应认真去研究学习，实际应用较多，如保留两位小数、加货币符号“¥”等。

【第四步】数据的条件格式

Excel 2007 提供条件格式功能，可以设定某个条件成立后才呈现设定的单元格格式，该版本对条件格式提供了友好的界面支持。

（1）对“所属部门”列中为“销售部”的单元格进行格式化。选择单元格区域 E5:E28，单击“开始”选项卡中“样式”组中的“条件格式”按钮，在下拉菜单中选择“突出显示单元格规则”命令，在下拉菜单中选择“等于”命令，打开“等于”对话框，按如图 5-37 所示进行设置后单击“确定”按钮即可，效果如图 5-28 所示。

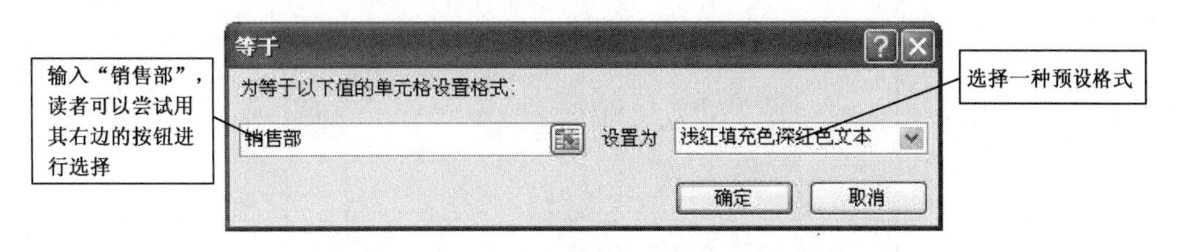

图5-37　条件格式中的“等于”对话框的设置

（2）对“出生日期”列中的数据进行格式化。选择单元格区域 F5:F28，单击“开始”选项卡中“样式”组中的“条件格式”按钮，在下拉菜单中选择“数据条”命令，在下拉菜单中单击“红色数据条”按钮即可，效果如图 5-28 所示。

（3）对“入职时间”列中的数据进行格式化。选择单元格区域 G5:G28，单击“开始”选项卡中“样式”组中的“条件格式”按钮，在下拉菜单中选择“色阶”命令，在下拉菜单中选择“其他规则”命令，弹出“新建格式规则”对话框。按如图 5-38 所示进行设置后单击“确定”按钮即可，效果如图 5-28 所示。

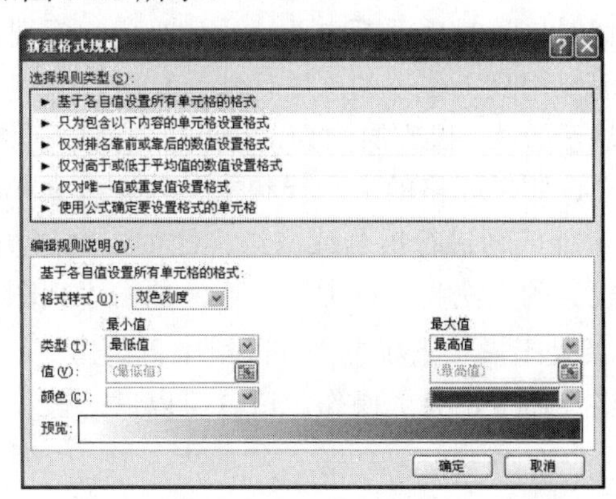

图5-38　条件格式中的“新建格式规则”对话框的设置

相关知识

通过上面的学习，实现了在“员工资料”工作簿的“员工信息表（格式）”工作表中对数据表格进行了修饰和美化工作，为了灵活运用所学知识，现将相关知识介绍如下。

1．单元格的格式化

设置单元格的格式一般有两种途径。其一，使用“功能区”面板命令按钮，主要在“开始”选项卡的功能区中，该方法直观简单；其二，使用“设置单元格格式”对话框，利用它里面的 6 个选项卡可完成复杂的单元格格式设置，读者可以在实际工作中反复体验。

在“开始”选项卡的“样式”组中，有一个“单元格样式”按钮，单击该按钮会弹出一个面板，在该面板中有很多现存的单元格格式，读者可以去尝试一下。

2．工作表的格式

在默认时，用户新建一个工作簿有 3 个新工作表；保存的位置在安装盘的“我的文档”文件夹里，如“D:\我的文档”；在单元格插入批注时，自动插入机器名，等等。实际上，用户可以根据需要重新设置，如图 5-39 所示。

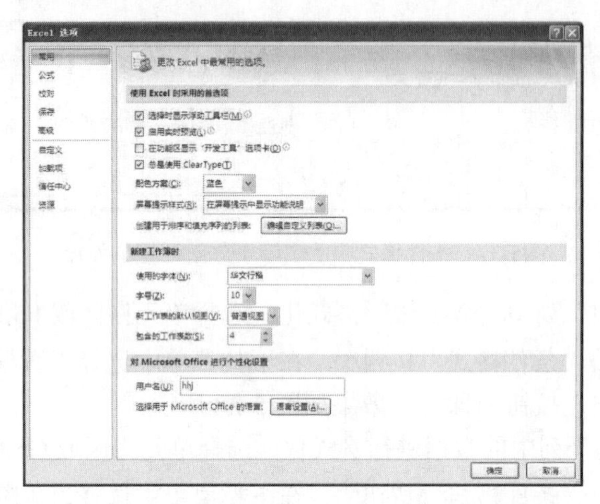

图5-39　“Excel选项”对话框的“常用”选项卡

工作表的拆分与冻结。人们在查看工作表的数据时，有时由于表中数据太多，在一个屏幕中无法完全显示出来，翻看信息时也很不方便，比如当用户需要固定各列的标题，只让标题下方的数据翻动时，就需要用到工作表的冻结功能。这时，就可以通过拆分或冻结窗口的操作来实现工作表的多种显示方式。操作原则为，以所选当前单元格所在位置左上角为原点，实现拆分或冻结，也就是在选定单元格的上一行和左一列处拆分和冻结窗口。

实际应用中，一般选定行或列进行拆分或冻结。比如，在“员工信息表（格式）”工作表中要拆分和冻结标题及表头的方法为，选中第 5 行，单击“视图”选项卡中“窗口”组中的“拆分”按钮 拆分，使其处于被按下状态，在同组中再单击“冻结窗格”按钮，在下拉菜单中选择“冻结拆分窗格”命令，完成操作。读者可以试一试。

3．套用表格格式

用户在实际工作中可能会使用和设计出各种各样的报表，但其中大部分的表格可能是大同小异，如许多财务、会计表格都是经过有关部门规范化的。Excel 2007 提供了 60 种实用、简洁、美观的表格样式，这为制作报表节约了很多时间。

操作方法为，选中要套用表格格式的区域，单击“开始”选项卡功能区中的“样式”组中的“套用表格格式”按钮，在下拉列表中进行选择即可，如图 5-40 所示。

实战训练

打开“员工资料.xlsx”工作簿，按下列操作要求对“员工工资表（实训编辑）”进行格式化，并保存工作簿。

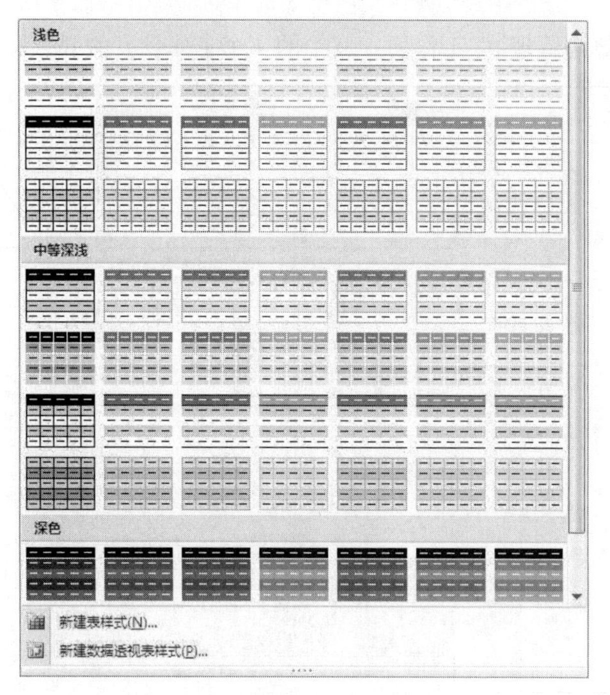

图5-40　“套用表格格式”按钮的下拉列表

（1）新建一个工作表，命名为“员工工资表（实训格式）”，将“员工工资表（实训编辑）”中的数据全部复制到该表中。

（2）格式化标题。将单元格区域 A1:L1 合并及居中，字体：隶书，加粗；字号：20；颜色：红色。

（3）格式化副标题。将单元格 A2 的内容移动到 J2，将单元格区域 J2:K2 合并及居中，填充为“黄色”。

（4）格式化表头。选中单元格区域 A4:L4 进行设置，字体：黑体；对齐：水平及垂直均居中；边框：红色粗下边框架线。

（5）选中单元格区域 A5:L28 进行设置，对齐：水平居中；外边框：深红色双线下边框线；内部行列线：蓝色细实线。

（6）选中单元格区域 A5:C28，填充：橙色，60%。

（7）选中单元格区域 F5:F28 进行设置，保留两位小数。

（8）选中单元格区域 D5:D28 进行设置，条件格式：基本工资大于“1 500”的设置成红色文字。

（9）选中单元格区域 E5:E28 进行设置，条件格式：四等级的图标集。

（10）将第 1 行到第 4 行进行冻结，以便于信息翻阅。

学习单元5.2　电子表格的数据计算及管理

在本单元中，将通过对“员工资料（计算与管理）”工作簿的数据进行计算与管理，来认知与实践 Excel 2007 中的公式和函数，并体会它在数据处理方面的强大功能。具体操作包括在工作表“员工工资表（计算）”中进行数据的计算，在其余 3 个工作表中进行数据的排序、筛选和分类汇总等操作。

“员工资料（计算与管理）”工作簿（其中的 4 个工作表）的效果图如图 5-41 所示。

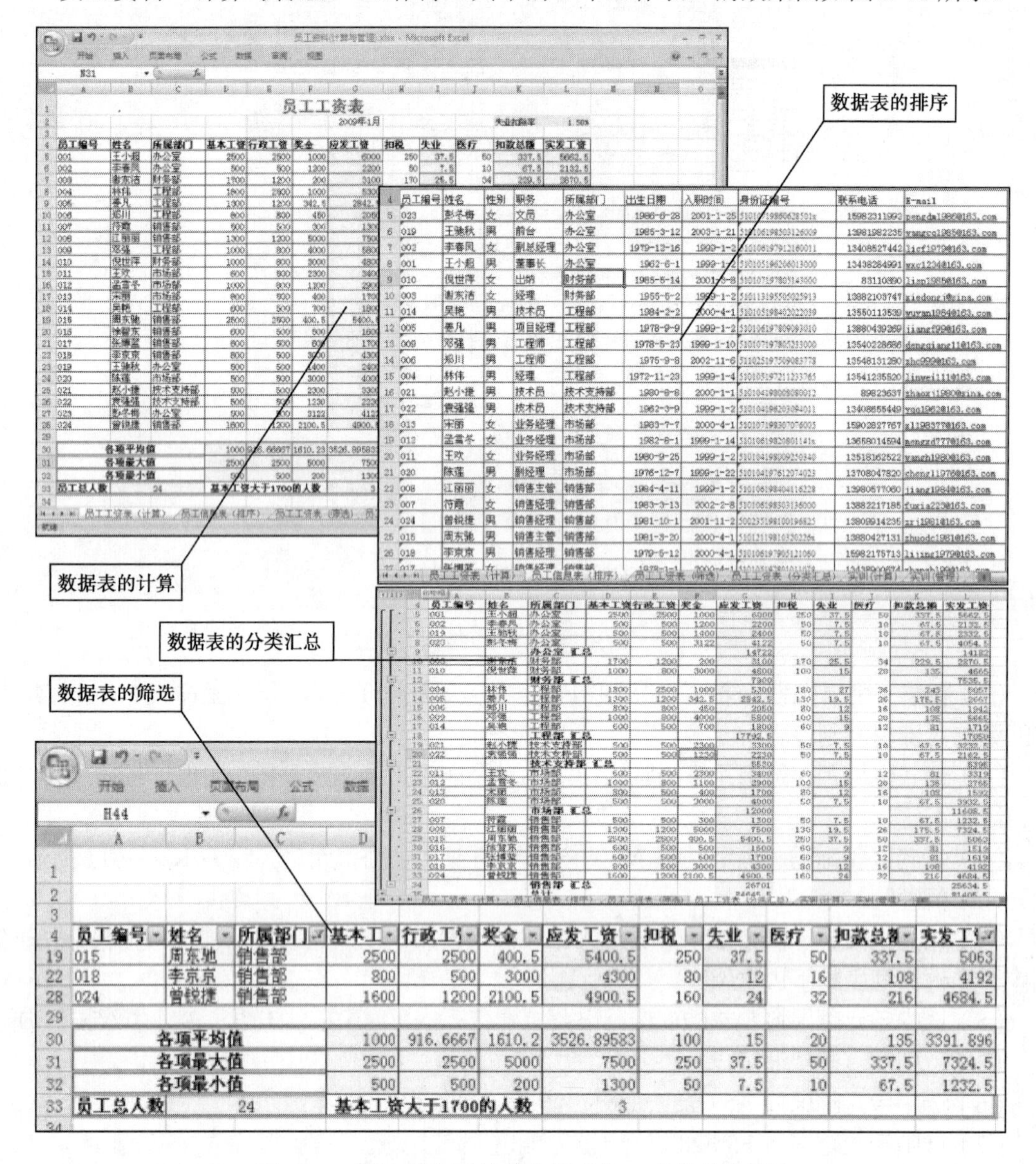

图5-41 “员工资料（计算与管理）”工作簿的效果图

本单元的内容将分解为以下两个任务来完成。

- 计算“员工工资表（计算）”工作表；
- 管理电子表格的数据。

任务 1 计算“员工工资表（计算）”工作表

在该任务中我们主要完成以下 5 个方面的学习。

- ➢ 公式的应用；

➢ 常用函数的应用；
➢ 排序的使用；
➢ 自动筛选的应用；
➢ 分类汇总的应用。

除了能够接受用户的数据输入外，对数据的自动、精确、高速的运算处理是计算机系统的主要特点。通过对本任务的学习，要理解 Excel 2007 的公式和函数，掌握电子表格的常用计算方法，包括公式的使用和 5 个常用函数的应用等。本任务分为以下几个步骤进行。

✧ 计算应发工资；
✧ 计算失业金；
✧ 计算扣款总额；
✧ 计算实发工资；
✧ 计算各数据列的平均值；
✧ 计算各数据列的最大值；
✧ 计算各数据列的最小值；
✧ 计算员工总人数；
✧ 计算满足条件的员工人数。

本任务的效果图如图 5-42 所示。

员工资料(计算与管理).xlsx - Microsoft Excel

员工工资表

2009年1月　　失业扣除率 1.50%

员工编号	姓名	所属部门	基本工资	行政工资	奖金	应发工资	扣税	失业	医疗	扣款总额	实发工资
001	王小超	办公室	2500	2500	1000	6000	250	37.5	50	337.5	5662.5
002	李春凤	办公室	500	500	1200	2200	50	7.5	10	67.5	2132.5
003	谢东洁	财务部	1700	1200	200	3100	170	25.5	34	229.5	2870.5
004	林伟	工程部	1800	2500	1000	5300	180	27	36	243	5057
005	姜凡	工程部	1300	1200	342.5	2842.5	130	19.5	26	175.5	2667
006	郑川	工程部	800	800	450	2050	80	12	16	108	1942
007	符霞	销售部	500	500	300	1300	50	7.5	10	67.5	1232.5
008	江丽丽	销售部	1300	1200	5000	7500	130	19.5	26	175.5	7324.5
009	邓强	工程部	1000	800	4000	5800	100	15	20	135	5665
010	倪世萍	财务部	1000	800	3000	4800	100	15	20	135	4665
011	王欢	市场部	600	500	2300	3400	60	9	12	81	3319
012	孟雪冬	市场部	1000	800	1100	2900	100	15	20	135	2765
013	宋丽	市场部	800	500	400	1700	80	12	16	108	1592
014	吴艳	工程部	600	500	700	1800	60	9	12	81	1719
015	周东驰	销售部	2500	2500	400.5	5400.5	250	37.5	50	337.5	5063
016	徐智东	销售部	600	500	500	1600	60	9	12	81	1519
017	张博蓝	销售部	600	500	600	1700	60	9	12	81	1619
018	李京京	销售部	800	500	3000	4300	80	12	16	108	4192
019	王驰秋	办公室	500	500	1400	2400	50	7.5	10	67.5	2332.5
020	陈莲	市场部	500	500	3000	4000	50	7.5	10	67.5	3932.5
021	赵小捷	技术支持部	500	500	2300	3300	50	7.5	10	67.5	3232.5
022	袁强强	技术支持部	500	500	1230	2230	50	7.5	10	67.5	2162.5
023	彭冬梅	办公室	500	500	3122	4122	50	7.5	10	67.5	4054.5
024	曾锐捷	销售部	1600	1200	2100.5	4900.5	160	24	32	216	4684.5
各项平均值			1000	916.66667	1610.23	3526.895833	100	15	20	135	3391.8958
各项最大值			2500	2500	5000	7500	250	37.5	50	337.5	7324.5
各项最小值			500	500	200	1300	50	7.5	10	67.5	1232.5
员工总人数	24		基本工资大于1700的人数			3					

员工工资表（计算） 员工信息表（排序） 员工工资表（筛选） 员工工资表（分类汇总） 实训(计算) 实训(管理)

图5-42 任务1的效果图

任务实施步骤

打开“员工资料（计算与管理）”工作簿，使工作表“员工资料（计算）”成为当前工作表，以下任务就在该表中完成。

【第一步】计算应发工资

（1）选定目标单元格。用鼠标选中将要输入公式的单元格G5，使其成为活动单元格。

（2）单击“自动求和”按钮Σ 自动求和。打开“公式”选项卡的功能区，用鼠标单击“函数库”组中的“自动求和”按钮Σ 自动求和。此时，“编辑栏”中自动填入以等号开头的求和函数“=SUM(D5:F5)”，工作表中单元格区域D5:F5处于被选中状态，如图5-43所示。

小提示

如果自动选取的单元格区域正是所需要的，则按【Enter】键结束，否则应用鼠标人工选取，选取的参数会立即在“编辑栏”中显示出来。如果还有其他的参数，用户可以接着选取（配合【Ctrl】键）或输入。需要注意的是，公式里一些特殊符号，例如“=”、“(”、“:”、“)”，必须使用英文输入法进行输入。

在“开始”选项卡功能区的“编辑”组中有一个求和按钮Σ，该按钮的功能与自动求和按钮Σ 自动求和的功能相同。

员工资料(计算与管理).xlsx - Microsoft Excel

开始 插入 页面布局 公式 数据 审阅 视图

插入函数 Σ 自动求和 最近使用的函数 财务 逻辑 文本 日期和时间 查找与引用 数学和三角函数 其他函数 函数库 名称管理器 定义名称 用于公式 根据所选内容创建 定义的名称 追踪引用单元格 追踪从属单元格 移去箭头

COUNTIF =SUM(D5:F5)

员工工资表

2009年1月

员工编号	姓名	所属部门	基本工资	行政工资	奖金	应发工资	扣税	失业
001	王小超	办公室	2500	2500	1000	=SUM(D5:F5)		
002	李春凤	办公室	500	500	1200	SUM(number1, [number2], ...)		
003	谢东洁	财务部	1700	1200	200		170	
004	林伟	工程部	1800	2500	1000		180	
005	姜凡	工程部	1300	1200	342.5		130	
006	郑川	工程部	800	800	450		80	
007	符霞	销售部	500	500	300		50	
008	江丽丽	销售部	1300	1200	5000		130	

图5-43　在单元格G5中自动求和

（3）按【Enter】键参数选取完成。按【Enter】键或用鼠标单击“编辑栏”左边的按钮✓，表示输入完成；按【Esc】键或单击“编辑栏”左边的按钮✗，表示取消输入。

（4）快速完成“应发工资”列的求和计算。选中单元格G5，用鼠标移到“填充句柄”位置，出现“+”形状，拖动“填充句柄”到单元格G28即可。完成效果如图5-42所示。

小提示

这里使用了单元格的“填充”命令，实际上是对单元格G5的公式进行复制操作。之所以能快速完成“应发工资”列的求和计算，本质上是公式对单元格区域的相对引用。

【第二步】计算失业金

（1）使目标单元格处于编辑状态。用鼠标双击I5单元格后，I5单元格就处于，编辑状态，这时 I5 单元格中出现一个“I”形的闪烁光标，它被称为编辑光标。用户可以应用编辑光标删除单元格内的信息，或在单元格内移动编辑光标的位置。

（2）根据计算要求在单元格中编辑公式。先在 I5 单元格输入一个等号“=”，接着在“=”后面输入“D5*L2”，此时“编辑栏”中显示“=D5*L2”，如图 5-44 所示。编辑完成后，输入【Enter】键，表示输入结束。

=D5*L2

员工工资表

2009年1月　　失业扣除率 1.50%

所属部门	基本工资	行政工资	奖金	应发工资	扣税	失业	医疗	扣款总额	实发工资
办公室	2500	2500	1000	6000	250	=D5*L2			
办公室	500	500	1200	2200	50		10		
财务部	1700	1200	200	3100	170		34		
工程部	1800	2500	1000	5300	180		36		
工程部	1300	1200	342.5	2842.5	130		26		
工程部	800	800	450	2050	80		16		
销售部	500	500	300	1300	50		10		
销售部	1300	1200	5000	7500	130		26		
工程部	1000	800	4000	5800	100		20		
财务部	1000	800	3000	4800	100		20		
市场部	600	500	2300	3400	60		12		

图5-44　在单元格中直接编辑公式

（3）快速完成“失业”列的乘积计算。选中单元格 I5，将鼠标移到“填充句柄”时，会出现“+”形状，拖动“填充句柄”到单元格 I28 即可。完成效果如图 5-42 所示。

这里使用了单元格的“填充”命令，实际上是对单元格 I5 的公式进行复制操作。之所以能快速完成“失业”列的乘积计算，本质上是公式对单元格 D5 的相对引用和对单元格 L2 的绝对引用。

【第三步】计算扣款总额

利用【第一步】的操作方法，完成“扣款总额”列的数据计算，请注意求和区域的选取。完成效果如图 5-42 所示。

【第四步】计算实发工资

（1）使目标单元格处于选中状态。用鼠标单击 L5 单元格即可。

（2）根据计算要求在“编辑栏”中编辑公式。用鼠标单击“编辑栏”，出现一个“I”形的闪烁光标，先输入一个等号“=”，接着在“=”后面输入“G5-K5”，此时“编辑栏”中显示“=G5-K5”，如图 5-45 所示。编辑完成后，按【Enter】键，表示输入结束。

（3）快速完成“实发工资”列的减法计算。选中单元格 L5，将鼠标移到“填充句柄”时，会出现“+”形状，拖动“填充句柄”到单元格 L28 即可。完成效果如图 5-42 所示。

=G5-K5

名	所属部门	基本工资	行政工资	奖金	应发工资	扣税	失业	医疗	扣款总额	实发工资
小超	办公室	2500	2500	1000	6000	250	37.5	50	337.5	=G5-K5
春凤	办公室	500	500	1200	2200	50	7.5	10	67.5	
东洁	财务部	1700	1200	200	3100	170	25.5	34	229.5	
伟	工程部	1800	2500	1000	5300	180	27	36	243	
凡	工程部	1300	1200	342.5	2842.5	130	19.5	26	175.5	
川	工程部	800	800	450	2050	80	12	16	108	
霞	销售部	500	500	300	1300	50	7.5	10	67.5	
丽丽	销售部	1300	1200	5000	7500	130	19.5	26	175.5	
强	工程部	1000	800	4000	5800	100	15	20	135	
世萍	财务部	1000	800	3000	4800	100	15	20	135	

图5-45　在编辑栏中直接编辑公式

【第五步】计算各数据列的平均值

（1）选定目标单元格。用鼠标选中将要输入公式的单元格 D30，使其成为活动单元格。

（2）使用“平均值”命令。打开“公式”选项卡的功能区，用鼠标单击“函数库”组中“自动求和”按钮 Σ 自动求和 右边的下拉菜单按钮，在下拉菜单中选择“平均值”命令。此时，“编辑栏”中自动填入以等号开头的求平均值函数“=AVERAGE(D5:D29)”，工作表中单元格区域 D5:D29 处于被选中状态，用鼠标人工重新选取单元格区域 D5:D28，如图 5-46 所示。

COUNTIF =AVERAGE(D5:D28)

	A	B	C	D	E	F	
4	员工编号	姓名	所属部门	基本工资	行政工资	奖金	应发
5	001	王小超	办公室	2500	2500	1000	
6	002	李春凤	办公室	500	500	1200	
7	003	谢东洁	财务部	1700	1200	200	
8	004	林伟	工程部	1800	2500	1000	
9	005	姜凡	工程部	1300	1200	342.5	
10	006	郑川	工程部	800	800	450	
11	007	符霞	销售部	500	500	300	
12	008	江丽丽	销售部	1300	1200	5000	
13	009	邓强	工程部	1000	800	4000	
14	010	倪世萍	财务部	1000	800	3000	
15	011	王欢	市场部	600	500	2300	
16	012	孟雪冬	市场部	1000	800	1100	
17	013	宋丽	市场部	800	500	400	
18	014	吴艳	工程部	600	500	700	
19	015	周东驰	销售部	2500	2500	400.5	
20	016	徐智东	销售部	600	500	500	
21	017	张博蓝	销售部	600	500	600	
22	018	李京京	销售部	800	500	3000	
23	019	王驰秋	办公室	500	500	1400	
24	020	陈莲	市场部	500	500	3000	
25	021	赵小捷	技术支持部	500	500	2300	
26	022	袁强强	技术支持部	500	500	1230	
27	023	彭冬梅	办公室	500	500	3122	
28	024	曾锐捷	销售部	1600	1200	2100.5	
29							
30		各项平均值		=AVERAGE(D5:D28)			
31		各项最大值		AVERAGE(number1, [number2], ...)			
32		各项最小值					

图5-46　在单元格D30中求平均值

（3）按【Enter】键确认参数选取，完成公式输入。

（4）快速完成各数据列的平均值的计算。选中单元格 D30，将鼠标移到“填充句柄”时，会出现“+”形状，拖动“填充句柄”到单元格 L30 即可。完成效果如图 5-42 所示。

【第六步】计算各数据列的最大值

（1）选定目标单元格。用鼠标选中将要输入公式的单元格 D31，使其成为活动单元格。

（2）使用“最大值”命令。打开“公式”选项卡的功能区，用鼠标单击“函数库”组中“自动求和”按钮 Σ 自动求和 右边的下拉菜单按钮，在下拉菜单中选择“最大值”命令。此时，“编辑栏”中自动填入以等号开头的求最大值函数“=MAX(D30)”，工作表中单元格 D30 处于被选中状态，用鼠标人工重新选取单元格区域 D5:D28，如图 5-47 所示。

（3）按【Enter】键确认参数选取，完成公式输入。

（4）快速完成各数据列的最大值的计算。选中单元格 D31，将鼠标移到“填充句柄”时，会出现“+”形状，拖动“填充句柄”到单元格 L31 即可。完成效果如图 5-42 所示。

【第七步】计算各数据列的最小值

（1）选定目标单元格。用鼠标选中将要输入公式的单元格 D32，使其成为活动单元格。

（2）使用“最小值”命令。打开“公式”选项卡的功能区，用鼠标单击“函数库”组中“自动求和”按钮 Σ 自动求和 右边的下拉菜单按钮，在下拉菜单中选择“最小值”命令。此时，“编辑栏”中自动填入以等号开头的求最小值函数“=MIN(D30:D31)”，工作表中单元格区域

D30:D31 处于被选中状态，用鼠标人工重新选取单元格区域 D5:D28，如图 5-48 所示。

（3）按【Enter】键确认参数选取，完成公式输入。

（4）快速完成各数据列的最小值的计算。选中单元格 D32，将鼠标移到“填充句柄”时，会出现“+”形状，拖动“填充句柄”到单元格 L32 即可。完成效果如图 5-42 所示。

=MAX(D5:D28)

B	C	D	E	F	
姓名	所属部门	基本工资	行政工资	奖金	应
王小超	办公室	2500	2500	1000	
李春凤	办公室	500	500	1200	
谢东洁	财务部	1700	1200	200	
林伟	工程部	1800	2500	1000	
姜凡	工程部	1300	1200	342.5	
郑川	工程部	800	800	450	
符霞	销售部	500	500	300	
江丽丽	销售部	1300	1200	5000	
邓强	工程部	1000	800	4000	
倪世萍	财务部	1000	800	3000	
王欢	市场部	600	500	2300	
孟雪冬	市场部	1000	800	1100	
宋丽	市场部	800	500	400	
吴艳	工程部	600	500	700	
周东驰	销售部	2500	2500	400.5	
徐智东	销售部	600	500	500	
张博蓝	销售部	600	500	600	
李京京	销售部	800	500	3000	
王驰秋	办公室	500	500	1400	
陈莲	市场部	500	500	3000	
赵小捷	技术支持部	500	500	2300	
袁强强	技术支持部	500	500	1230	
彭冬梅	办公室	500	500	3122	
曾锐捷	销售部	1600	1200	2100.5	
各项平均值		1000	916.6667	1610.2	3
各项最大值		=MAX(D5:D28)			
各项最小值		MAX(number1, [number2], ...)			
数		基本工资大于1700的人数			

图5-47　在单元格D31中求最大值

=MIN(D5:D28)

B	C	D	E	F	
姓名	所属部门	基本工资	行政工资	奖金	应
王小超	办公室	2500	2500	1000	
李春凤	办公室	500	500	1200	
谢东洁	财务部	1700	1200	200	
林伟	工程部	1800	2500	1000	
姜凡	工程部	1300	1200	342.5	
郑川	工程部	800	800	450	
符霞	销售部	500	500	300	
江丽丽	销售部	1300	1200	5000	
邓强	工程部	1000	800	4000	
倪世萍	财务部	1000	800	3000	
王欢	市场部	600	500	2300	
孟雪冬	市场部	1000	800	1100	
宋丽	市场部	800	500	400	
吴艳	工程部	600	500	700	
周东驰	销售部	2500	2500	400.5	
徐智东	销售部	600	500	500	
张博蓝	销售部	600	500	600	
李京京	销售部	800	500	3000	
王驰秋	办公室	500	500	1400	
陈莲	市场部	500	500	3000	
赵小捷	技术支持部	500	500	2300	
袁强强	技术支持部	500	500	1230	
彭冬梅	办公室	500	500	3122	
曾锐捷	销售部	1600	1200	2100.5	
各项平均值		1000	916.6667	1610.2	3
各项最大值		2500	2500	5000	
各项最小值		=MIN(D5:D28)			
数		MIN(number1, [number2], ...)			

图5-48　在单元格D32中求最小值

【第八步】计算员工总人数

（1）选定目标单元格。用鼠标选中将要输入公式的单元格 B33，使其成为活动单元格。

（2）使用“计数”命令。打开“公式”选项卡的功能区，用鼠标单击“函数库”组中“自动求和”按钮 Σ 自动求和 右边的下拉菜单按钮，在下拉菜单中选择“计数”命令。此时，“编辑栏”中自动填入以等号开头的计数函数“=COUNT()”，工作表中没有单元格区域处于被选中状态，用鼠标人工重新选取单元格区域 B5:B28，在处于编辑状态的“编辑栏”或单元格 B33 中将函数改成“COUNTA()”，如图 5-49 所示。

（3）按【Enter】键确认参数选取，完成公式输入。完成效果如图 5-42 所示。

COUNTIF　=COUNTA(B5:B28)

	A	B	C	D	E
4	员工编号	姓名	所属部门	基本工资	行政工
5	001	王小超	办公室	2500	2
6	002	李春凤	办公室	500	
7	003	谢东洁	财务部	1700	1
8	004	林伟	工程部	1800	2
9	005	姜凡	工程部	1300	1
10	006	郑川	工程部	800	
11	007	符霞	销售部	500	
12	008	江丽丽	销售部	1300	1
13	009	邓强	工程部	1000	
14	010	倪世萍	财务部	1000	
15	011	王欢	市场部	600	
16	012	孟雪冬	市场部	1000	
17	013	宋丽	市场部	800	
18	014	吴艳	工程部	600	
19	015	周东驰	销售部	2500	2
20	016	徐智东	销售部	600	
21	017	张博蓝	销售部	600	
22	018	李京京	销售部	800	
23	019	王驰秋	办公室	500	
24	020	陈莲	市场部	500	
25	021	赵小捷	技术支持部	500	
26	022	袁强强	技术支持部	500	
27	023	彭冬梅	办公室	500	
28	024	曾锐捷	销售部	1600	1
29					
30		各项平均值		1000	916.6
31		各项最大值		2500	2
32		各项最小值		500	
33	员工总人数	=COUNTA(B5:B28)		基本工资大于1	
34		COUNTA(value1, [value2], ...)			

员工工资表（计算）　员工信息表（排序）　员工工

图5-49　在单元格B33中计数

两个计数函数是有区别的。函数“COUNT()”是计算区域中仅包含数字的单元格个数，函数“COUNTA()”是计算区域中非空单元格的个数。对员工进行计数一般使用“姓名”数据列中的数据，这样便于理解。

在单元格里双击或在编辑栏单击，当出现一个“I”形的闪烁光标时，表示可以对单元格或编辑栏里的公式和函数进行编辑修改。

【第九步】计算满足条件的员工人数

（1）选定目标单元格。用鼠标选中将要输入公式的单元格 G33，使其成为活动单元格。

（2）打开“插入函数”对话框。有以下两种常用方法可完成该操作（“插入函数”对话框如图 5-50 所示）：

① 打开“公式”选项卡的功能区，用鼠标单击“函数库”组中的“插入函数”按钮。

② 用鼠标单击编辑栏左边的“插入函数”按钮。

（3）选取所需要的函数。在“或选择类别”列表中选取“统计”，在“选择函数”列表中选择“COUNTIF”（如图 5-51 所示），单击“确定”按钮。

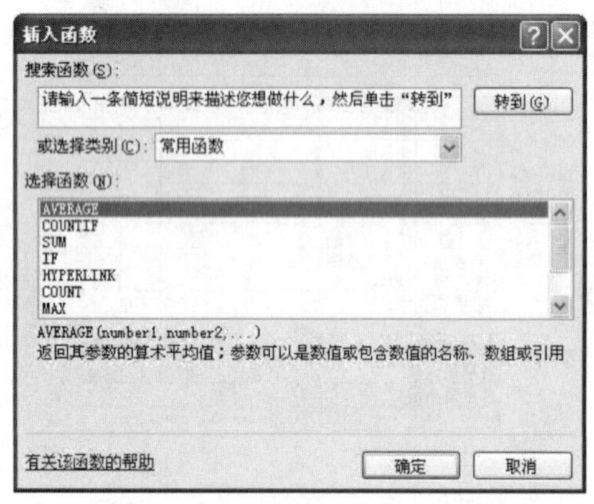

图5-50 “插入函数”对话框

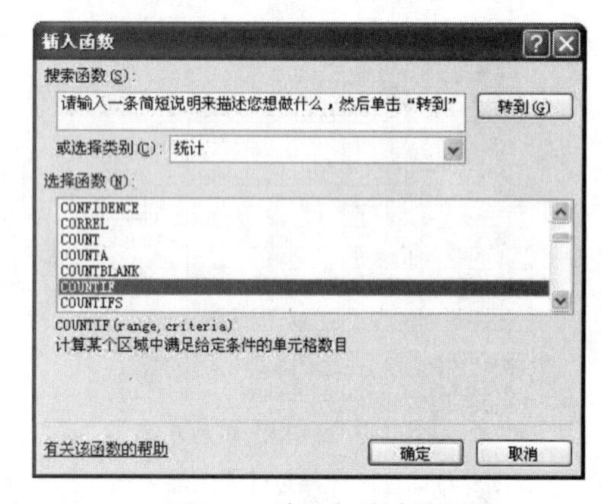

图5-51 选取条件计数函数

（4）在“函数参数”对话框中进行函数的参数设置。在打开的“函数参数”对话框中，用鼠标单击第一个参数编辑框右边的“折叠对话框”按钮，对话框缩小显示，进入当前工作表，如图 5-52 所示。选取单元格区域 D5:D28，再单击缩小的对话框右边的“折叠对话框”按钮，对话框恢复显示，并且第一个参数自动填入，在第二个参数编辑框中输入计数条件“">1700"”，如图 5-53 所示。

（5）按【Enter】键或“确定”按钮完成公式的输入。完成效果如图 5-42 所示。

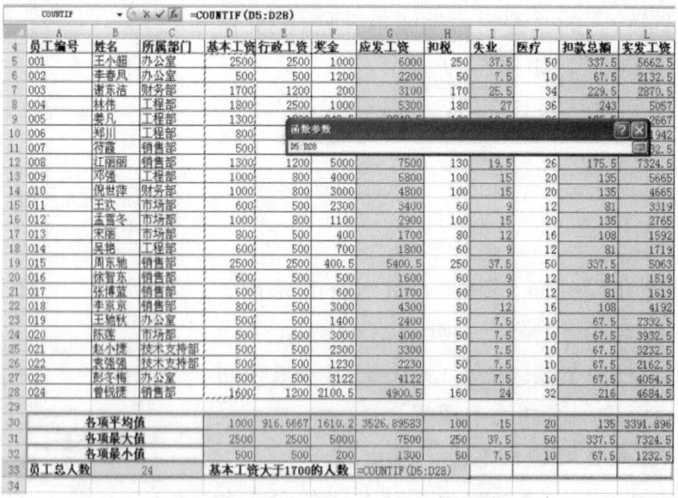

COUNTIF =COUNTIF(D5:D28)

	A	B	C	D	E	F	G	H	I	J	K	L
4	员工编号	姓名	所属部门	基本工资	行政工资	奖金	应发工资	扣税	失业	医疗	扣款总额	实发工资
5	001	王小超	办公室	2500	2500	1000	6000	250	37.5	50	337.5	5662.5
6	002	李春凤	办公室	500	500	1200	2200	50	7.5	10	67.5	2132.5
7	003	谢东洁	财务部	1700	1200	200	3100	170	25.5	34	229.5	2870.5
8	004	林伟	工程部	1800	2500	1000	5300	180	27	36	243	5057
9	005	姜凡	工程部	1300	[illegible]	[illegible]	[illegible]	[illegible]	[illegible]	[illegible]	[illegible]	2667
10	006	郑川	工程部	800	[illegible]	[illegible]	[illegible]	[illegible]	[illegible]	[illegible]	[illegible]	1942
11	007	符霞	销售部	500	[illegible]	[illegible]	[illegible]	[illegible]	[illegible]	[illegible]	[illegible]	[illegible]
12	008	江丽丽	销售部	1300	1200	5000	7500	130	19.5	26	175.5	7324.5
13	009	邓强	工程部	1000	800	4000	5800	100	15	20	135	5665
14	010	倪世萍	财务部	1000	800	3000	4800	100	15	20	135	4665
15	011	王欢	市场部	600	500	2300	3400	60	9	12	81	3319
16	012	孟雪冬	市场部	1000	800	1100	2900	100	15	20	135	2765
17	013	宋丽	市场部	800	500	400	1700	80	12	16	108	1592
18	014	吴艳	工程部	600	500	700	1800	60	9	12	81	1719
19	015	周东驰	销售部	2500	2500	400.5	5400.5	250	37.5	50	337.5	5063
20	016	徐智东	销售部	600	500	500	1600	60	9	12	81	1519
21	017	张博蓝	销售部	600	500	600	1700	60	9	12	81	1619
22	018	李京京	销售部	800	500	3000	4300	80	12	16	108	4192
23	019	王驰秋	办公室	500	500	1400	2400	50	7.5	10	67.5	2332.5
24	020	陈莲	市场部	500	500	3000	4000	50	7.5	10	67.5	3932.5
25	021	赵小捷	技术支持部	500	500	2300	3300	50	7.5	10	67.5	3232.5
26	022	袁强强	技术支持部	500	500	1230	2230	50	7.5	10	67.5	2162.5
27	023	彭冬梅	办公室	500	500	3122	4122	50	7.5	10	67.5	4054.5
28	024	曾锐捷	销售部	1600	1200	2100.5	4900.5	160	24	32	216	4684.5
29												
30		各项平均值		1000	916.6667	1610.2	3526.89583	100	15	20	135	3391.896
31		各项最大值		2500	2500	5000	7500	250	37.5	50	337.5	7324.5
32		各项最小值		500	500	200	1300	50	7.5	10	67.5	1232.5
33	员工总人数	24		基本工资大于1700的人数			=COUNTIF(D5:D28)					
34												

函数参数
D5:D28

图5-52 在工作表中选取函数的参数

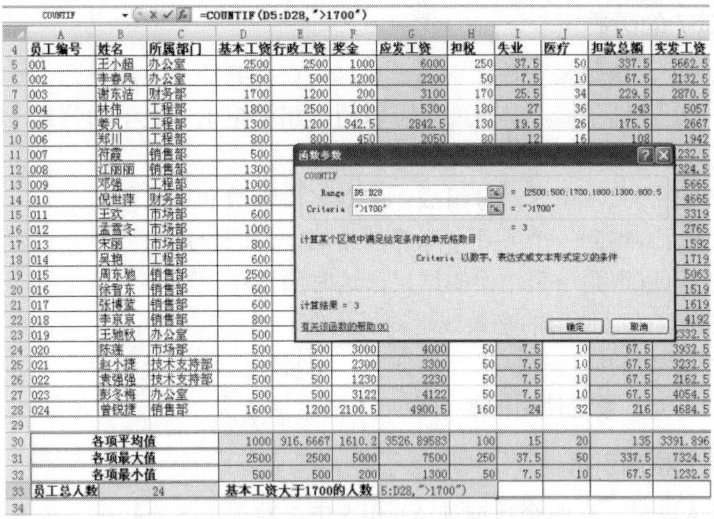

图5-53　函数的参数的设置

通过上面的学习，实现了在“员工资料（计算与管理）”工作簿中对“员工工资表（计算）”工作表进行了计算处理，为了灵活运用所学知识，现将相关知识介绍如下。

1. Excel 2007 的公式

公式是在工作表中对数据进行计算的等式，它由一个等号、若干个数据项和若干连接数据项的运算符组成。等号“=”是在公式的最前面，后面数据项与运算符交替出现。等号“=”是公式的标志，可以用来构成公式的数据项有：常量数值，如 22、-4.44、"年龄" 等；单元格引用，如 A1、A1、A1:B5 等；Excel 内置函数，如 SUM()、AVERAGE()、COUNTA() 等。公式中的运算符主要包含 4 种：算术运算符、比较运算符、文本运算符和引用运算符，其常见应用如表 5-1 所示。

表 5-1　常见运算符及应用举例

分　类	运算符号	含　义	应用举例
算术运算符	+	加	12+21.3
	-（减号）	减	A3-34
	-（负号）	负数	-45
	*	乘	6*7
	/	除	20/6
比较运算符	=	两边数据项相等为真，否则为假	A1=A2
	>	左边数据项大于右边数据项时为真，否则为假	A1>A2
	>=	左边数据项大于等于右边数据项时为真，否则为假	A1>=A2
	<	左边数据项小于右边数据项时为真，否则为假	A1<A2
	<=	左边数据项小于等于右边数据项时为真，否则为假	A1<=A2
文本运算符	&	将两个字符串连接起来，产生一个连续的字符串	"中国"&"人民"
引用运算符	:	区域运算符。两个引用单元格之间的区域引用	A1:A5
	,	联合运算符。可作为参数分隔符	Sum(a1:a5, b1:b5)

2. Excel 2007 的函数

在 Excel 2007 中，函数是一种预置的公式，它在得到输入值后就会执行运算，完成指定的操作任务，然后返回结果值，其目的是可以简化和缩短工作表中的公式，特别适用于执行繁长或复杂的公式。

函数作为特殊的公式，由 3 部分组成：函数名、参数和返回值。

函数通过运算后，得到一个或几个运算的结果，返回给用户或公式。如果提供的参数不合理，函数运算后可以得到一个错误的结果，这时函数将返回一个错误值，如返回错误值为“#VALUE!”，则表示此时使用的参数或运算操作符与数据项不匹配。

Excel 2007 按函数的应用类型进行了分类，如常用函数、全部函数、财务函数、日期函数与时间函数等 13 类。最近使用的函数会归入常用函数类。

3. 公式中单元格的引用

对于公式“=A1+5”，在两个数据项 A1 和 5 中，数据项 5 直接参与公式的运算，这是很好理解的，可是数据项 A1 表示什么含义呢？A1 代表一个单元格，“A”是工作表里列的编号，一般从“A”开始依次顺序编号；“1”是工作表里行的编号，一般从“1”开始依次顺序编号；A1 就对应工作表的第一行第一列的单元格。实际上，“=A1+5”是指从当前工作表的 A1 单元格中取出数据，由单元格 A1 中的数据参与运算。这就是 Excel 2007 的单元格引用。

通过单元格的引用，可以在公式中使用工作表中不同部分的数据，也可以使用同一工作簿中不同工作表中的数据，甚至不同工作簿中的数据。读者可以试一试。

公式中单元格的引用分为 3 类。

单元格或单元格区域的相对引用是最常用的一种。在默认状态下，Excel 2007 使用的是相对引用。在公式中，对一个单元格的相对引用是指该单元格与公式所在单元格的相对位置。例如，用户在单元格 C4 中输入了公式“=A1+5”，单元格 A1 在公式中是相对引用，Excel 2007 内部处理这个公式时，把位置 A1 理解为是在单元格 C4 所在行上面 3 个单元格和 C4 所在列左边 2 个单元格的位置，并从中取出数据参与公式计算。复制公式本质上复制的是公式对单元格引用的相对位置。

公式中引用的单元格都是其在工作表中的固定位置，与公式所在的位置无关，这种引用方式称为绝对引用。如“A1”就表示单元格 A1 是绝对引用的，当复制引用它的公式时，“A1”始终不变。

还有一种引用，在公式被复制到另一个单元格时，相对引用的单元格位置被更新，绝对引用的单元格位置则保持不变。利用这一特点，在一个公式中，不希望单元格位置被更改的部分可采用绝对引用，而需要相应更新位置的部分可采用相对引用，这种引用方式称为混合引用，如公式“=A1+B3”就是一个混合引用。

4.“选择性粘贴”命令的使用

在单元格中除了数据之外，还有单元格的格式，甚至还可能有批注或公式，那么将一个单元格或单元格区域，从一个位置复制到另一个位置时，有时需要全部复制，但有时却只需要复制它们的公式、数值、格式、批注或有效性验证，还有时希望“粘贴”后与目标位置的原数据进行某些简单的运算。这时，就要使用到“选择性粘贴”命令了。它的使用方法很简单，读者可以试一试，如图 5-54 所示。

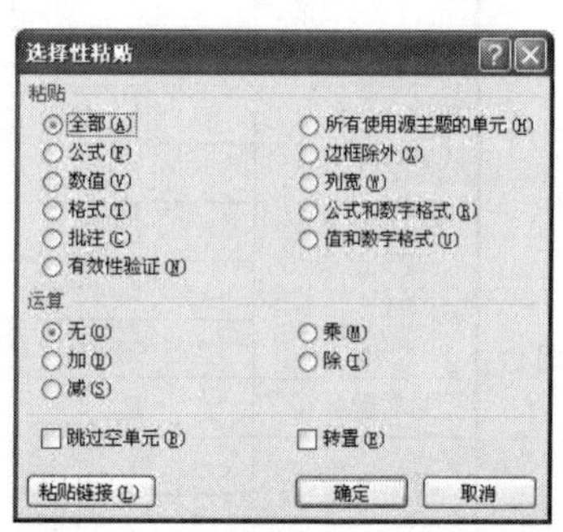

图5-54 “选择性粘贴”对话框

实战训练

1. 打开“员工资料（计算与管理）”工作簿，用公式和函数按下列操作要求对“实训（计算）”工作表进行计算，并保存工作簿。

（1）计算出每个学生的总分及平均分。

（2）计算各科的总分、平均分、最高分、最低分及及格率。

（3）计算班级总人数。

（4）计算德育大于 80 分的人数。

2. 公式和函数在实际工作中应用很广泛，请读者尝试以下操作。

（1）IF 函数的嵌套使用。

当判断条件不止一个时，可以采用 IF 函数的嵌套计算功能来完成任务。函数格式为“=IF（表达式,为真时的值,为假时的值）”。例如，“=IF(D10>=90,"优秀",IF(D10>=80,"良",IF(D10>=60, "合格","不合格")))”，如果单元格 D10 的值为 59，此时公式返回的值为“不合格”。

（2）跨工作表（簿）数据计算。

任务 2　管理电子表格的数据

任务内容

在该任务中我们主要完成以下 3 个方面的学习。

- 对数据表中的记录排序；
- 对数据表中的记录进行筛选；
- 对数据表中的记录进行分类汇总。

任务分析

排序能对工作表里的数据进行升序或降序的排列；筛选能使用户从大量的数据中提取所需要的部分；分类汇总能在按某一字段对记录进行排序分类的同时，对同一类中的记录进行某些方面的统计计算。通过对本任务的学习，要理解并能熟练操作 Excel 2007 的常用数据管理功能，如排序、筛选、分类汇总等。本任务分为以下几个步骤进行。

✧ 对“员工信息表（排序）”工作表进行排序；

✧ 对“员工工资表（筛选）”工作表进行筛选；

✧ 对“员工工资表（分类汇总）”工作表进行分类汇总。

本任务的效果图如图 5-55 所示。

任务实施步骤

打开“员工资料（计算与管理）”工作簿，以下任务就是在该工作簿中完成的。

【第一步】对“员工信息表（排序）”工作表进行排序

使“员工信息表（排序）”成为当前工作表。本步骤排序要求：按主关键字“所属部门”的升序排序，当所属部门相同时，再按次关键字“出生日期”的降序排序。

（1）选取将要排序的数据表格（数据清单）。用鼠标单击数据表中任意一条记录的任一单元格。

（2）打开“排序”对话框并设置相关的参数。打开“数据”选项卡的功能区，单击“排序和筛选”组中的“排序”按钮，打开“排序”对话框。设置完主要关键字“所属部门”的相关参数后，单击上方的“添加条件”按钮 添加条件(A)。设置完次要关键字“出生日期”的相关参数后（如图5-56所示），单击“确定”按钮，效果图如图5-55所示。

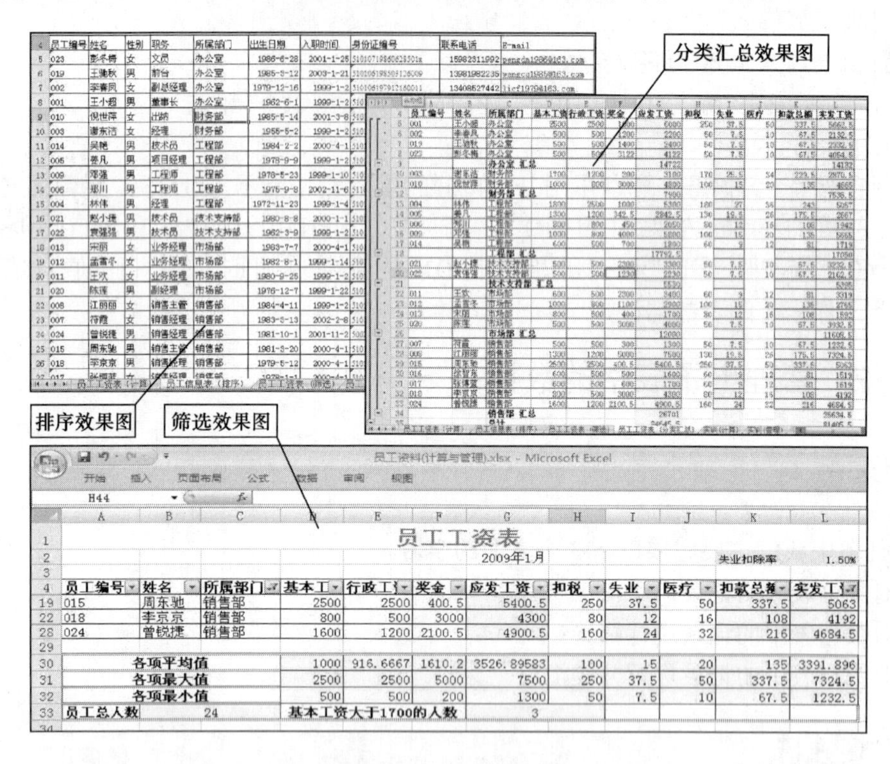

图5-55　任务2的效果图

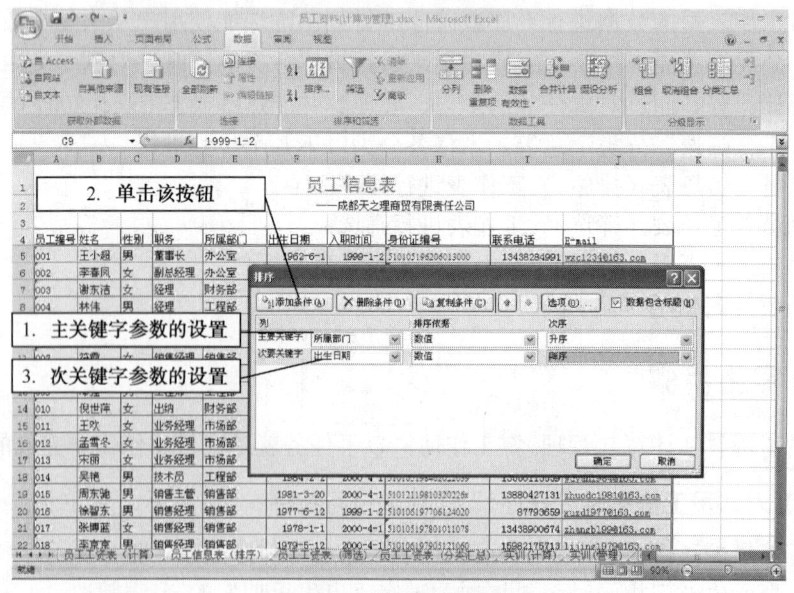

图5-56　排序参数的设置

小提示

打开“排序”对话框的另一常用方法：打开“开始”选项卡的功能区，单击“编辑”组中的“排序和筛选”按钮，在弹出的下拉菜单中选取“自定义排序”命令即可。

直接指定数据表记录按某一关键字的升降序排列的方法：单击关键字所在列的数据区，单击“开始”选项卡“编辑”组中的“排序和筛选”按钮，弹出下拉菜单，按要求选择“升序”或“降序”命令即可。也可使用“数据”选项卡“排序和筛选”组中的“升序”按钮和“降序”按钮。

【第二步】对“员工工资表（筛选）”工作表进行筛选

使“员工工资表（筛选）”成为当前工作表，将“员工工资表（计算）”工作表的数据复制到该表中。本步骤筛选要求：筛选出“所属部门”为销售部，“实发工资”在3 000～6 000之间的员工记录。

（1）选取将要筛选的数据表格。单击数据表中任意一条记录的任一单元格。

（2）筛选出“所属部门”为销售部的记录。打开“数据”选项卡的功能区，单击“排序和筛选”组中的“筛选”按钮。此时，数据表表头中的每个列标题内的右边出现一个按钮，单击“所属部门”列标题右边的按钮，弹出下拉菜单，在该菜单的下方只勾选“销售部”，单击“确定”按钮，如图5-57所示。

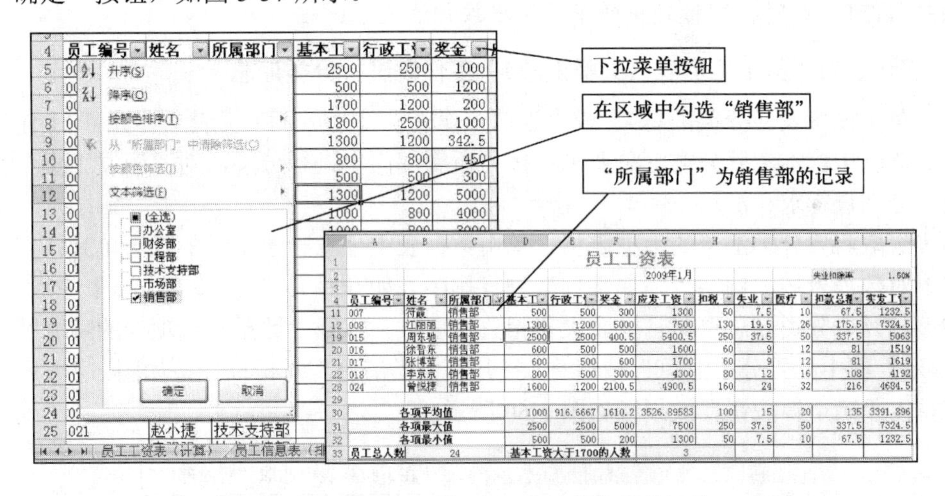

图5-57　筛选出“所属部门”为销售部的记录

小提示

对数据表启用筛选的另一种方法：打开“开始”选项卡的功能区，单击“编辑”组中的“排序和筛选”按钮，弹出下拉菜单，选取“筛选”命令即可。

（3）筛选出“实发工资”在3 000～6 000之间的员工记录。单击“实发工资”列标题右边的按钮，弹出下拉菜单，在该菜单中选择“数字筛选”命令，再选择“介于”或“自定义筛选”命令，打开“自定义自动筛选方式”对话框，在该对话框中进行如图5-58所示的设置，单击“确定”按钮，效果图如图5-55所示。

员工工资表

2009年1月　　　　失业扣除率 1.50%

所属部门	基本工	行政工	奖金	应发工资	扣税	失业	医疗	扣款总额	实发工
销售部	500	500	300					67.5	1232.5
销售部	1300	1200	5000					175.5	7324.5
销售部	2500	2500	400.5					337.5	5063
销售部	600	500	500					81	1519
销售部	600	500	600					81	1619
销售部	800	500	3000					108	4192
销售部	1600	1200	2100.5					216	4684.5
值	1000	916.6667	1610.2	3				135	3391.896
值	2500	2500	5000					337.5	7324.5
值	500	500	200					67.5	1232.5
24	基本工资大于1700的人数			3					

自定义自动筛选方式

显示行：

实发工资

大于　3000

⊙与(A)　○或(O)

小于　6000

可用 ? 代表单个字符

用 * 代表任意多个字符

确定　取消

图5-58　“实发工资”列的参数设置

筛选后，让数据表中所有数据都显示出来的方法：打开“数据”选项卡的功能区，单击“排序和筛选”组中的“清除”按钮![清除]即可。此时，列标题中的下拉菜单按钮还在。

退出筛选的方法：打开“数据”选项卡的功能区，再次单击“排序和筛选”组中的“筛选”按钮即可。此时，列标题中的下拉菜单按钮消失了。

【第三步】对“员工工资表（分类汇总）”工作表进行分类汇总

使“员工工资表（分类汇总）”成为当前工作表，将“员工工资表（计算）”工作表的数据复制到该表中。本步骤分类汇总要求：按“所属部门”进行分类，对“应发工资”和“实发工资”分别进行求和汇总。

（1）选取将要分类汇总的数据表格。单击数据表中任意一条记录的任一单元格。

（2）对数据表按关键字“所属部门”进行排序（如升序）。参照【第一步】完成。

（3）打开“分类汇总”对话框并设置相关的参数。打开“数据”选项卡的功能区，单击“分级显示”组中的“分类汇总”按钮，打开“分类汇总”对话框，按如图5-59所示进行设置，单击“确定”按钮，效果图如图5-60所示。

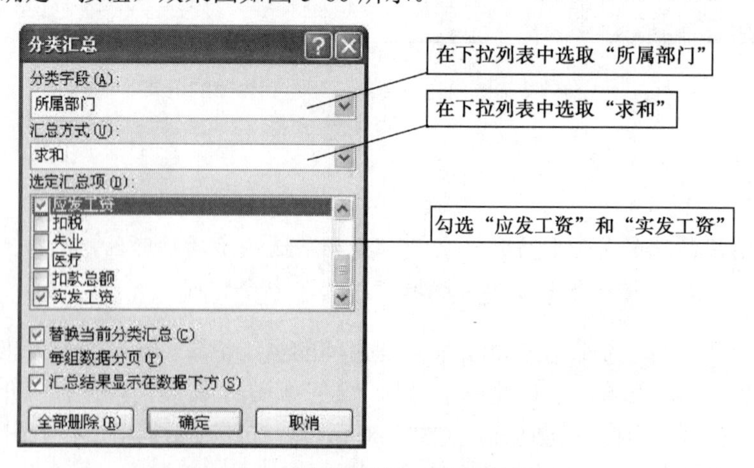

图5-59　“分类汇总”对话框的设置

	A	B	C	D	E	F	G	H	I	J	K	L
4	员工编号	姓名	所属部门	基本工资	行政工资	奖金	应发工资	扣税	失业	医疗	扣款总额	实发工资
5	001	王小超	办公室	2500	2500	1000	6000	250	37.5	50	337.5	5662.5
6	[illegible]	[illegible]	[illegible]	500	500	1200	2200	50	7.5	10	67.5	2132.5
7	[illegible]	[illegible]	[illegible]	500	500	1400	2400	50	7.5	10	67.5	2332.5
8	023	彭冬梅	办公室	500	500	3122	4122	50	7.5	10	67.5	4054.5
9			办公室 汇总				14722					14182
10	003	谢东洁	财务部	1700	1200	200	3100	170	25.5	34	229.5	2870.5
11	010	倪世萍	财务部	1000	800	3000	4800	100	15	20	135	4665
12			财务部 汇总				7900					7535.5
13	004	[illegible]	[illegible]	[illegible]	[illegible]	[illegible]	5300	180	27	36	243	5057
14	005	[illegible]	[illegible]	[illegible]	[illegible]	[illegible]	2842.5	130	19.5	26	175.5	2667
15	006	[illegible]	[illegible]	[illegible]	[illegible]	[illegible]	2050	80	12	16	108	1942
16	009	邓强	工程部	1000	800	4000	5800	100	15	20	135	5665
17	014	吴艳	工程部	600	500	700	1800	60	9	12	81	1719
18			工程部 汇总				17792.5					17050
19	021	赵小捷	技术支持部	500	500	2300	[illegible]	[illegible]	[illegible]	[illegible]	[illegible]	3232.5
20	022	袁强强	技术支持部	500	500	1230	2230	50	7.5	10	67.5	2162.5
21			技术支持部 汇总				5530					5395
22	011	王欢	市场部	600	500	2300	3400	60	9	12	81	3319
23	012	孟雪冬	市场部	1000	800	1100	2900	100	15	20	135	2765
24	013	宋丽	市场部	800	500	400	1700	80	12	16	108	1592
25	020	陈莲	市场部	500	500	3000	4000	50	7.5	10	67.5	3932.5
26			市场部 汇总				12000					11608.5
27	007	符霞	销售部	500	500	300	1300	50	7.5	10	67.5	1232.5
28	008	[illegible]	[illegible]	[illegible]	[illegible]	5000	7500	130	19.5	26	175.5	7324.5
29	015	[illegible]	[illegible]	[illegible]	[illegible]	[illegible]	5400.5	250	37.5	50	337.5	5063
30	016	徐智东	销售部	600	500	500	1600	60	9	12	81	1519
31	017	张博蓝	销售部	600	500	600	1700	60	9	12	81	1619
32	018	李京京	销售部	800	500	3000	4300	80	12	16	108	4192
33	024	曾锐捷	销售部	1600	1200	2100.5	4900.5	160	24	32	216	4684.5
34			销售部 汇总				26701					25634.5
35			总计				84645.5					81405.5

图5-60　分类汇总效果图及说明

图 5-60 左上角的 3 个分级显示按钮的功能如下：单击第 1 级按钮，只显示总的汇总结果，不显示明细；单击第 2 级按钮，只显示总的汇总结果和各分类的汇总结果，不显示明细；单击第 3 级按钮，数据表全部显示出来。

删除分类汇总的方法：打开“数据”选项卡，单击“分级显示”组中的“分类汇总”按钮，打开“分类汇总”对话框，单击“全部删除”按钮全部删除(R)即可。

1．关键字大小规则

在排序时，Excel 2007 比较关键字大小的规则如表 5-2 所示。

表 5-2　比较关键字大小的规则

关键字类型	规 则 说 明
数值型关键字	按通常数的大小关系规则。比如，一个正数大于 0 或任意负数
字符型关键字	按字符串中相同位置的字符进行比较。常用字符的大小关系为数字<字符<大写字母<小写字母<汉字，如 7B<AX<B0<B9<a8<az
日期型关键字	按通常的日历时间的大小规则。比如，2007-01-01 大于 2006-02-02

2．“文本筛选”命令、“数字筛选”命令和“日期筛选”命令

如果筛选的列为文本型数据，当单击列标题右边的按钮时，在弹出的下拉菜单中会出现“文本筛选”命令，单击它会出现“文本筛选”下拉菜单，如图 5-61 所示。

如果筛选的列为数值型数据，当单击列标题右边的按钮▾时，在弹出的下拉菜单中会出现“数字筛选”命令，单击它会出现“数字筛选”下拉菜单，如图5-61所示。

如果筛选的列为日期型数据，当单击列标题右边的按钮▾时，在弹出的下拉菜单中会出现“日期筛选”命令，单击它会出现“日期筛选”下拉菜单，如图5-61所示。

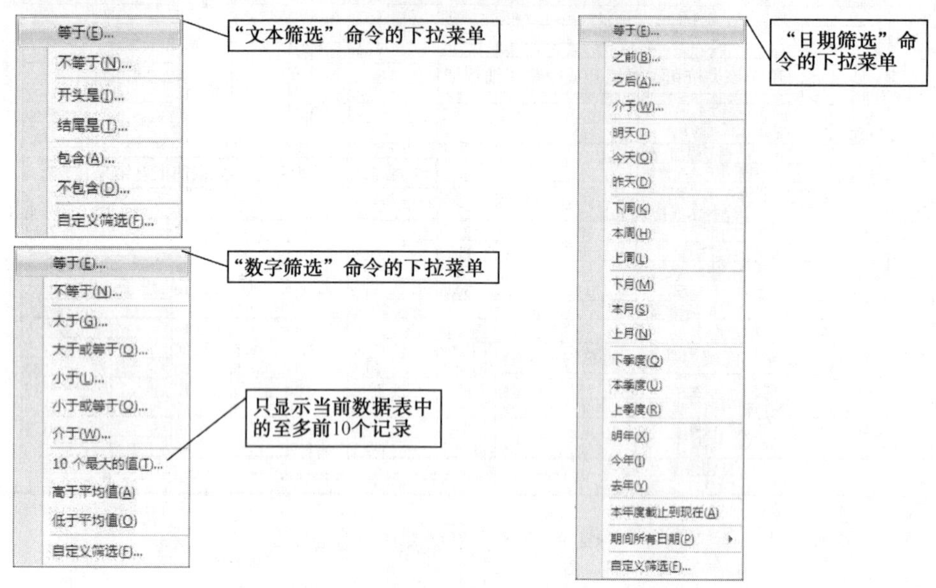

图5-61　“文本筛选”命令、“数字筛选”命令和“日期筛选”命令的下拉菜单

3．高级筛选

使用自动筛选能高效快捷地完成对数据表的筛选工作。但是，如果要进行筛选的条件较为复杂，自动筛选就显得有些无能为力了，这时就要用到高级筛选。

单击数据区的任一位置，打开“数据”选项卡的功能区，单击“排序和筛选”组中的“高级”按钮[高级]，打开“高级筛选”对话框，如图5-62所示。

条件区域的规则：同一行中的条件之间是逻辑“与”的关系，不同行中的条件之间是逻辑“或”的关系。读者可以试一试。

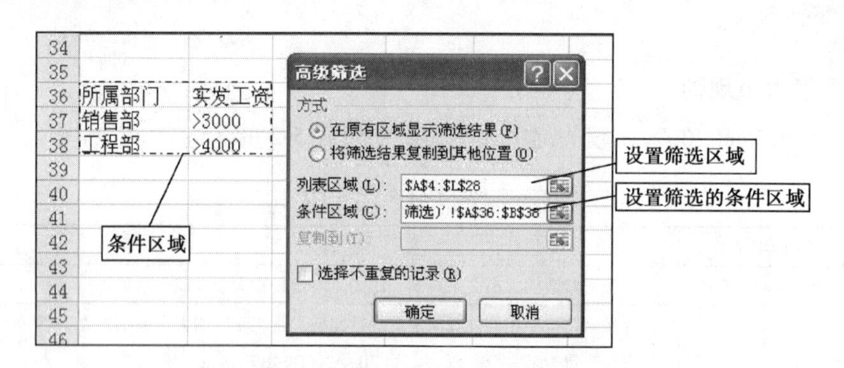

图5-62　“高级筛选”对话框的设置

4．“分类汇总”对话框中的3个复选框（如图5-59所示）的含义

“替换当前分类汇总”：选中时，将对选定的数据区域的全部记录进行重新汇总；取消时，将在原有的汇总基础上再进行分级汇总，这种方式叫做嵌套汇总。

“每组数据分页”：选中时，每一个分类的记录按页分开显示，即当显示新一分类时自动换一页；否则，分类连续显示。

“汇总结果显示在数据下方”：选中时，将汇总项及其汇总结果插入到对应分类记录的最后；否则，把汇总结果插入对应分类的第一条记录之前。

实战训练

1. 打开“员工资料（计算与管理）”工作簿，按下列操作要求对“实训（管理）”工作表中的数据进行管理（排序、筛选、分类汇总），并保存工作簿。

（1）按主关键字“户口所在地”的降序排序，当户口所在地相同时，再按次关键字“出生年月”的升序排序。

（2）筛选出农村户籍的男生。

（3）筛选出 1990 年 1 月 1 日之前出生的学生。

（4）筛选出“户口所在地”数据列中包含“区”的学生。

（5）按“户口所在地”进行分类，对“姓名”计数汇总。

2. 请读者尝试研究“组及分级显示”与“分类汇总”的使用方法。

学习单元5.3　电子表格的数据分析

在本学习单元中，将利用 Excel 2007 提供的数据图表和数据透视表工具，实现对“员工资料（分析）”工作簿里面的数据进行图形化和归类的综合分析。具体操作内容包括，对“员工工资表”中的数据进行三维簇状柱形图和饼图的分析，对“员工销售表”中的数据进行折线图分析，对“员工出勤表”中的数据进行数据透视表分析。

对“员工资料（分析）”工作簿中的数据进行分析的效果图如图 5-63 所示。

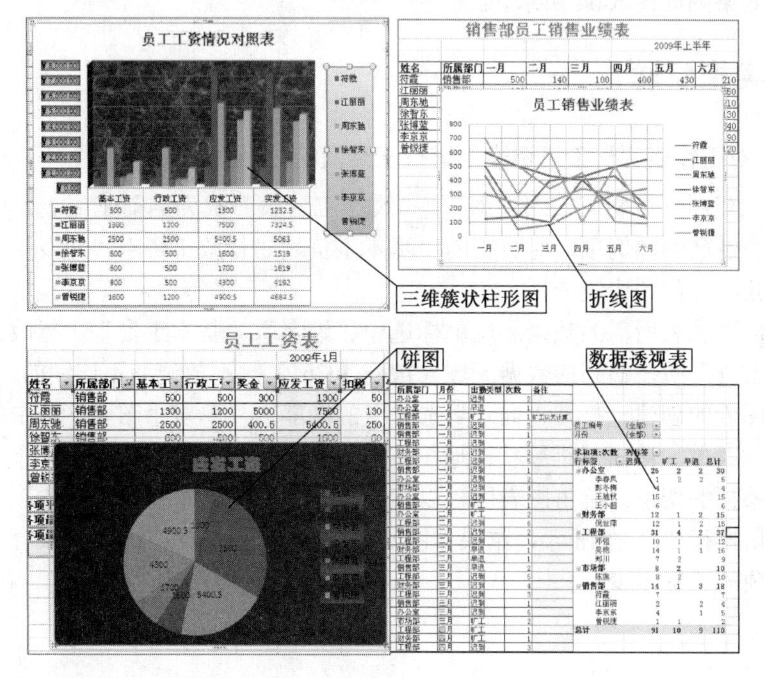

图5-63　本单元效果图

本学习单元的内容将分解为以下两个任务来完成：

- 数据图表的使用；
- 数据透视表的使用。

任务 1 数据图表的使用

任务内容

在该任务中我们主要完成以下 4 个方面的学习。

- 数据图表的创建；
- 数据图表的修改；
- 数据图表的格式化；
- 数据图表的类型。

任务分析

数据图表可以形象、直观地表示数值大小及变化趋势，并让数据与图表联系起来。通过对本任务的学习，使读者能够选择合适的图表类型来表示和说明数据的特点，掌握数据图表的创建、编辑及格式化等操作。

本任务分为以下几个步骤进行。

- 对工作表“员工工资表”进行三维簇状柱形图分析；
- 对工作表“员工工资表”进行饼图分析；
- 对工作表“员工销售表”进行折线图分析。

本任务的效果图如图 5-64 所示。

任务实施步骤

【第一步】对工作表“员工工资表”进行三维簇状柱形图分析

打开“员工资料（分析）”工作簿，使“员工工资表”成为当前工作表，完成如下操作任务：以员工的姓名为图例项，对员工的“基本工资”、“行政工资”、“应发工资”、“实发工资”进行三维簇状柱形图比较分析。

（1）选取数据图表所需的数据。用鼠标选中“姓名”、“基本工资”、“行政工资”、“应发工资”、“实发工资”所在的列的数据区域（按住【Ctrl】键不放选取不连续的列）。

（2）数据图表的创建。打开“插入”选项卡的功能区，单击“图表”组中的柱形图按钮，打开其下拉菜单，单击三维簇状柱形图按钮，结果如图 5-65 所示。

（3）数据系列的切换。单击图表区，以打开“图表工具”→“设计”选项卡，单击“数据”组中的“切换行/列”按钮，结果如图 5-66 所示。此时，在图表中很容易比较出各员工某一类工资项的工资多少。

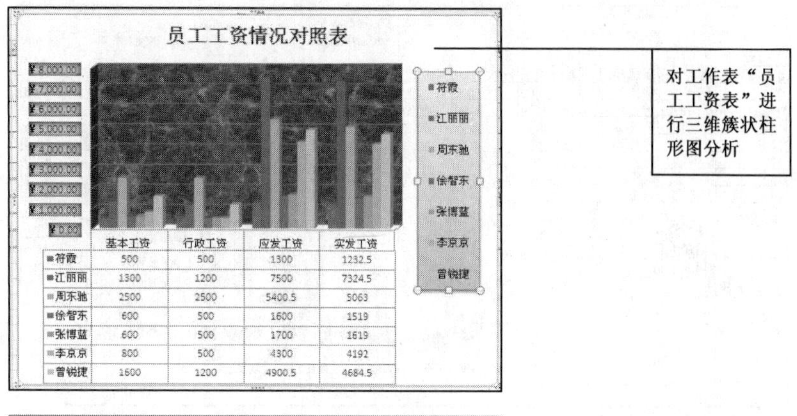

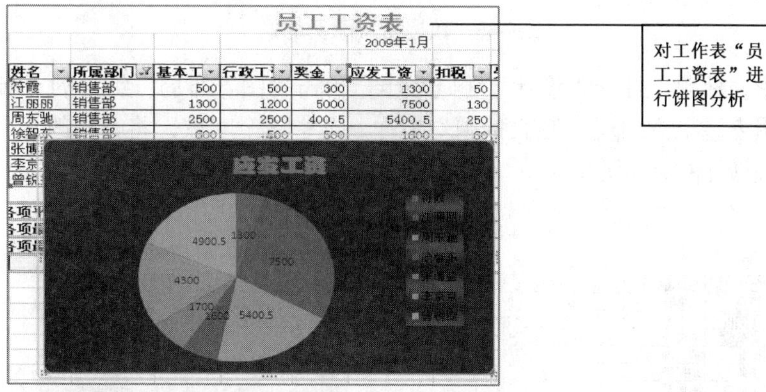

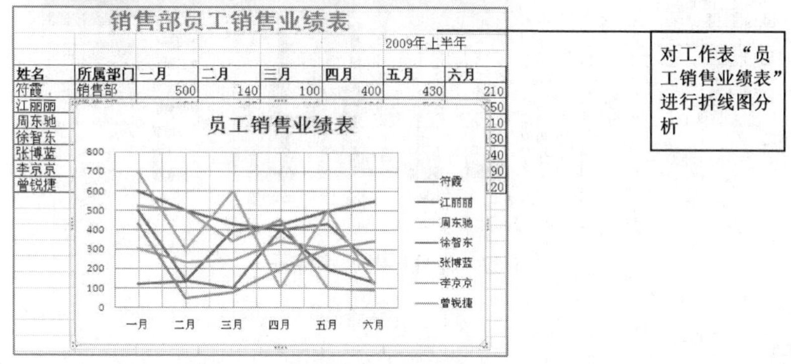

图5-64　任务1的效果图

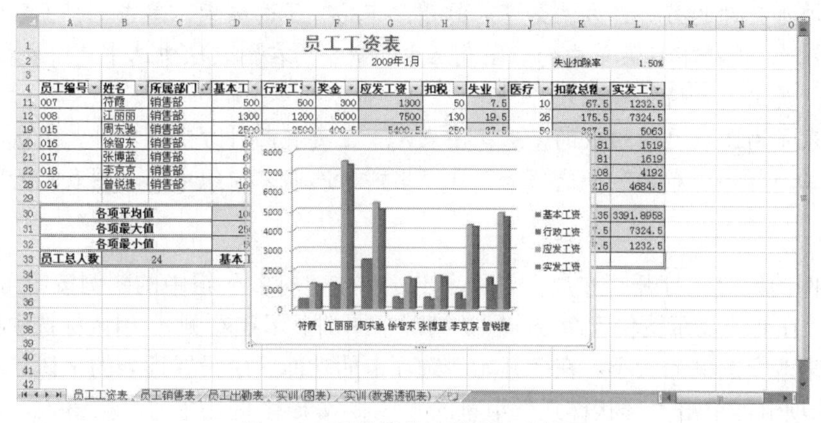

图5-65　三维簇状柱形图初步效果

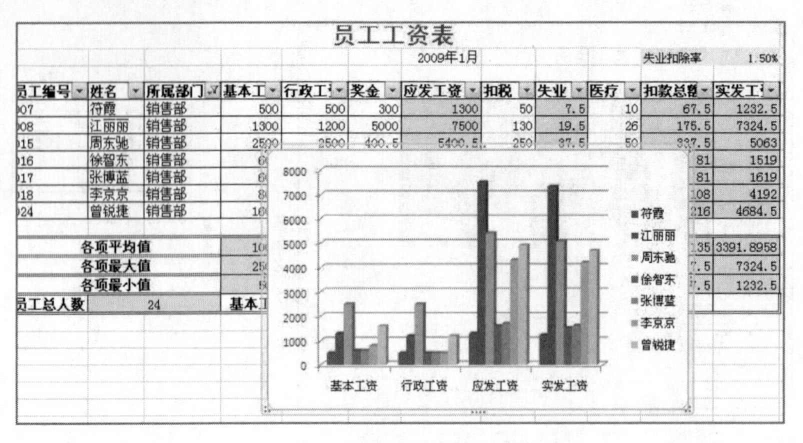

图5-66 数据图表行/列切换

（4）设置图表标题。打开“设计”子选项卡，单击“图表布局”组中的“布局 1” 按钮 。此时，在图表区上方出现“图表标题”字样，选中这个对象，将其修改为“员工工资情况对照表”，结果如图 5-67 所示。

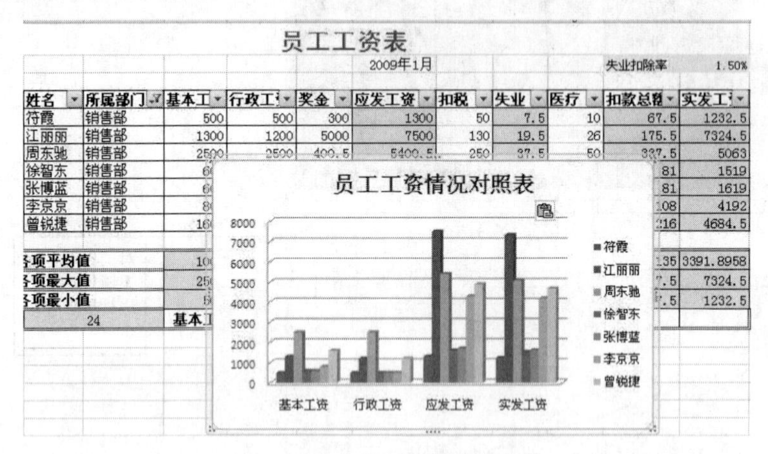

图5-67 为柱形图添加标题

小提示

给图表添加标题的另一种方法如下：打开“布局”子选项卡，单击“标签”组中的“图表标题”按钮 ，选择下拉菜单中的“图表上方”命令，在图表区中选中“图表标题”对象，将其修改为“员工工资情况对照表”。

数据图表是由图表元素组成的，选择图表元素主要有两种方法：第一，用鼠标或键盘直接选取；第二，打开“布局”子选项卡，在“当前所选内容”组中的“图表元素”列表框中进行选择。

（5）图例的设置。打开“布局”子选项卡。单击“标签”组中的图例按钮 ，打开下拉菜单，选择“在右侧显示图例”命令（默认情况下图例显示在右侧），用鼠标选中图例，拖动周围的句柄来改变图例的大小，在“开始”选项卡的功能区中设置适当的字体、字号，打开“格式”子选项卡，单击“形状样式”组里的“细微效果-强调颜色 1”按钮 ，设置图例的形状样式如图 5-68 所示。

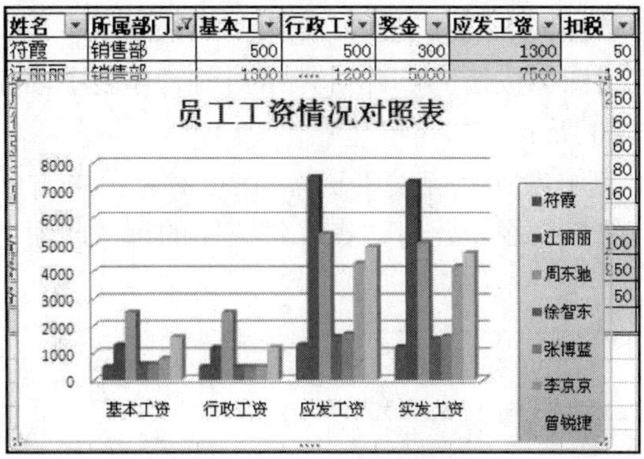

图5-68　图例样式

（6）垂直轴的设置。在图表区域中选中垂直轴，打开“布局”子选项卡，单击“当前所选内容”组中的“设置所选内容格式”按钮设置所选内容格式，弹出“设置坐标轴格式”对话框，如图 5-69 所示。对刻度、最大值、最小值等进行设置，并设置垂直轴的字体、字号，效果如图 5-64 所示。

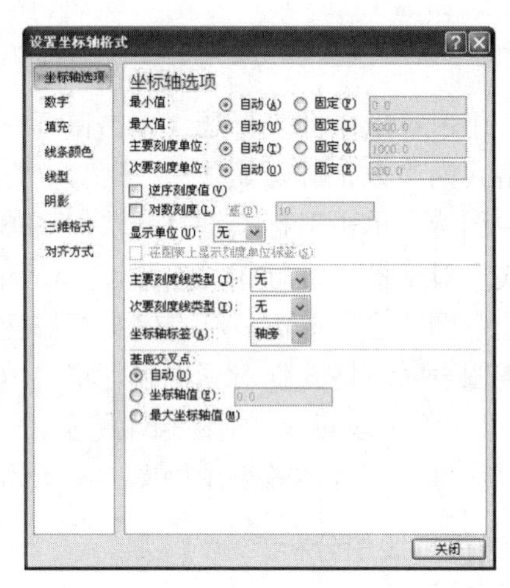

图5-69　“设置坐标轴格式”对话框

（7）背景设置。选中图表区域中的“背景墙”，打开“格式”子选项卡，单击“当前所选内容”组中的“设置所选内容格式”按钮设置所选内容格式，弹出“设置背景墙格式”对话框。将“填充”列表项设为“图片或纹理填充”，其中的纹理选为“绿色大理石”。用同样的方法设置侧面墙填充，效果如图 5-64 所示。

（8）数据表的设置。打开“布局”子选项卡，单击“标签”组中的数据表按钮，在打开的下拉菜单中选择“显示数据表和图例项标示”命令。此时，在图表区的下方显示出了数据表，效果如图 5-64 所示。

（9）调整数据图表的大小及位置，具体效果如图 5-64 所示。

【第二步】对员工工资表进行饼图分析

使“员工工资表”成为当前工作表，完成如下操作任务：对数据表中的“姓名”和“应发工资”两列进行饼图比例分析。

（1）选择数据区域。在数据表中选取“姓名”和“应发工资”两列。

（2）创建饼图。打开“插入”选项卡的功能区，单击“图表”组中的“饼图”按钮，打开其下拉菜单，选择“饼图”按钮。此时，在当前工作表中创建了图表标题为“应发工资”的饼图图表，如图 5-70 所示。

（3）添加数据标签。选中系列“应发工资”，在该对象上单击鼠标右键，在弹出的快捷菜单中选择“添加数据标签”命令。此时，在二维饼图的每个扇面上显示出了详细数据，结果如图 5-71 所示。

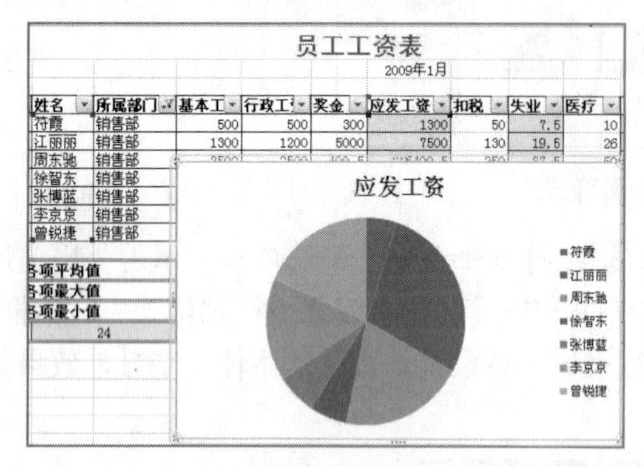

图5-70　刚创建的饼图

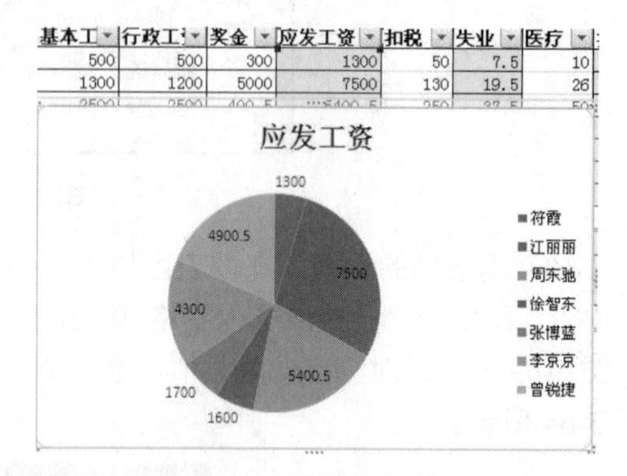

图5-71　为饼图添加数据

（4）设置图表标题格式。用鼠标选中图表标题，单击鼠标右键，在弹出的快捷菜单上方出现格式工具栏，设置字体格式为“方正胖娃简体”，颜色为“红色”，如图 5-64 所示。

（5）设置图例格式。选中图例，单击鼠标右键打开快捷菜单，选中“设置图例格式”命令，在打开的“设置图例格式”对话框中进行相关参数设置，如图 5-72 所示。

（6）设置图表区格式。选中图表区，单击鼠标右键打开快捷菜单，选中“设置图表区域格式”命令，在打开的“设置图表区域格式”对话框中，将“填充”列表项设置为“图片或纹理填充”，其中的纹理选为“绿色大理石”，如图 5-64 所示。

（7）调整图表的大小到合适位置。具体效果图如图 5-64 所示。

【第三步】对员工销售表进行折线图分析

使“员工销售表”成为当前工作表，完成如下操作任务：分析销售部各员工上半年的销售业绩趋势。具体来讲，就是以姓名为图例项，对数据表中的前六个月的数据进行折线图趋势分析。

（1）选取数据区域（B4:B11 及 D4:I11）。

（2）创建折线图。打开“插入”选项卡的功能区，单击“图表”组中的“折线图”按钮，打开其下拉菜单，选择“折线图”按钮。此时，在当前工作表中创建了二维折线图，如图 5-73 所示。

（3）添加网格线。选中图表，打开“布局”子选项卡，单击“坐标轴”组中的“网格线”按钮，在“主要纵网格线”的下一级菜单中选择“次要网格线”命令。

（4）对折线图进行相关格式化。按照【第一步】或【第二步】的方法，对折线图进行行/列切换、添加图表标题、坐标轴的设置及图例的设置。效果图如图 5-64 所示。

（5）对图表元素及整个图表的大小及位置进行适当调整，最终效果如图 5-64 所示。

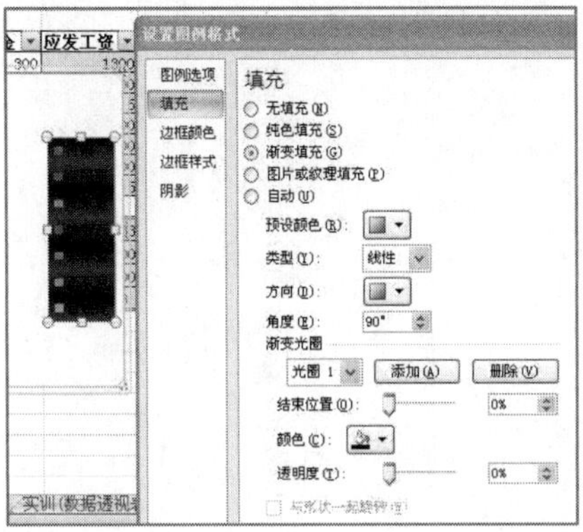

图5-72 “设置图例格式”对话框

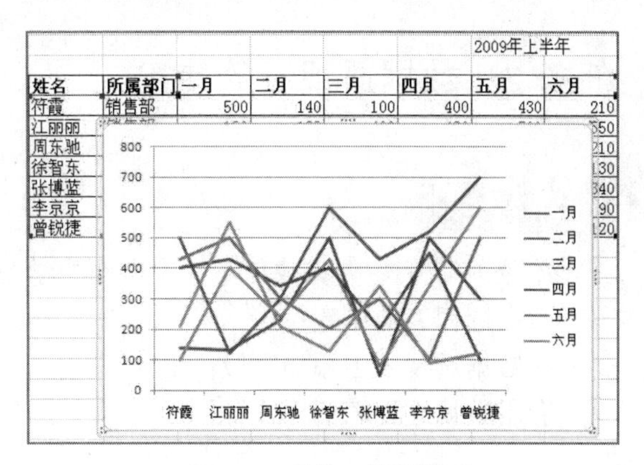

图5-73 最初二维折线图

相关知识

1．常见图表类型简介

✧ 柱形图：用于比较相交于类别轴上的数值大小。

✧ 折线图：用于显示随时间变化的趋势。

✧ 饼图：用于显示每个值占总值的比例。

✧ 条形图：用于多个值的最佳图表类型。

✧ 面积图：突出一段时间内几组数据间的差异。

✧ 散点图：用于比较成对的数值。

2．图表数据源的编辑

当发现所选图表的数据源有误时，可以打开“设计”子选项卡，单击“数据”组里的“选择数据”按钮，在打开的“选择数据源”对话框中重新选择数据区域，也可在该对话框中对图表的图例项（系列）和水平轴标签等进行编辑。

3．图表的样式设置

Excel 2007 给用户提供了丰富的图表样式，需要时只需选择相应的样式即可，如打开“设计”子选项卡，单击“图表样式”组里的“样式”按钮，即可选择图表的样式。

实战训练

1．打开“员工资料（分析）”工作簿，使工作表“实训（图表）”成为当前工作表，对该工作表里的员工工资表数据进行如下操作。

（1）以员工的姓名为图例项，对员工的“基本工资”、“行政工资”、“应发工资”、“实发工资”进行簇状圆柱图比较分析。

（2）对数据表中的“姓名”和“应发工资”两列进行三维饼图比例分析。

（3）以员工的姓名为图例项，对员工的“基本工资”、“行政工资”、“应发工资”、“实发工资”进行三维簇状条形图比较分析。

2．Excel 2007 提供的图表类型较多，应用于实际工作的方方面面，请读者尝试应用本书尚未讲解的图表类型。

任务 2　数据透视表的使用

任务内容

在该任务中我们主要完成以下 3 个方面的学习。

➢ 数据透视表的创建；

➢ 在数据透视表中添加字段；

➢ 套用数据透视表的样式。

任务分析

数据透视表是一种对大量数据进行快速汇总和建立交叉列表的交互式表格，它综合了排序、筛选、分类汇总、合并计算等功能。利用数据透视表可以从各种不同的角度对数据进行分析处理，并用表格或图表的形式展示出来。通过对本任务的学习，使读者理解并掌握数据透视表的功能及应用场合，掌握用数据透视表工具对复杂数据进行相关分析的方法。

本任务分为以下几个步骤进行。

✧ 选取数据源；

✧ 创建数据透视表；

✧ 向数据透视表添加字段。

本任务的效果图如图 5-74 所示。

4	员工编号	姓名	所属部门	月份	出勤类型	次数	备注
5	001	王小超	办公室	一月	迟到	2	
6	002	李春凤	办公室	一月	早退	1	
7	006	郑川	工程部	一月	旷工	1	旷工以天计算
8	007	符霞	销售部	一月	迟到	3	
9	008	江丽丽	销售部	一月	迟到	1	
10	009	邓强	工程部	一月	迟到	2	
11	010	倪世萍	财务部	一月	迟到	2	
12	014	吴艳	工程部	一月	迟到	5	
13	018	李京京	销售部	一月	迟到	1	
14	019	王驰秋	办公室	一月	迟到	2	
15	020	陈莲	市场部	一月	迟到	4	
16	023	彭冬梅	办公室	一月	迟到	2	
17	024	曾锐捷	销售部	一月	旷工	1	
18	002	李春凤	办公室	二月	旷工	2	
19	006	郑川	工程部	二月	迟到	6	
20	007	符霞	销售部	二月	迟到	2	
21	009	邓强	工程部	二月	迟到	1	
22	010	倪世萍	财务部	二月	早退	1	
23	014	吴艳	工程部	二月	早退	1	
24	008	江丽丽	销售部	三月	早退	2	
25	009	邓强	工程部	三月	迟到	5	
26	010	倪世萍	财务部	三月	迟到	4	
27	014	吴艳	工程部	三月	迟到	3	
28	018	李京京	销售部	三月	迟到	1	
29	019	王驰秋	办公室	三月	迟到	6	
30	020	陈莲	市场部	三月	旷工	2	
31	009	邓强	工程部	四月	旷工	1	
32	010	倪世萍	财务部	四月	旷工	1	
33	014	吴艳	工程部	四月	迟到	3	

员工编号　（全部）

月份　（全部）

求和项:次数	列标签			
行标签	迟到	旷工	早退	总计
办公室	**26**	**2**	**2**	**30**
李春凤	1	2	2	5
彭冬梅	4			4
王驰秋	15			15
王小超	6			6
财务部	**12**	**1**	**2**	**15**
倪世萍	12	1	2	15
工程部	**31**	**4**	**2**	**37**
邓强	10	1	1	12
吴艳	14	1	1	16
郑川	7	2		9
市场部	**8**	**2**		**10**
陈莲	8	2		10
销售部	**14**	**1**	**3**	**18**
符霞	7			7
江丽丽	2		2	4
李京京	4		1	5
曾锐捷	1	1		2
总计	**91**	**10**	**9**	**110**

图5-74　任务2的效果图

任务实施步骤

打开“员工资料（分析）”工作簿，使工作表“员工出勤表”成为当前工作表。

【第一步】选取数据源

单击数据区域中的任意单元格。

【第二步】创建数据透视表

（1）打开“插入”选项卡的功能区，单击“表”组中的“数据透视表”按钮，在下拉菜单中选择“数据透视表”命令，出现“创建数据透视表”对话框，按如图 5-75 所示进行设置。

在确定数据透视表存放位置时，如果选择“现有工作表”选项，用户将在本工作表中、指定的位置显示数据透视表。

（2）单击“确定”按钮，此时，会在现有工作表中显示空的数据透视表，如图 5-76 所示。

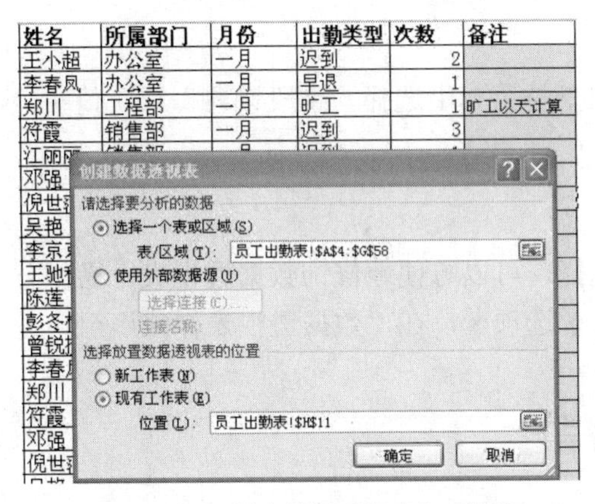

图5-75　“创建数据透视表”对话框

图5-76　数据透视表字段列表

【第三步】给数据透视表添加字段

在“选择要添加到报表的字段”区域中，分别用鼠标按住“员工编号”和“月份”字段不放，拖动到“报表筛选”区域；拖动“出勤类型”字段到“列标签”区域；分别用鼠标拖动“所属部门”、“姓名”字段到“行标签”区域；拖动“次数”字段到“数值”区域。与此同时，在上面指定的存放位置会出现数据透视表，如图 5-77 所示。

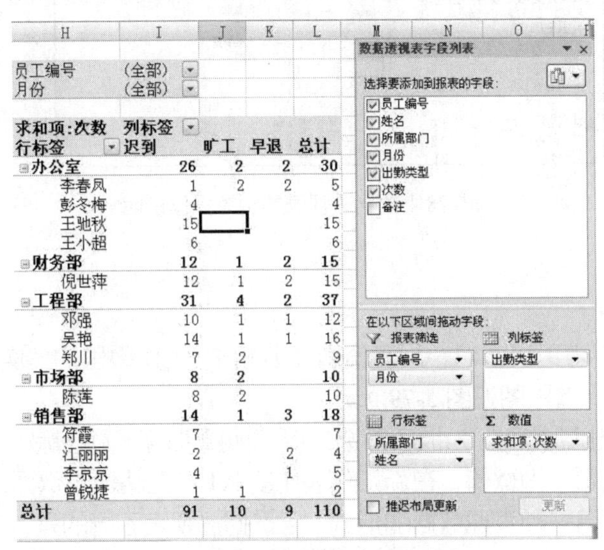

求和项:次数	迟到	旷工	早退	总计
办公室	26	2	2	30
李春凤	1	2	2	5
彭冬梅	4			4
王驰秋	15			15
王小超	6			6
财务部	12	1	2	15
倪世萍	12	1	2	15
工程部	31	4	2	37
邓强	10	1	1	12
吴艳	14	1	1	16
郑川	7	2		9
市场部	8	2		10
陈莲	8	2		10
销售部	14	1	3	18
符霞	7			7
江丽丽	2		2	4
李京京	4		1	5
曾锐捷	1	1		2
总计	91	10	9	110

图5-77　给数据透视表添加字段

在拖动字段时，如果出现目标位置有误，可以单击字段右边的下拉三角形按钮▾，选择下拉列表中的“删除字段”命令，也可以把该字段拖放到区域外边，两种方法均能删除放错的字段。

在数据透视表中，可以单击各字段单元格内右边的下拉三角形按钮▾，来选择要显示的字段。

1．改变字段汇总方式

单击区域中字段右边的下拉三角形按钮▾，在下拉菜单中选择“字段设置”或“值字段设置”命令，打开相应的对话框进行设置。

2．修饰数据透视表

Excel 2007 有许多预设的数据透视表样式供选择，可以方便地修饰数据透视表。操作方法为，打开“数据透视表工具”选项卡的“设计”子选项卡，在“数据透视表样式”组中进行相应的选择即可。

3．数据透视表的相关操作说明（如图 5-78 所示）

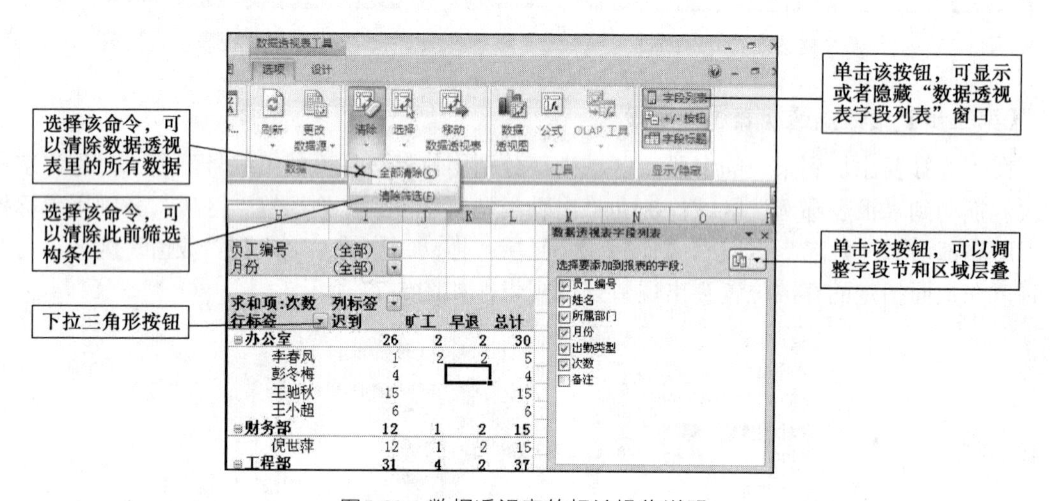

图5-78 数据透视表的相关操作说明

实战训练

1. 利用数据透视表工具，对“员工资料（分析）”工作簿里的“实训（数据透视表）”工作表进行数据分析，效果图如图 5-79 所示。

操作要求：以“出勤类型”为报表筛选，以“所属部门”为行标签，以“月份”为列标签，以“平均值项:次数”为数值，在新工作表中的 A1 单元格建立数据透视表。

2. 数据透视图是另一种表现数据的形式，与数据透视表不同的是，它可以选择适当的图形和多种色彩方案来描述数据的特性。它结合了数据透视表与图表的优点，能更形象地表现数据的情况。请读者自己尝试一下。

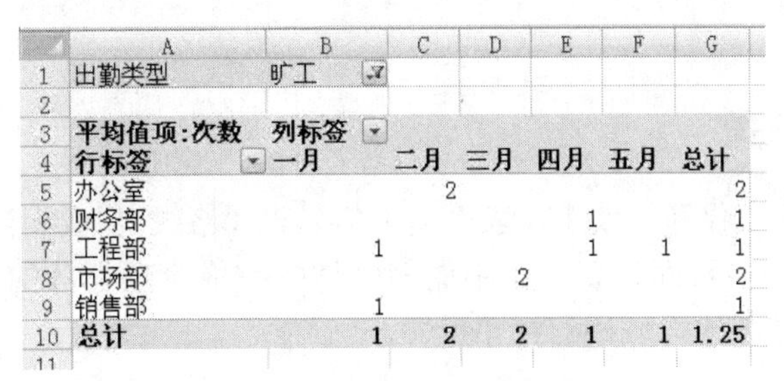

	A	B	C	D	E	F	G
1	出勤类型	旷工					
2							
3	平均值项:次数	列标签					
4	行标签	一月	二月	三月	四月	五月	总计
5	办公室		2				2
6	财务部				1		1
7	工程部	1			1	1	1
8	市场部			2			2
9	销售部	1					1
10	总计	1	2	2	1	1	1.25

图5-79　数据透视表实训效果图

学习单元5.4　电子表格的打印

在本学习单元中，将对“员工资料”工作簿中的“员工信息表（格式)”进行打印设置、打印预览及打印操作。通过使用 Excel 2007 常用的打印设置功能，可让打印出来的文件符合用户的要求，从而方便用户阅读和归档。具体操作内容包括，在“员工信息表（格式)”工作表中进行打印设置，然后实施打印预览及打印操作。

本单元的内容将分解为以下两个任务来完成。

- 打印设置；
- 打印及预览。

任务 1　打印设置

任务内容

在该任务中我们主要完成以下 4 个方面的学习。

- 页面的设置；
- 页边距的设置；
- 页眉/页脚的设置；
- 工作表的设置。

任务分析

利用 Excel 2007 的打印设置功能，可设置和更改打印前的参数，使效果符合实际要求。通过对本任务的学习，要使读者掌握常见的打印设置方法，并能按实际打印的需要进行打印设置。

本任务分为以下几个步骤进行。

- ✧ 设置打印区域；
- ✧ 设置页边距；
- ✧ 设置纸张方向；
- ✧ 设置纸张大小；
- ✧ 设置打印标题；

✧ 设置页眉/页脚；
✧ 保存打印设置。

任务实施步骤

打开“员工资料”工作簿，使工作表“员工信息表（格式）”成为当前工作表。打开“页面布局”选项卡，使用“页面设置”组中的多个按钮完成本项任务的各个步骤，如图 5-80 所示。本任务是对要打印的区域进行打印设置。

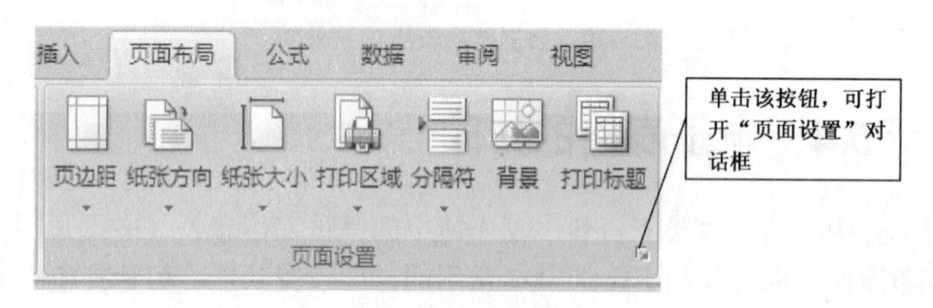

图5-80 “页面设置”组

【第一步】设置打印区域

（1）选中“员工信息表（格式）”工作表中的 A4:G10 区域。

（2）单击“打印区域”→“设置打印区域”命令。此时，在要打印的区域周围会出现虚线框。

如果需要取消或者重新设置打印区域，可单击“打印区域”→“取消打印区域”命令。

【第二步】设置页边距

单击“页边距”按钮，在弹出的下拉列表中选择“自定义边距”命令，出现“页面设置”对话框，按如图 5-81 所示进行设置。

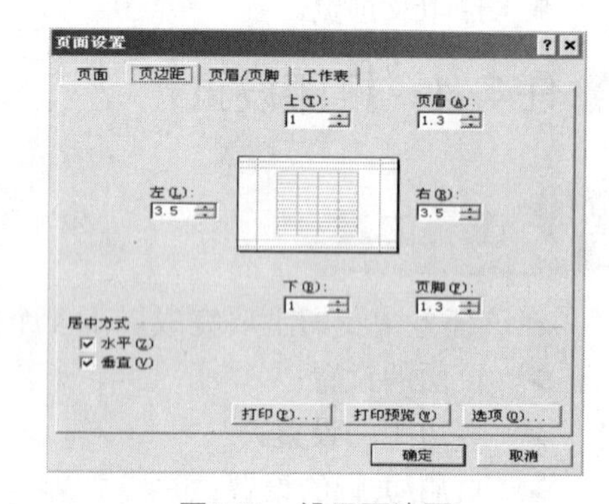

图5-81 设置页边距

Excel 2007 中自定义的页边距数据会被自动保存，下次单击“页边距”按钮后，在弹出的下拉列表顶部将会看到上次的自定义设置。这为以后的页边距设置提供了方便。

【第三步】设置纸张方向

单击“纸张方向”按钮，因计划打印的区域为 A4:G10，为使打印后的阅读更加方便，在弹出的列表中单击“横向”按钮，确定纸张方向为“横向”。

【第四步】设置纸张大小

单击“纸张大小”按钮，因计划打印的区域 A4:G10 较小，为合理利用纸张，在弹出的列表中选择纸张大小为“B5(JI5)”。

单击“纸张大小”按钮后，可以选择“其他页面大小”命令，然后在弹出的“页面设置”对话框中单击“选项”按钮 选项(O)... ，可以根据实际需要设置合适的高度和宽度。

【第五步】设置打印标题

单击“打印标题”按钮，在弹出的“页面设置”对话框中单击“顶端标题行”后面的按钮，单击“员工信息表（格式）”工作表中标题行的任意位置，选中标题所在行，单击按钮回到“页面设置”对话框，选中“网格线”复选框。设置结果如图 5-82 所示。

在实际工作中，数据表格往往有多页，打印时需要多张纸，通过“设置”打印标题，可使打印的每张纸都有标题，从而避免第一张有标题，后面几张纸只有表格内容，没有标题的尴尬局面。

【第六步】设置页眉/页脚

单击“页面设置”组右下角的“页面设置对话框”启动按钮，在打开的“页面设置”对话框中，切换到“页眉/页脚”选项卡，按如图 5-83 所示设置页眉/页脚。

Excel 2007 提供的页眉/页脚功能常用于打印文档，可以通过自定义页眉/页脚，使页眉/页脚具有个性，如页码、日期、公司徽标、文档标题、文件名或作者名等文字或图形，这些信息通常放在文档中每页的顶部或底部。页眉打印在上页边距中，而页脚打印在下页边距中。

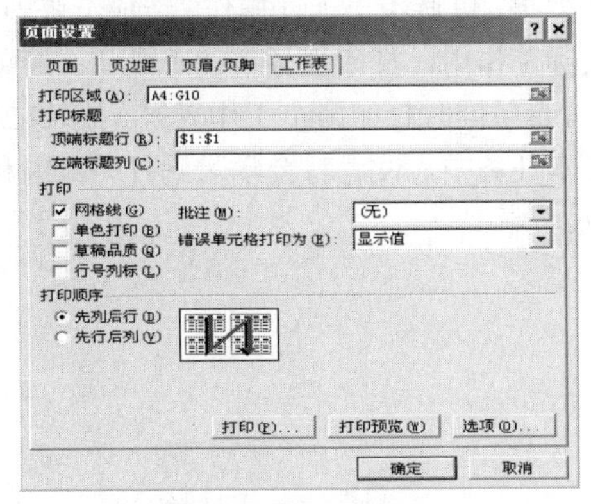

图5-82　设置打印标题

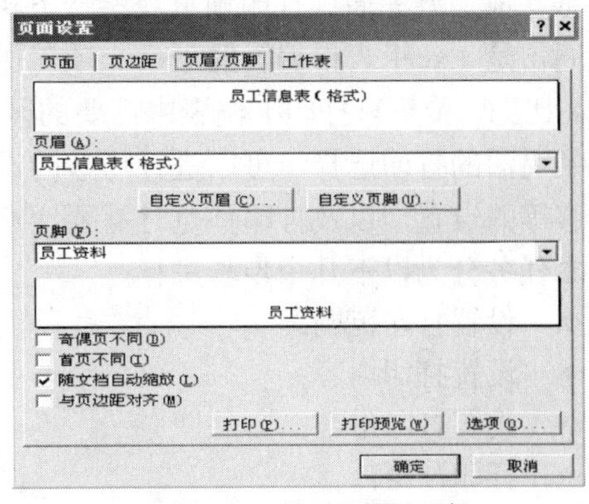

图5-83　设置页眉/页脚

【第七步】保存打印设置

单击“Office 按钮”→“保存”命令即可保存打印设置。

虽然本次任务没有用到“分隔符”和“背景”功能，但是它们是非常有用的。在实际工作中，经常会遇到数据繁多表格过长的问题，这时可以结合纸张大小恰当地插入分页符，以

达到方便阅读打印文件的目的。通过背景功能可以插入自己喜爱的图片作为表格背景，这在单调枯燥的表格设置操作中会给人们带来轻松的感觉。

相关知识

通过上面的学习，实现了在“员工资料”工作簿中的“员工信息表（格式）”中完成了打印设置，并进行了保存。为了灵活运用所学知识，现将相关知识介绍如下。

同时对多个工作表进行设置。一个工作簿中往往有多个工作表，而在打印时往往这些工作表的设置又基本相同。如果逐份进行工作表的设置，会很麻烦。因此可以先单击第一张工作表的标签，然后按住【Ctrl】键，再单击其他工作表的标签，将这些工作表同时选中。然后再进行相应的页面设置。

如果这些工作表是相邻的，那么可以在单击第一份工作表标签后，按住【Shift】键，再单击最后一份工作表标签，即可将它们之间的工作表都同时选中。

任务 2　打印及预览

任务内容

在该任务中我们主要完成以下两个方面的学习。

➢ 在“打印内容”对话框中设置“打印内容”、“打印范围”和“打印份数”等；
➢ 打印预览的实现。

任务分析

打印前最好先通过打印预览观察一下实际打印效果，以避免出现误操作，造成纸张浪费。打印通常是 Excel 表格编辑的最后一项工作，在实际工作中，打印任务往往不是那么简单轻松的。比如，希望只打印工作表中需要的区域，或者希望同时打印多个工作表等。Excel 2007 提供了灵活的打印选择，可以进行巧妙的设置。在本任务中，读者将会学习到打印范围和打印内容等的设置，以及打印预览时需要注意的要点。

本任务分为以下几个步骤进行。

✧ 设置打印范围；
✧ 设置打印内容；
✧ 设置打印份数；
✧ 打印预览；
✧ 执行打印。

任务实施步骤

打开“任务 1”中保存好打印设置的“员工资料”工作簿，使 “员工信息表（格式）”成为当前工作表，单击“Office 按钮”→“打印”命令，在弹出的下拉菜单中选择“打印”命令，出现如图 5-84 所示的“打印内容”对话框。本任务的打印设置工作主要在该对话框中完成。

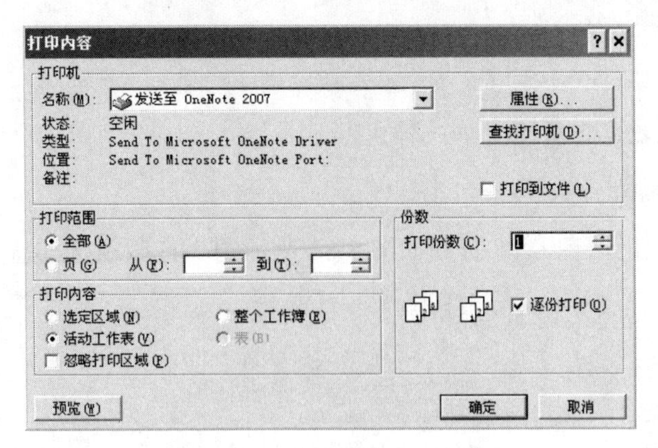

图5-84　“打印内容”对话框

【第一步】设置打印范围

因为计划打印的内容没有超过一页，所以选择打印范围为默认的“全部”范围，如图 5-85 所示。

如果打印的工作表有多页，计划打印其中的某一页时（如第 3 页），可以选择“打印范围”为“从 3 到 3”；如果计划打印其中的第 2, 3, 4 页，则选择“打印范围”为“从 2 到 4”；如果计划打印第 2,3,5 页，先选择“打印范围”为“从 2 到 3”，打印完成后再选择“打印范围”为“从 5 到 5”，分两次完成打印任务。以此类推，打印范围间断了几次，就得打印几次。

【第二步】设置打印内容

在任务 1 中已经选中了 A4:G10 区域，因此选择“打印内容”为“选定区域”即可，如图 5-85 所示。

如果工作簿中的每个工作表都需要打印，则选择“打印范围”为“整个工作簿”；如果要打印工作簿里面的一张或几张工作表，则选中需要打印的工作表后（按住【Ctrl】键依次单击需要打印的工作簿的标签选中多张工作表）选择“打印范围”为“活动工作表”。

【第三步】设置打印份数

将打印份数由默认的“1”调为“2”，即可打印两份，预留一份作为备用资料，如图 5-85 所示。

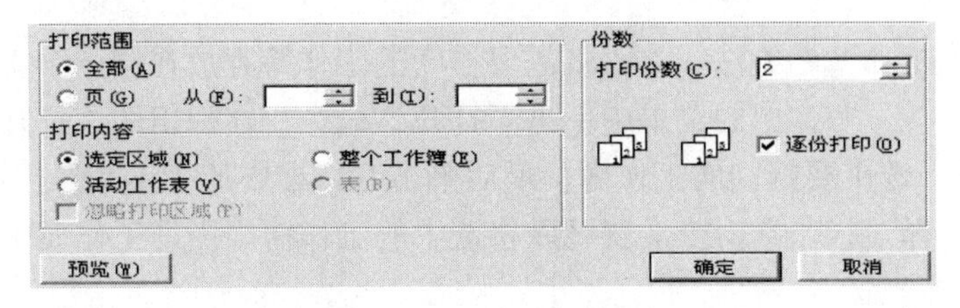

图5-85　前三步的设置结果

打印份数可以根据实际需要灵活选择。

【第四步】打印预览

单击“预览”按钮 预览(W) ，打开如图5-86所示的“打印预览”窗口。

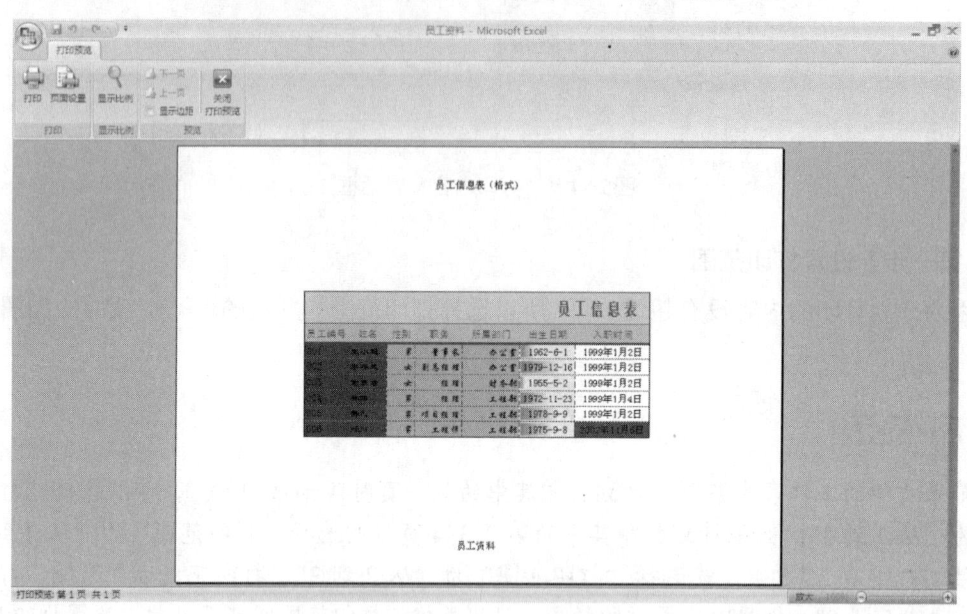

图5-86　“打印预览”窗口

在“打印预览”窗口中，Excel 2007提供了“页面设置”按钮，如有需要，可以单击此按钮，在“页面设置”对话框中进行相应的修改。

另外，在打印设置的过程中，可以通过“页面设置”对话框的各个选项卡中的 打印预览(W) 按钮适时检查设置效果，及时纠正出现的错误。

【第五步】执行打印

通常有两种方法：其一，在“打印预览”窗口中单击“打印”按钮；其二，在“打印内容”对话框中单击“确定”按钮 确定 。

相关知识

同时打印多个工作簿的方法。首先将需要打印的工作簿存放在同一个文件夹里，然后单击“Office按钮”，在弹出的菜单中单击“打开”命令，在弹出的“打开”对话框中，按住【Ctrl】键，逐一选中要打印的工作簿，最后单击对话框中的“工具”按钮 工具(L) ，在弹出的菜单中选择“打印”命令，就可以将选中的工作簿中当前工作表中的内容逐一打印出来了。

实战训练

打开“员工资料（计算与管理）”工作簿，按下列操作要求完成打印设置及打印工作。

（1）使“员工工资表（计算）”工作表成为当前工作表，选择 A4:E28 区域为打印区域。

（2）自定义页边距为左右各 1 厘米，上下各 2.5 厘米，同时选中水平和垂直居中方式。

（3）设置纸张方向为“纵向”。

（4）自定义纸张大小为宽度 17 厘米，高度 24 厘米。

（5）设置页眉为“机密　，2009-7-2，第 1 页”，页脚为“员工资料（计算与管理）”。

（6）将“员工工资表（计算）”工作表中数据表格的标题设置为打印标题。

（7）将设置结果另存到本地文件夹中，并命名为“员工资料（计算与管理）部分打印”。

（8）设置打印范围为“全部”，打印内容为“选定区域”，打印份数为“3”份。

（9）打印预览，确认无误后打印输出。

本 章 小 结

本章通过完成 4 个单元中的 9 个任务，介绍了 Excel 2007 电子表格的基本操作（输入数据、编辑数据、格式化数据等）、电子表格的数据计算及处理（公式、函数、排序、筛选、分类汇总等）、电子表格的数据分析（图表及数据透视表）、电子表格的打印及设置等常规操作方法，强调实用，重在操作。读者应从中领悟到 Excel 2007 电子表格处理软件的实用操作技巧和它的强大功能。本章前后知识和实例连贯，建议读者在学习本章时，根据任务的引领去学习相关的知识和操作技巧。

通过对本章的学习，读者应熟练掌握电子表格的基本操作方法，能利用公式和函数对电子表格的数据进行计算和处理，能利用 Excel 2007 提供的常用工具（如筛选、分类汇总、图表、数据透视表等）对电子表格的数据进行管理和分析，能熟练掌握电子表格数据的常用打印方法等。

思考与练习

一、填空题

1．在 Excel 下直接_________工作表标签，可以对工作表进行更名操作。

2．在输入数据时输入前导符_________表示要输入公式。

3．要清除单元格的内容，可以使用_________键。

4．要编辑单元格内容时，在该单元格中_________鼠标，光标插入点将位于单元格内。

5．在 Excel 中，自动求和可以通过 _________ 函数来实现。

6．在 Excel 中，利用“编辑”菜单中的“清除”命令，可以删除所选定区域中的______。

7．在 Excel 的单元格中，作为常量输入的数据可以是数字和文字，常规单元格中的数字_________对齐，文本_________对齐。

8．输入公式时，由于输入错误，使系统不能识别输入的公式，此时会出现一个错误信息“#REF!”，这表示_________。

9．默认的图表类型是二维的_________图。

10．在 Excel 中，将 C1 单元中的公式“=A1”复制到 D2 单元后，D2 单元中的值将与________单元中的值相等。

二、选择题

1．在运行 Excel 时，默认新建立的工作簿文件名是（ ）。

A．Excel1　　B．sheet1　　C．book1　　D．文档 1

2．Excel 中的求和函数为（ ）。

A．SUN　　B．RUN　　C．SUM　　D．AVER

3．启动 Excel 的正确步骤是（ ）。

（1）将鼠标移到“开始”菜单中的“程序”项上，打开“程序”菜单。

（2）单击主窗口左下角的“开始”按钮，打开主菜单。

（3）单击菜单中的“Microsoft Excel”。

A．（1）（2）（3）　　B．（2）（1）（3）

C．（3）（1）（2）　　D．（2）（3）（1）

4．在 Excel 中，设定 A1 单元格的数字格式为整数，当输入“33.51”时，显示为（ ）。

A．33.51　　B．33　　C．34　　D．ERROR

5．在 Excel 的编辑状态下，要选取不连续的区域时，应首先按下（ ）键，然后单击需要的单元格区域。

A．Ctrl　　B．Alt　　C．Shift　　D．Backspace

6．在 Excel 中，（ ）是工作表的最基本的组成单位。

A．工作簿　　B．工作表　　C．活动单元格　　D．单元格

7．在 Excel 的“排序”命令对话框中，有 3 个关键字输入框，其中（ ）。

A. 3 个关键字都必须指定　　B. 3 个关键字可任意指定一个

C.“主要关键字”必须指定　　D.“主要关键字”和“次要关键字”必须指定

8．在 Excel 的单元格内不能输入的内容是（ ）。

A. 文本　　B. 图表　　C. 数值　　D. 日期

9. 一个单元格的内容是 8，单击该单元格，编辑栏中不可能出现的是（ ）。

A. 8　　B. 3+5　　C. =3+5　　D. =A2+B3

10.“工作表”是用行和列组成的表格，分别用（ ）区别。

A. 数字和数字　　B. 数字和字母　　C. 字母和字母　　D. 字母和数字

第 6 章　多媒体软件的应用

学习情境

人与人之间进行信息交流，可以使用文字、图形、图像、声音、动画和视频等多种形式。随着社会不断进步，科学技术不断发展，现代多媒体计算机已经能够结合各种视觉和听觉信息，制作出令人印象深刻的视听作品了。

多媒体技术是 20 世纪最后十年发展的高新技术，是音频信号数字化技术、视频信号数字化技术和计算机技术相结合的产物。多媒体技术的形成和发展，不仅引起了计算机工业的一次革命，也影响人类社会发生了一次巨大的变革。

本章通过截取屏幕内容、录制声音等操作，学习常见的多媒体软件（如录音机、ACDSee、Windows Media Player、Windows Movie Maker 等）的使用方法，理解多媒体技术的相关知识，掌握多媒体素材的采集方法，以及多媒体文件的浏览和播放方法，以便与家人、朋友一同享受计算机多媒体世界的影音视听娱乐。

学习单元6.1　多媒体技术

在本学习单元中，将通过浏览新浪视频网站来学习多媒体基础知识，并通过截取屏幕内容、录制声音等操作，学习简单的多媒体软件的使用方法，理解文本、图形、图像、动画、音频和视频六大基本的多媒体元素。

本学习单元的内容将分解为以下两个任务来完成。

- 认识多媒体技术；
- 使用多媒体软件。

任务 1　认识多媒体技术

在本任务中我们主要完成以下几个方面的学习。

- 接触多媒体；
- 浏览和播放多媒体素材；
- 了解多媒体技术的应用领域。

任务分析

通过对本任务的学习，要使读者了解媒体的分类，理解文本、图形、图像、动画、音频和视频六大基本的多媒体元素。本任务分为以下几个步骤进行。

✧ 浏览多媒体网站；
✧ 浏览图像；
✧ 播放音乐；
✧ 认识媒体和多媒体；
✧ 了解多媒体技术；
✧ 了解多媒体技术的应用；
✧ 了解多媒体计算机。

任务实施步骤

【第一步】浏览多媒体网站

双击桌面上的 Internet Explorer 浏览器图标，打开浏览器，在地址栏输入 http://video.sina.com.cn/，然后单击地址栏右侧的“转到”按钮，或直接按回车键打开“新浪视频”网址，如图 6-1 所示。

图6-1　视频网站

请将新浪视频中喜欢的页面加入到浏览器收藏夹。

【第二步】看一看

双击桌面“我的文档”→“图片收藏”→“示例图片”快捷方式，打开示例图片文件，如图 6-2 所示。

图6-2　示例图片

用鼠标右键单击文件夹中“Water Lilies”图片文件，选择“打开方式”→“Windows 图片和传真查看器”命令，结果如图 6-3 所示。

图6-3　Windows 图片和传真查看器

【第三步】听一听

双击桌面“我的电脑”→“C 盘”→“Windows”→“Media”文件夹，打开如图 6-4 所示的文件夹。

图6-4　Windows的Media文件夹

用鼠标右键单击文件夹中“Windows XP 启动”声音文件，选择“打开方式”→“Windows Media Player”命令，就可以听到熟悉的 Windows XP 启动时的音乐，如图 6-5 所示。

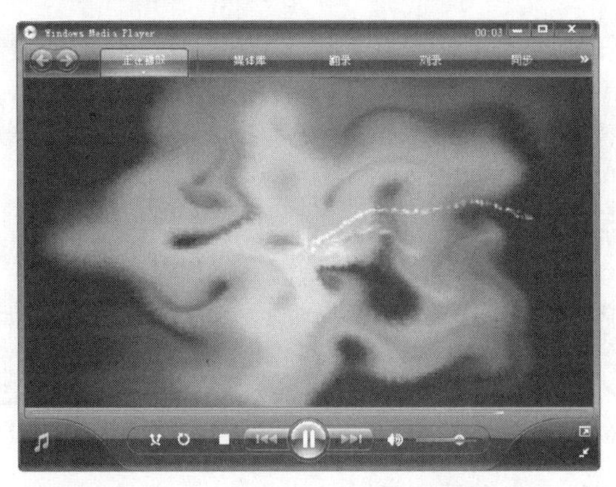

图6-5　Windows Media Player媒体播放器

相关知识

1．媒体

媒体（Media）是指信息表示和传播的载体。在计算机领域，主要的媒体有以下 5 种。

1）感觉媒体

直接作用于人的感官，使人能直接产生感觉的信息的载体称做感觉媒体。如声音、图像等，计算机系统中的文件、数据和文字，也是感觉媒体。

2）表示媒体

表示媒体是指各种编码，如汉字输入法编码、字符的字形编码和图像编码等。这是为了加工、处理和传播感觉媒体而人为地研究、构造出来的一种编码。

3）表现媒体

表现媒体是人与计算机之间的介质，一般指输入/输出设备，如键盘、显示器、摄像机、打印机和话筒等。

4）存储媒体

存储媒体用来存放表示媒体，是存储信息的实体。例如，内存储器、软磁盘、硬磁盘、磁带和光盘等。

5）传输媒体

传输媒体是用来将媒体从一处传送到另一处的物理载体，如双绞线、同轴电缆和光纤等。

2．多媒体

多媒体（Multimedia）是文本、图形、图像、动画、音频和视频等多种媒体有机结合的人机交互式信息媒体。在多媒体领域，文本、图形、图像、动画、音频和视频称为构成多媒体的六大基本要素。

（1）文本：是指屏幕上显示的字符、数字等文字类信息。

（2）图形：是指屏幕上显示的几何图形，如图 6-6 所示。

（3）图像：是指由扫描仪等输入设备能够获得的静止画面。

（4）动画：是指按一定顺序播放静止画面，从而在屏幕上产生变化的动态画面，如图 6-7 所示。

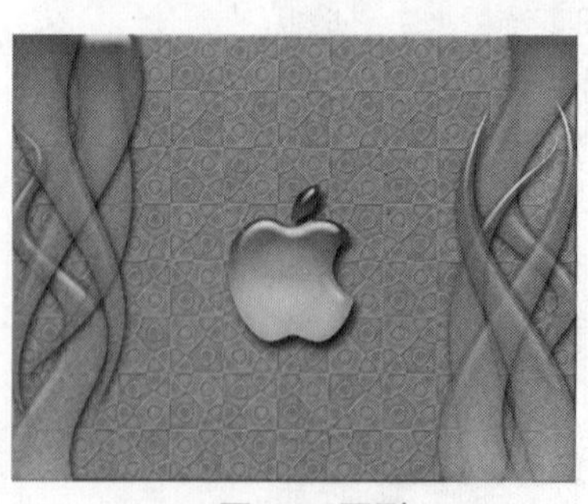

图6-6　图形

图6-7　动画

（5）音频：是指数字化录音和数字回放的声音。

（6）视频：是指数字化摄制和播放的电视图像之类的活动图像。

3．多媒体技术

多媒体技术是对多种媒体进行综合的技术。多媒体技术把文字、声音、图像、动画等多种媒体有机地组合起来，利用计算机、通信和广播电视技术，将它们建立起逻辑联系，并进行加工处理。

1984 年，Apple 公司在 Macintosh 计算机中引入了位图（Bitmap）的概念，并使用图标（Icon）作为与用户的接口，在此基础上，Macintosh 计算机进一步发展成能处理多种媒体信息的计算机，从而成为唯一能和 IBM PC 分庭抗礼的微型机。

1986 年 3 月，Philips 和 Sony 联合推出了交互式紧凑光盘系统 CD-I（Compact Disc Interactive）。该系统把多种媒体信息以数字化的形式存储在容量为 650MB 的只读光盘上，用户可以通过交互的方式来播放光盘的内容。

1990 年 11 月，Microsoft、Philips 等 14 家厂商组成多媒体市场协会，为多媒体技术的发展建立相应的标准，并在 1991 年第六届国际多媒体和 CD-ROM 大会上宣布了多媒体计算机的第一个标准。

随后，多媒体的关键技术标准——数据压缩标准也相继制定。多媒体各种标准的制定和应用，极大地推动了多媒体产业的发展，多媒体领域的各种软件大量涌现。

4．多媒体技术的特点

多媒体技术的特点主要表现在信息的数字化、多样性、媒体的集成性和系统的交互性上。

1）数字化

多媒体技术的数字化是指必须将文本、图形、图像、声音、音频和视频等媒体进行数字化编码，以便于计算机进行处理，并且这些数据编码具有不同的压缩方法和标准。

2）多样性

在多媒体技术中，计算机所处理的信息不再局限于数值和文本，而是强调计算机与声音、图像和动画等多种媒体相结合，以满足人们感官对多媒体信息的需求。这在计算机辅助教学、广告制作、动画片制作等领域都有很好的应用。

3）集成性

多媒体技术不仅要对多种信息进行处理，而且要把它们有机地结合起来。突出的例子是动画制作，要将计算机产生的图形、动画和摄像机摄制的视频图像相叠加，再和文字、声音混合在一起播放。

4）交互性

交互是指计算机与使用者之间的信息交流。多媒体技术采用人机对话方式，对计算机中存储的各种信息进行查找、编辑和同步播放，使用者可以用鼠标或菜单选择自己感兴趣的内容，如图 6-8 所示。交互性为用户提供了更加有效的控制和使用信息的手段和方法，这在计算机辅助教学、模拟训练和虚拟现实等方面有着巨大的应用前景。

5．多媒体技术

1）数据压缩技术

视频信号和音频信号数字化后的数据量大得惊人，如果不经过数据压缩，将会占用大量的存储空间。以视频信号为例，视频每秒连续播放 30 幅左右的图像，每幅图像称为一帧。一帧中等分辨率（640×480 像素）真彩色（24 位/像素）的视频图像约占 900KB 的空间，一张 650MB 的光盘，只能存放 24 秒的视频信号。所以一定要把数据压缩后再存放，并且在播放时解压缩。

当前，静止图像通常采用 JPEG 静态图像压缩标准，视频图像通常采用 MPEG 动态视频压缩标准进行数据压缩。

2）专用芯片

由于多媒体计算机要进行大量的数字信号处理、图像处理、压缩和解压缩等工作，因此需要使用专用数字信号处理芯片（DSP）。这种芯片可以使用一条指令完成普通计算机上需要多条指令才能完成的处理任务。例如，数字信号处理器可以在 1/30 秒的时间内，对一幅 512×512 像素分辨率的图像的每个像素做一次运算。超大规模集成电路制造技术降低了数字信号处理芯片的生产成本，为多媒体技术的普及创造了条件。

3）大容量存储器

经过压缩的数字化的媒体信息仍然包含大量的数据，因此高效快速的存储设备是多媒体系统的基本部件之一。CD-ROM 与 DVD 是典型的大容量存储器，如图 6-9 所示。

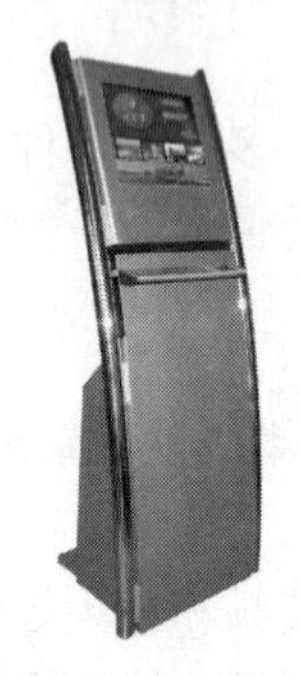

图6-8　多媒体查询机

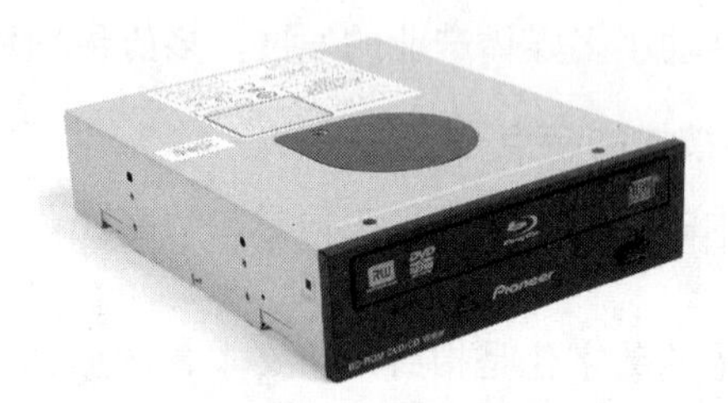

图6-9　DVD存储器

4）多媒体网络通信技术

20 世纪 90 年代以来，计算机网络技术迅速普及。要充分发挥多媒体技术的潜力，还必须将之与网络技术、通信技术相结合。单用户计算机如果不借助网络，将无法获得更加丰富的、实时的多媒体信息。在可视电话、电视会议、视频点播、远程教育等领域，现代网络通信技术为多媒体技术的发展提供了有力的保障。多媒体技术和网络技术、通信技术的结合突破了计算机、通信、电子等传统领域的行业界限，把计算机的交互性、通信网络的分布性和多媒体技术的综合性融为一体，提供了全新的信息服务，从而对人类的生活和工作方式产生了深远的影响。

5）流媒体技术

流媒体技术不需要等待文件下载完整，即可通过网络传递音频和视频数据文件。单击某个 Internet 链接打开流媒体文件时，该文件将会被下载并存储在缓冲区内，然后开始播放。随着文件信息的流入，播放器在播放之前不断地将信息存储在缓冲区中。这时如果网络信息中断，暂时不会使文件在播放时停顿。但是当缓冲区中数据用尽，播放就会停止。播放器在对信息进行缓冲处理时将会发出提示，所有的流媒体文件在播放前都要经过缓存处理。

6．多媒体计算机

具有多媒体功能的计算机称为多媒体计算机，英文简写 MPC。按照国际多媒体市场协会的标准，多媒体计算机包含 5 个基本单元：普通个人计算机、CD-ROM 驱动器、音频卡、多媒体操作系统和音响（或耳机），如图 6-10 所示。

多媒体计算机系统由硬件系统和软件系统两部分组成。

图6-10　多媒体计算机

7．多媒体硬件系统

多媒体硬件系统主要包括以下几个部分。

（1）多媒体主机，如个人计算机、工作站等。

（2）多媒体输入设备，如扫描仪、摄像机、录音机、视盘机等。

（3）多媒体输出设备，如打印机、高分辨率显示器、音箱、电视机等。

（4）多媒体存储设备，如硬盘、光盘等。

（5）多媒体功能卡，如声卡、视频卡、通信卡、解压卡等。

（6）多媒体操纵设备，如鼠标、键盘、操纵杆等。

8．多媒体软件系统

操作系统是多媒体软件的基础，计算机中操作系统主要是微软 Windows 系列的操作系统。多媒体制作软件可以帮助用户开发多媒体应用系统，它们具有编辑功能和播放功能。多媒体应用软件直接面向普通用户，交互性的操作界面深受人们欢迎。

如表 6-1 所示是常用的多媒体软件。

表 6-1　常用多媒体软件

软 件 类 别	软 件 名 称
图形图像处理软件	Photoshop、CorelDraw
图像浏览软件	ACDSee、Google Picasa
音频播放软件	Windows Media Player、Winamp、千千静听、酷狗
视频播放软件	Windows Media Player、RealPlayer、QuickTime Player、暴风影音
动画制作软件	Ulead GIF Animator、Flash、3ds Max
音频编辑软件	Adobe Audition、GoldWave
视频编辑软件	Windows Movie Maker、Adobe Premiere、Ulead Media Studio、Ulead VideoStudio Plus（会声会影）
多媒体制作软件	Authorware、Director

9．多媒体技术的应用

多媒体技术的应用已遍及社会生活的各个领域，如多媒体教学（如图 6-11 所示）、可视电话、视频点播（如图 6-12 所示）、虚拟现实、多媒体数字图书馆（如图 6-13 所示）、多媒体电子出版物、多媒体查询系统等。

图6-11　多媒体教学网站

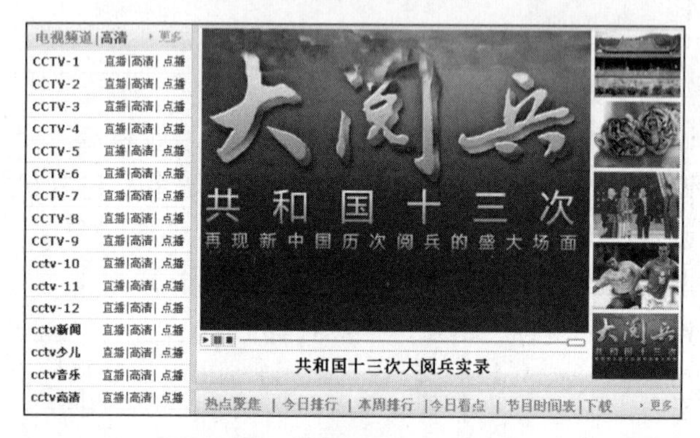

图6-12　中央电视台视频点播

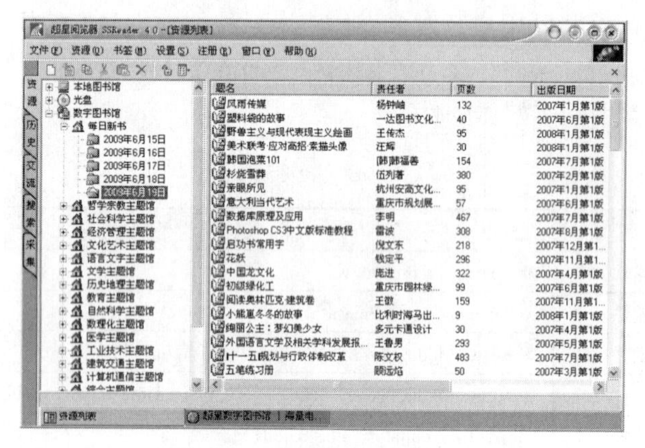

图6-13　多媒体数字图书馆

实战训练

（1）打开一个视频网站，如新浪视频、网易视频、学校网站视频栏目等，辨认网站应用了哪些媒体，是不是还有媒体没有应用到，如果是，请在同学或老师的帮助下，了解你还没有接触到的媒体。如果能独立完成，更值得嘉奖。

（2）请辨认你所打开的视频网站中有哪些多媒体元素，是不是还有多媒体元素没有，如果没有，请在同学或老师的帮助下，了解你还没有接触到的多媒体元素。

（3）了解自己学校或家里的计算机中所安装的软件，哪些是多媒体软件。

（4）如果计算机中默认使用 ACDSee 软件打开.bmp 文件，尝试修改为双击打开.bmp 文件时，运行的是 Windows 图片和传真查看器。

（5）通过 Internet 查询多媒体技术的应用领域，或从社会、学校、家庭中收集多媒体技术应用的真实案例，结果自己学习的体会，撰写一篇研究性学习报告。

任务 2　使用多媒体文件

在本任务中我们主要完成以下几个方面的学习。

- 了解多媒体文件；
- 浏览和播放多媒体文件；
- 多媒体素材的采集。

任务分析

通过对本任务的学习，要了解常见多媒体文件的格式。通过浏览动画和播放视频，了解多媒体文件格式，掌握浏览多媒体文件的方法，并通过截取屏幕和录制声音等操作，掌握图像、声音等多媒体素材的采集方法。本任务将分为以下几个步骤进行。

- 截取屏幕；
- 浏览动画；
- 录制声音；
- 播放视频。

任务实施步骤

【第一步】截取屏幕

在使用计算机的过程中，经常需要将屏幕上的内容保留下来，然后以图像文件的形式保存在计算机中，这种操作叫做截取屏幕，简称“抓图”。

下面以截取“我的电脑”窗口为例，学习截取屏幕的操作。

（1）单击桌面上“我的电脑”图标。

（2）按【Alt+Print Screen】组合键。按【Alt+Print Screen】组合键的操作是先按住【Alt】键不放，然后再按【Print Screen】键。【Print Screen】键在标准键盘上的位置是在上面第一排的【F12】键的右边，【Insert】键的上边。

小提示

注意，这里按【Alt+Print Screen】组合键的作用是截取当前程序的窗口，作为图像放入 Windows 操作系统的剪贴板中；如果仅按【Print Screen】键，将会截取当前整个屏幕的内容。

（3）运行“画图”软件。单击“开始”→“所有程序”→“附件”→“画图”命令。

（4）在“画图”软件中进行“粘贴”。这时的粘贴是将 Windows 操作系统的剪贴板中的内容放到画图软件的工作区里，结果如图 6-14 所示。

图6-14　截取“我的电脑”

（5）保存图像文件。在“画图”软件中，单击“文件”菜单，然后单击“保存”命令。在弹出的“保存为”对话框中，选择保存的位置、文件名和文件类型，最后单击“保存”按钮，如图 6-15 所示。

图6-15　保存图像文件

【第二步】浏览动画

双击“我的电脑”→“C 盘”→“Windows”→“Help”→“Tours”→“mmTour”→“intro.swf”文件。结果如图 6-16 所示。

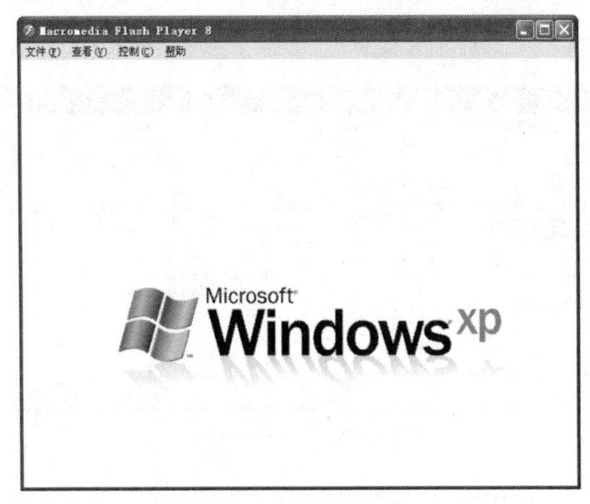

图6-16　Flash动画

这是一个 Flash 动画，在看到界面变化的同时，还可以听到一段声音。浏览 Flash 动画，可以使用 Flash Player，也可以使用 IE 浏览器。使用 IE 浏览器播放 Flash 动画，操作系统需要安装有 Flash 插件。

如果计算机初次安装 Flash 软件，Flash 安装系统会提示是否安装 Flash Player。如果计算机没有 Flash Player，那么第一次上网时，浏览器会提示是否从网络下载并安装 Flash 插件。

【第三步】录制声音

“录音机”是微软 Windows 操作系统所带的一个娱乐小工具，已有十几年的历史。

单击“开始”→“所有程序”→“附件”→“娱乐”→“录音机”命令，如图 6-17 所示，弹出“录音机”软件。

录音之前，计算机必须安装麦克风。确认麦克风与计算机连接正确并已经打开开关，然后单击开始录制声音。需要注意的是，这款 Windows 系统自带的录音软件默认最长只能录制 60 秒的声音。

如图 6-17 所示“录音机”软件还没有开始录音，所以按钮左侧的 4 个按钮显示为灰色。当开始录音时，单击按钮可结束录音。

声音录制完毕，或通过文件菜单打开了声音文件，这时单击按钮可以开始播放声音，这时软件界面中间的声音显示区会根据声音的高低出现音波，如图 6-18 所示。

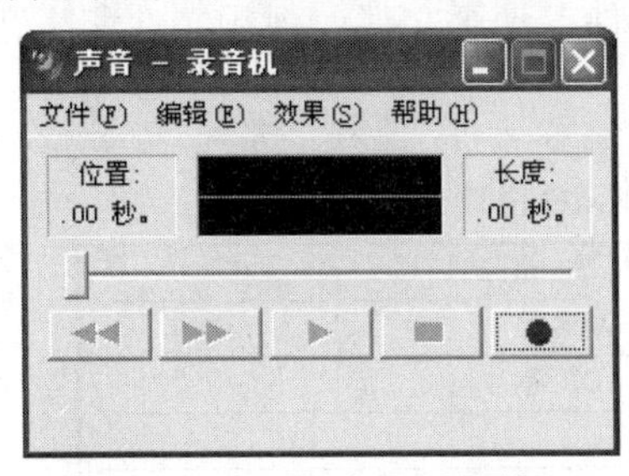

图6-17　“录音机”软件

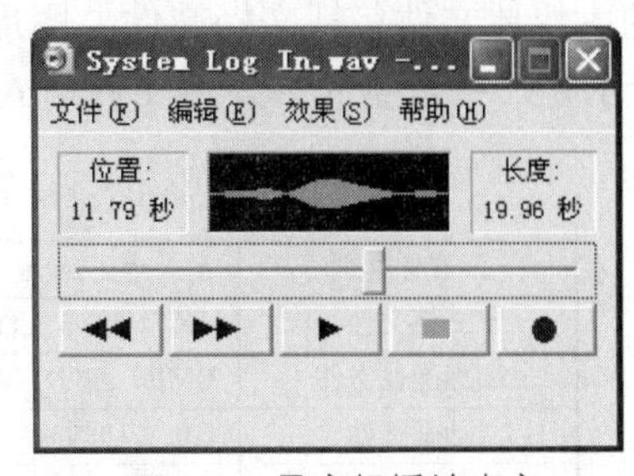

图6-18　录音机播放声音

如果需要将录制的声音保存在计算机中，单击“文件”菜单，然后单击“保存”命令。在“另存为”对话框中，选择保存的位置和保存的文件名，最后单击“保存”按钮即可。

【第四步】播放视频

双击桌面“我的电脑”图标，并打开 C:\WINDOWS\Help\Tours\WindowsMediaPlayer\Video

文件夹，如图 6-19 所示。

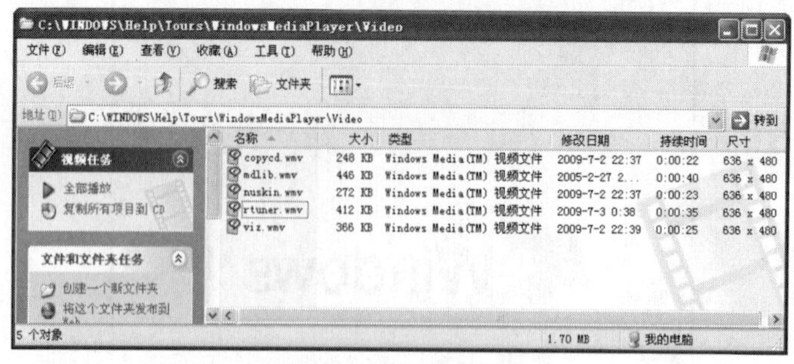

图6-19 视频文件

这个文件夹中的文件是 Windows XP 自带的教学视频文件，双击其中的一个视频文件，如 rtuner.wmv，结果如图 6-20 所示。

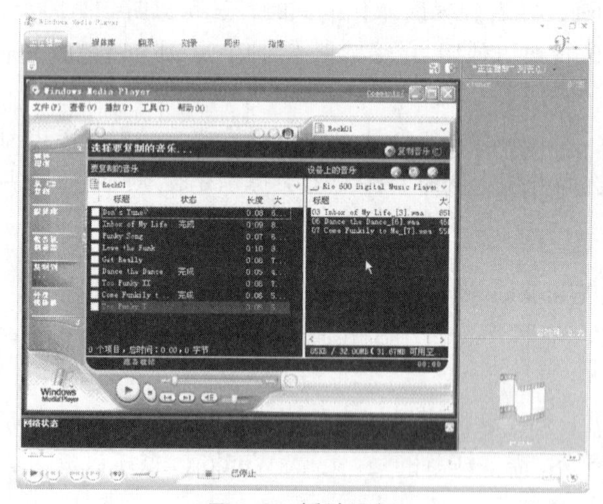

图6-20 播放视频

1．多媒体文件

常见的多媒体文件包括文档文件、图形图像文件、动画文件、视频文件和声音文件等，如表 6-2 所示是一些常见的多媒体文件格式。

表 6-2 常见的多媒体文件格式

多媒体类别	文 件 格 式
文档文件	TXT（文本文件）、DOC、WPS 等
图形图像文件	BMP、JPG、GIF、PNG、CDR 等
动画文件	GIF（动画）、FLC、SWF 等
音频文件	WAV、MP3、RA、WMA、MID 等
视频文件	AVI、MPG/MPEG、RM、ASF、RMVB、WMV、MOV 等

2．文档文件

1）TXT 格式

TXT 格式是 Windows 操作系统中最基本的文本文件格式，一般的文字编辑软件都支持它。使用最简单的编辑软件是 Windows 操作系统自带的“记事本”编辑器。

2）DOC 格式

DOC 格式是目前市场占有率最高的办公套件 Microsoft Office 中的文字处理软件 Word 的文档格式。

3）WPS 格式

WPS 格式是金山办公软件中的文字处理软件 WPS 的文档格式，可以使用 WPS Office 等软件编辑。

3．图形图像文件

计算机中显示的图形图像一般可以分为两大类——矢量图和位图。图形图像文件是图形文件和图像文件的合称。

图像文件又称为位图图像（bitmap）、点阵图像，是由称为像素的单个点组成的。这些点可以进行不同的排列和染色以构成图样。当放大位图时，可以看见赖以构成整个图像的无数个方块。

图形文件又称为矢量图形文件，如图 6-21 所示。矢量图使用直线和曲线来描述图形，这些图形的元素是一些点、线、矩形、多边形、圆和弧线等，它们都是通过数学公式计算获得的。例如，一幅花图案的矢量图形实际上是由线段形成外框轮廓，由外框的颜色及外框所封闭的颜色决定花显示出的颜色。由于矢量图形可通过公式计算获得，所以矢量图形文件体积一般较小。矢量图形最大的优点是无论放大、缩小或旋转都不会失真。Adobe 公司的 Illustrator、Corel 公司的 CorelDRAW 都是属于矢量图形设计软件。

图6-21　矢量图像

1）BMP 格式

BMP 格式是 Windows 和 OS/2 操作系统的基本位图（bitmap）格式，Windows 环境下运行的图形图像处理软件都支持这种格式。

BMP 文件格式有压缩和非压缩两种，一般情况下，为了获得较高的图像质量，对 bmp 文件是不进行压缩的，因此，bmp 文件所占磁盘空间较大。

2）JPEG 格式（JPG）

JPEG 是静态图像压缩算法的国际标准，JPG 图像文件具有迄今为止最为复杂的文件结构和编码方式，和其他格式的最大区别是 JPG 使用一种有损压缩算法，是以牺牲一部分的图像数据来达到较高的压缩率，但是这种损失很小以至于很难察觉，印刷时不宜使用此格式。

3）GIF 文件

GIF 格式是一种高压缩比的彩色图像文件格式，主要用于图像文件的网络传输。Gif 格式的图像文件是世界通用的图像格式，是一种压缩的 8 位图像文件。正因为它是经过压缩的，而且又是 8 位的，所以这种格式是网络传输和 BBS 用户使用得最频繁的文件格式，速度要比传输其他格式的图像文件快得多。

4）PNG 文件

PNG（Portable Network Graphics）的原名为“可移植性网络图像”，是网上接受的最新图像文件格式。PNG 能够提供长度比 GIF 小 30%的无损压缩图像文件。它同时提供 24 位和 48 位真彩色图像支持，以及其他诸多技术性支持。Photoshop 可以处理 PNG 图像文件，也可以用 PNG 格式存储图像文件。

5）CDR 格式

CDR 格式文件是一种矢量图形文件，是加拿大的 Corel 公司开发的 CorelDRAW 软件默认的文件保存格式。CorelDRAW 是矢量图形绘制软件，所以 CDR 可以记录文件的属性、位置和分页等。但它在兼容性上比较差，一般只能在 CorelDRAW 软件中使用，其他图形编辑软件打不开此类文件。

4．动画文件

1）GIF 动画文件

考虑到网络传输中的实际情况，GIF 图像格式除了一般的逐行显示方式外，还增加了渐显方式，也就是说，在图像传输过程中，用户可以先看到图像的大致轮廓，然后随着传输过程的继续而逐渐看清图像的细节部分，从而适应了用户的观赏心理。最初，GIF 只是用来存储单幅静止图像的，后又进一步发展为可以同时存储若干幅静止图像并进而形成连续的动画，目前 Internet 上动画文件多为这种格式的文件。

2）FLC 文件

FLC 文件是 2D、3D 动画制作软件中经常采用的动画文件格式。FLC 文件首先压缩并保存整个动画系列中的第一幅图像，然后逐帧计算前后两幅图像的差异或改变部分，并对这部分数据进行压缩，由于动画序列中前后相邻图像的差别不大，因此可以得到相当高的数据压缩率。

3）SWF 文件

SWF 文件是基于 Shockwave 技术的流式动画格式，是用 Flash 软件编辑制作并导出的动画格式文件，由于 SWF 文件具有体积小、功能强、交互能力好、支持多个层和时间线程等特点，所以广泛应用在 Internet 上。客户端浏览器安装 Flash 插件即可播放。

5．音频文件

数字音频同 CD 音乐一样，将真实的数字信号保存起来，播放时通过声卡将信号恢复成悦耳的声音。

1）Wave 文件（WAV）

Wave 格式文件是 Microsoft 公司开发的一种声音文件格式，用于保存 Windows 平台的音频信息资源，被 Windows 平台及其应用程序所广泛支持。它是 PC 上较为流行的声音文件格式，但其文件尺寸较大，多用于存储简短的声音片段。

2）MPEG 音频文件（MP1、MP2、MP3）

MPEG 音频文件格式是指 MPEG 标准中的音频部分。MPEG 音频文件的压缩是一种有损压缩，根据压缩质量和编码复杂程度的不同可分为三层（MPEG Audio Layer 1/2/3），分别对应 MP1、MP2、MP3 这 3 种声音文件。MPEG 音频编码具有很高的压缩率，MP1 和 MP2 的压缩率分别为 4:1 和 6:1～8:1，标准的 MP3 的压缩比是 10:1。一个 3 分钟长的音乐文件压缩成 MP3 后大约是 4MB，同时其音质基本保持不失真。目前在网络上使用的很多音频文件都是 MP3 文件格式。

3）RA 文件

RealAudio 是 Real Networks 公司开发的一种音频文件格式，它主要用于在低速率的广域网上实时传输音频信息，随着网络连接速率的不同，客户端所获得的声音质量也不尽相同。

对于 14.4Kb/s 的网络连接，可获得调频（AM）质量的音质；对于 28.8 Kb/s 的网络连接，可以达到广播级的声音质量；如果拥有 ISDN 或更快的线路连接，则可获得 CD 音质的声音。

4）WMA 文件

WMA（Windows Media Audio）格式的音频文件，在压缩比和音质方面都超过了 MP3，能在较低的采样频率下产生好的音质。WMA 有微软的 Windows Media Player 做强大的后盾，目前网上的许多音乐纷纷转向 WMA。

5）MIDI 文件（MID）

MIDI 是乐器数字接口（Musical Instrument Digital Interface）的缩写，是数字音乐/电子合成乐器的统一国际标准，它定义了计算机音乐程序、合成器及其他电子设备交换音乐信号的方式，还规定了不同厂家的电子乐器与计算机连接的电缆和硬件及设备间数据传输的协议，可用于为不同乐器创建数字声音，可以模拟大提琴、小提琴、钢琴等常见乐器。在 MIDI 文件中，只包含产生某种声音的指令，计算机将这些指令发送给声卡，声卡按照指令将声音合成出来。相对于声音文件，MIDI 文件显得更加紧凑，其文件大小也小得多。

6．视频文件

1）ASF 文件

ASF 是 Advanced Streaming Format 的缩写，它是 Microsoft 公司的影像文件格式，是 Windows Media Service 的核心。ASF 是一种数据格式，音频、视频、图像及控制命令脚本等多媒体信息通过这种格式，以网络数据包的形式传输，实现流式多媒体内容发布。

2）WMV 文件

WMV 是 Microsoft 公司推出的一种流媒体格式，它是由 ASF 格式升级延伸来的。在同等视频质量下，WMV 格式的体积非常小，因此很适合在网上播放和传输。WMV 文件一般同时包含视频和音频部分。视频部分使用 Windows Media Video 编码，音频部分使用 Windows Media Audio 编码。

3）AVI 文件

AVI 格式的文件是一种不需要专门的硬件支持就能实现音频与视频压缩处理、播放和存储的文件。AVI 格式文件可以把视频信号和音频信号同时保存在文件中，在播放时，音频和视频同步播放。AVI 视频文件使用时非常方便。例如，在 Windows 环境中，利用 Windows Media Player 能够轻松地播放 AVI 视频图像；利用 Microsoft 公司 Office 系列中的幻灯片软件 PowerPoint，也可以调入和播放 AVI 文件；在网页中也很容易加入 AVI 文件；利用高级程序设计语言，也可以定义、调用和播放 AVI 文件。

4）MPEG 文件（MPEG、MPG、DAT）

MPEG 文件格式是运动图像压缩算法的国际标准，MPEG 标准包括 MPEG 视频、MPEG 音频和 MPEG 系统（视频、音频同步）3 个部分，MP3 音频文件就是 MPEG 音频的一个典型应用。MPEG 压缩标准是针对运动图像而设计的，其基本方法是，在单位时间内采集并保存第一帧信息，然后只存储其余帧相对第一帧发生变化的部分，从而达到压缩的目的。它主要采用两个基本压缩技术，即运动补偿技术（实现时间上的压缩）和变换域压缩技术（实现空间上的压缩）。MPEG 的平均压缩比为 50:1，最高可达 200:1，压缩效率非常高，同时图像和音响的质量也非常好。

MPEG 的制订者原打算开发 4 个版本：MPEG1～MPEG4，以适用于不同带宽和数字影像质量的要求。后由于 MPEG3 被放弃，所以现存的只有 3 个版本：MPEG-1，MPEG-2 和 MPEG-4。

VCD 使用 MPEG-1 标准制作，而 DVD 则使用 MPEG-2 标准制作。MPEG-4 标准主要应用于视像电话、视像电子邮件和电子新闻等，其压缩比例更高，所以对网络的传输速率要求相对较低。

5）RM 文件

RM 是 Real Media 的缩写，是由 Real Networks 公司开发的视频文件格式，也是出现最早的视频流格式。它可以是一个离散的单个文件，也可以是一个视频流。它在压缩方面做得非常出色，生成的文件非常小，因此已成为网上直播的常用格式，并且这种技术已相当成熟。

6）RMVB 文件

RMVB 是一种可改变比特率的视频文件格式，可以用 RealPlayer、暴风影音等软件来播放。

影片的静止画面和运动画面对压缩采样率的要求不同，如果始终保持固定的比特率，会对影片质量造成浪费。RM 格式采用的是固定码率编码，在标准在线 225kbps 码率的情况下，画面清晰度差。RMVB 格式比上一代 RM 格式画面要更清晰，原因是降低了静态画面下的比特率。

RMVB 格式在保证平均压缩比的基础上，设定了一般为平均采样率两倍的最大采样率值。将较高的比特率用于复杂的动态画面（如歌舞、飞车、战争等），而在静态画面中则灵活地转为较低的采样率，合理地利用了比特率资源，使 RMVB 在牺牲少部分用户察觉不到的影片质量的情况下，最大限度地压缩了影片的大小，最终拥有了接近于 DVD 品质的视听效果。

7）MOV 文件

这是的 Apple（苹果）公司开发的一种视频格式，默认的播放器是 Apple 公司的 QuickTime 播放器，如图 6-22 所示。几乎所有的操作系统都支持 QuickTime 的 MOV 格式，现在已经是数字媒体事实上的工业标准，多用于专业领域。

图6-22 QuickTime 视频播放器

实战训练

（1）寻找计算机中保存的多媒体文件。
（2）下载并安装一款截屏软件，学习专用截屏软件的使用。
（3）用“画图”软件画一幅自画像。
（4）下载并安装一款 Flash 播放软件，学习 Flash 播放软件的使用。
（5）下载并安装一款录音软件，学习录音软件的使用。
（6）下载并安装一款音频播放软件，学习音频播放软件的使用。
（7）下载并安装一款视频播放软件，学习视频播放软件的使用。
（8）下载并安装 QuickTime 播放器，学习 QuickTime 播放器的使用。

学习单元6.2　图像处理

当代文化越来越重要的特征就是技术与想象力的结合，创造和处理图像改变了人们展示信息、交流思想和抒发情感的方式。

在本学习单元中，将通过制作一份“滴水之贵”的水资源公益广告来学习看图软件 ACDSee 的基础操作。具体内容包括图像的预览和浏览、调整图像、添加图像效果和添加文本等。

“滴水之贵”的效果图如图 6-23 所示。

图6-23　“滴水之贵”公益广告的效果图

本学习单元的内容将分解为以下 3 个任务来完成。

- 浏览图像；
- 裁剪图像；
- 添加文本。

任务 1　浏览图像

任务内容

在本任务中我们主要完成以下几个方面的学习。

➢ Windows XP 浏览图像文件；
➢ ACDSee 浏览图像文件；
➢ 保存图像文件。

任务分析

通过对本任务的学习，要了解 Windows XP 下图像的预览方法，掌握 ACDSee 浏览图像的基本操作，包括图像查看、图像缩放、保存图像文件等。本任务按照以下几个步骤进行。

✧ 缩略图查看；
✧ 幻灯片查看；
✧ ACDSee 快速查看器；
✧ ACDSee 完整查看器；
✧ ACDSee 相片管理器；
✧ 保存图像文件。

任务实施步骤

【第一步】缩略图查看

在 Windows XP 操作系统中，通过双击桌面上的“我的电脑”图标，找到图像素材所在的文件夹。如图 6-24 所示的界面，是文件夹常见的“详细信息”查看方式。

图6-24　“详细信息”查看方式

用鼠标右键单击窗口中文件夹的空白处，在弹出的快捷方式里选择“查看”→“缩略图”命令，如图 6-25 所示。

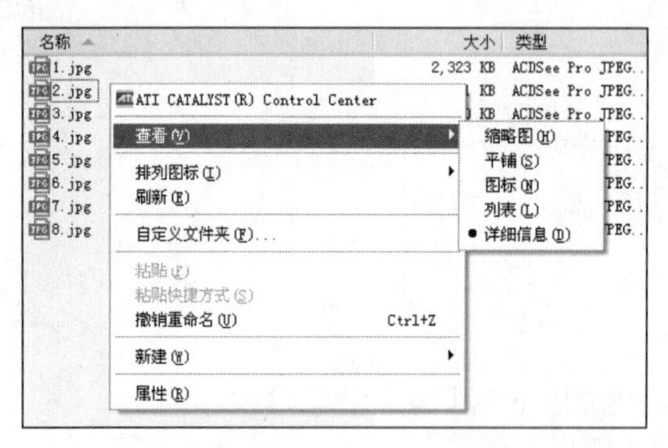

图6-25　文件夹查看方式

缩略图显示效果如图 6-26 所示。

图6-26　“缩略图”查看方式

【第二步】设置文件夹类型为相册

用鼠标右键单击文件夹空白处，选择“属性”命令，在出现的对话框中选择“自定义”选项卡，在第一个下拉列表“用此文件夹类型作为模板”中选择“相册（适合较少的文件）”，单击“确定”按钮完成设置，如图 6-27 所示。

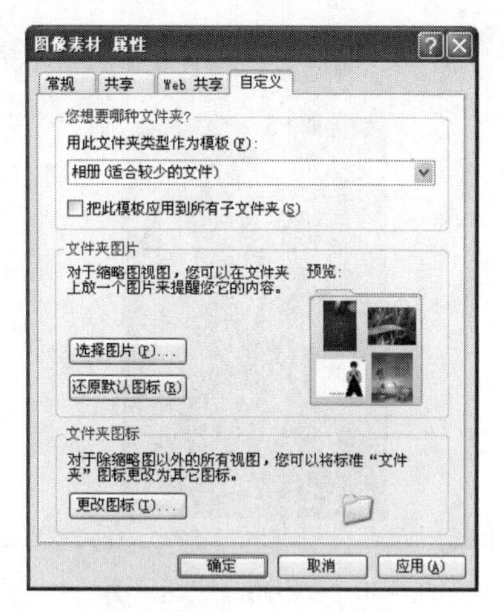

图6-27 设置文件夹为相册

【第三步】幻灯片查看方式

在 Windows XP 操作系统中，如果一个文件夹被自定义为“相册”模板，那么在查看方式中将出现“幻灯片”的方式。

用鼠标右键单击文件夹空白处，在弹出的快捷方式里选择“查看”→“幻灯片”命令，如图 6-28 所示。

在幻灯片查看方式下，单击 查看上一张图像，单击 查看下一张图像，单击 顺时针旋转图像，单击 逆时针旋转图像，如图 6-29 所示。

图6-28 选择“幻灯片”命令

图6-29 “幻灯片”查看方式

【第四步】ACDSee 快速查看图像

加拿大 ACD Systems 公司研发的 ACDSee 是目前较为流行的数字图像管理软件，在全球拥有超过 2 500 万的用户。作为图像浏览和管理软件，ACDSee 能广泛应用于图像的获取、整理、查看、修正、分享等方面。使用 ACDSee，可以从数码相机和扫描仪中高效获取图片，并进行便捷的查找、组织和预览。

安装 ACDSee 后，双击图像文件将运行 ACDSee 软件，进入 ACDSee 快速查看器，如图 6-30 所示。

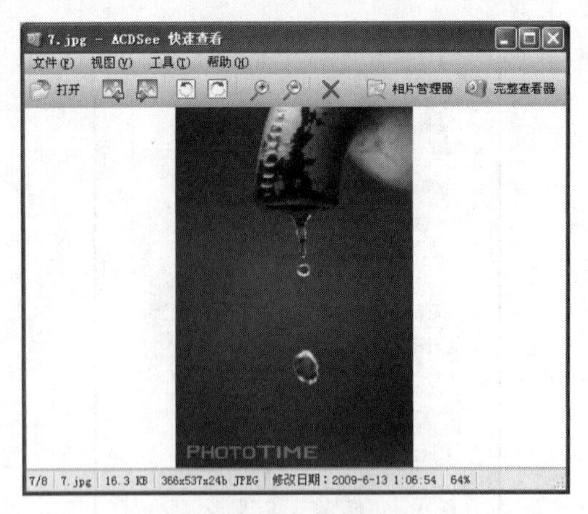

图6-30 ACDSee快速查看器

在 ACDSee 快速查看浏览窗口中，单击查看上一张图像，单击查看下一张图像，单击左旋转图像使图像逆时针旋转 90 度，单击右旋转图像使图像顺时针旋转 90 度，单击放大图像，单击缩小图像，单击删除图像。

如表 6-3 所示是 ACDSee 快速查看浏览窗口中常用的操作命令。

表 6-3 ACDSee 常用操作

操 作 命 令	快 捷 键
全屏	【F】键
相片管理器	【Enter】键（回车键）
首张图像	【Home】键
末张图像	【End】键
下一张	【PageDown】键或空格键
上一张	【PageUp】键、【Backspace】退格键

【第五步】ACDSee 完整查看器

在 ACDSee 快速查看浏览窗口中，单击工具栏右侧的“完整查看器”按钮，可进入完整查看器，如图 6-31 所示。

图6-31 ACDSee完整查看器

完整查看器中有更多的工具栏，这些工具按钮一般在简单查看图像时很少用到，只是在对图像进行处理时有用，下一个学习任务将介绍其中一些常用的功能。

单击“缩放”工具按钮后，再将光标移动到图像上，单键鼠标左键，将放大图像；单击鼠标右键，将缩小图像。

单击“放大”工具按钮后，不需要将光标移动到图像上，图像会直接放大显示；单击“缩小”工具按钮，图像直接缩小显示。

【第六步】ACDSee 相片管理器

在 ACDSee 快速查看器中单击工作栏中的相片管理器，或在 ACDSee 完整查看器中单击工具栏中的浏览，或在这两个查看器中直接按【Enter】键（回车键），都可将 ACDSee 工作界面切换为相片管理器，如图 6-32 所示。

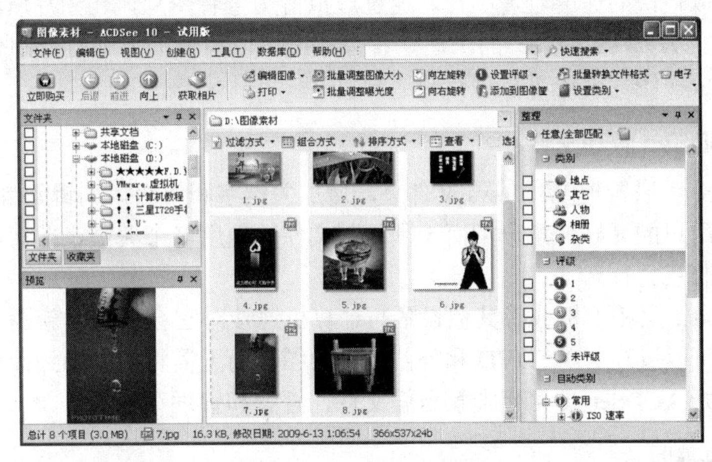

图6-32　ACDSee相片管理器

在 ACDSee 图像浏览器中，双击任意图像文件，都可切换到图像完整查看器界面。

【第七步】另存图像

在计算机中，文件复本的保存是一项重要的操作，图像文件另存也一样需要掌握。

单击 ACDSee“文件”菜单，选择“另存为……”菜单命令，在弹出的“图像另存为”对话框中，选择图像保存的文件夹，输入图像文件的文件名（如果不需要更改图像文件名，可以省略文件名输入），然后单击“保存”按钮，如图 6-33 所示。

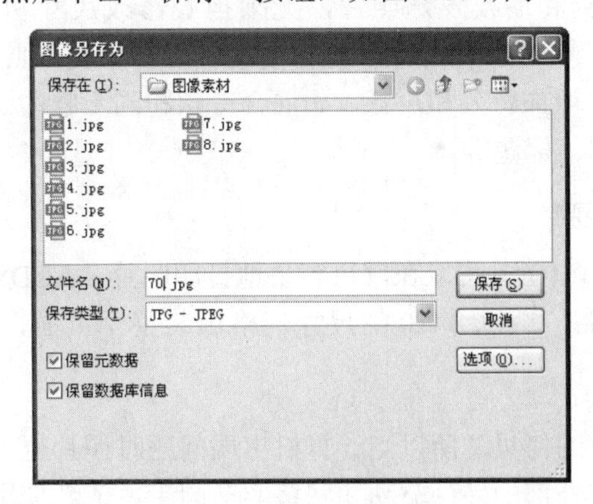

图6-33　另存图像文件

【第八步】退出 ACDSee

和其他 Windows XP 下的应用软件一样，退出 ACDSee 可以选择“文件”菜单中的“退出”菜单命令，或直接单击窗口右上角的“关闭”命令按钮☒。

ACDSee 能快速、高质量地显示图像文件，并配有内置的音频播放器，可以制作和播放精彩的幻灯片，还能播放如 MPEG 之类的视频文件。

1．快速查看

通过 ACDSee，不必再等待一张图片慢慢地打开。它是目前市场上较为优秀的图片文件的查看器，可以以较快的速度查看图片。通过虚拟日历查看图片，让图片填满屏幕并通过指尖轻点快速浏览。另外 ACDSee 的快速查看模式可以以最快的方式打开邮件附件或者桌面的文件。将鼠标放在图片上还可以进行快速预览。

2．使用 ACDSee 管理文件

使用 ACDSee 可以管理 Windows 文件夹，增加关键字和等级，编辑元数据和创建分类，还可将图片按照用户的喜好任意分类而无须复制文件。使用多个关键字搜索，可使搜索图片更加容易，如“北京之行”。

当相机、iPod、照相手机或者其他设备与计算机连接时它会自动对新图片进行导入、重命名和分类。它可以管理 CD、DVD 和外部驱动的图片而无需将其复制到计算机中，节省大量时间。无须离开 ACDSee 即可迅速解压缩文件，查看和管理存档项目。

3．修正和改善照片

单击按钮修正普通的问题，如消除红眼，清除杂点和改变颜色。通过 ACDSee 先进的工具可以消除红眼并使眼睛的颜色更加自然。

通过 ACDSee 阴影/高光工具可以修正相片过明或过暗等细节问题。它可以在指定的区域内快速修正照片的曝光不足，而不影响其他区域，还可以对照片所选范围实现模糊、饱和度和色彩效果的调整。

4．分享照片

通过邮件给家庭成员和朋友发送照片，无须担心修改尺寸和转换格式的操作。通过 ACDSee 的免费线上相册 ACDSee Sendpix 可在网站和博客上发布照片。

设计独特的幻灯片并增加特效和声音，如混合音频和同步歌曲。可以从 ACDSee 内部创建 PowerPoint，包括注解、标题等。

5．使家庭打印轻而易举

通过 ACDSee 打印输出工具可以在家更容易地打印照片。ACDSee 可以帮助用户在一页内打印多个 4×6 的印刷品，或以 8×10 的尺寸规格填装整个页面，还可以创建打印尺寸。

6．保护照片

ACDSee 可保存图像的拷贝，所以当计算机出现问题时图片也不会丢失。用户可以使用同步工具将图片文件夹和外部的硬件驱动和网络驱动同步，或者使用数据库备份工具将照片和数据备份到 CD 或 DVD，甚至可以自己安排备份和提醒。

7．查看、浏览和管理超过 100 种的文件格式

ACDSee 支持大量的音频、视频和图片格式，包括 BMP、GIF、IFF、JPG、PCX、PNG、PSD、RAS、RSB、SGI、TGA 和 TIFF 等。用户可以通过完整列表查看所有支持的文件格式。

（1）下载并安装 ACDSee 软件。

（2）如何用 ACDSee 软件进行图像文件的格式转换？

（3）如何用 ACDSee 软件将一幅图像设置为 Windows XP 的桌面壁纸？

任务 2　加工图像

在本任务中我们主要完成以下几个方面的学习。

- ACDSee 图像修改；
- ACDSee 图像加工。

任务分析

ACDSee 软件以快速浏览图像文件、操作简便著称。随着软件版本的不断提升，ACDSee 软件已不再局限于简单的图像查看功能，一些常用的图像加工技术开始出现在 ACDSee 软件中，如调整图像大小、裁剪图像、添加简单效果等。

通过对本任务的学习，要了解 ACDSee 软件中图像的常用处理方法，掌握加工图像的基本操作，包括调整图像、添加图像效果、保存加工结果等。本任务分为以下几个步骤进行。

- ✧ 调整图像大小；
- ✧ 图像自动曝光；
- ✧ 调整图像亮度；
- ✧ 裁剪图像；
- ✧ 添加图像效果；
- ✧ 保存图像。

任务实施步骤

【第一步】调整图像大小

目前的数码照相机与智能手机都能够提供多种分辨率的拍照选择，在计算机处理图像时，经常会出现因图像太大需要调整大小的问题。在网页设计中，也经常需要将大图像调整为小图片。

调整图像大小是 ACDSee 的一个常用操作，在 ACDSee 软件中打开需要调整的图像文件，单击“修改”菜单，选择“调整大小”命令。

在调整图像大小的对话框中，输入宽度和高度值，然后单击“完成”按钮，即可方便地完成调整大小的操作。

当“保持纵横比”复选框为选定状态时，输入宽度值，高度值会根据图像原有的宽度和高度的比例自动调整，或输入高度值时，宽度值也会自动调整；如果需要同时更改宽度和高度值，需要单击“保持纵横比”复选框以取消其选定状态。

【第二步】图像自动曝光

由于各种原因，图像文件会存在曝光不正确的问题，ACDSee 软件的自动曝光功能可以帮助纠正曝光问题。

在 ACDSee 软件中打开需要自动曝光的图像文件，单击左侧编辑任务工具栏中的“自动曝光”工具按钮，如图 6-34 所示。

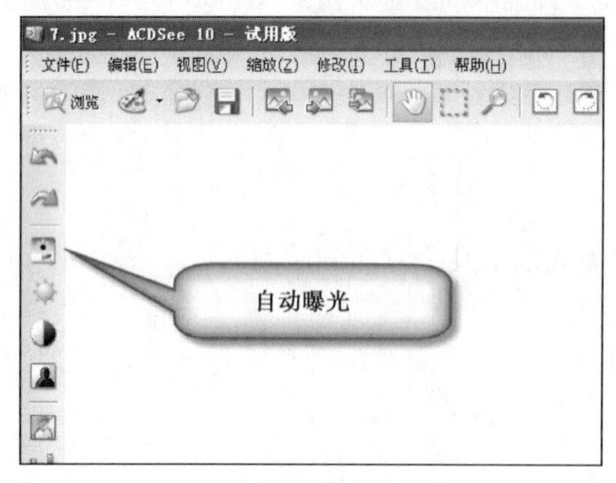

图6-34 “自动曝光”工具按钮

单击“自动曝光”工具按钮进入“自动色阶”对话框，右侧显示 ACDSee 自动调整的结果，如果对结果仍不满意，可以在进行手动调整，如图 6-35 所示。

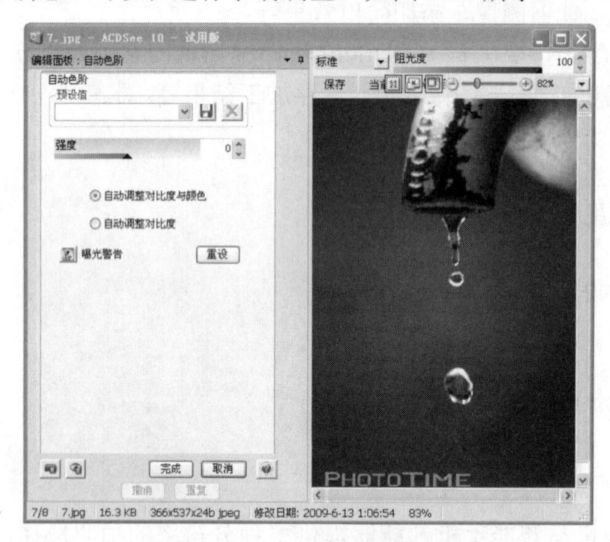

图6-35 “自动色阶”对话框

由于“自动曝光”是系统自动完成的，完成速度快，有时调整前后区别不明显，所以为了解这种细微的变化，可以在“自动曝光”对话框中，单击“自动色阶”左下角的▣按钮，以显示调整前后的区别。

最后单击“完成”按钮结束“自动曝光”操作。

【第三步】调整图像亮度

在照照片时，有时会遇到环境亮度偏暗的情况，所拍摄的照片整体偏暗，这时需要调整图像的亮度。

在 ACDSee 软件中打开需要调整亮度的图像文件，单击左侧编辑任务工具栏中的“亮度”工具按钮，如图 6-36 所示。

单击“亮度”工具按钮进入“曝光”对话框，在“预置值”下拉列表框中，有“加亮阴影”、“增加对比度”两个选项。本例选择“加亮阴影”，结果如图 6-37 所示，然后单击“完成”按钮。

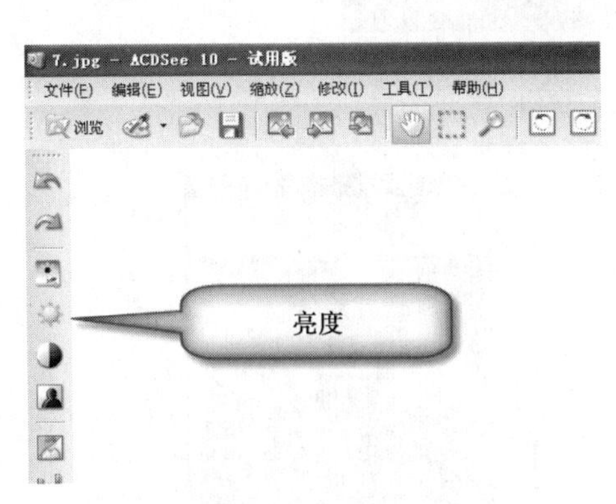

图6-36　调整“亮度”工具按钮

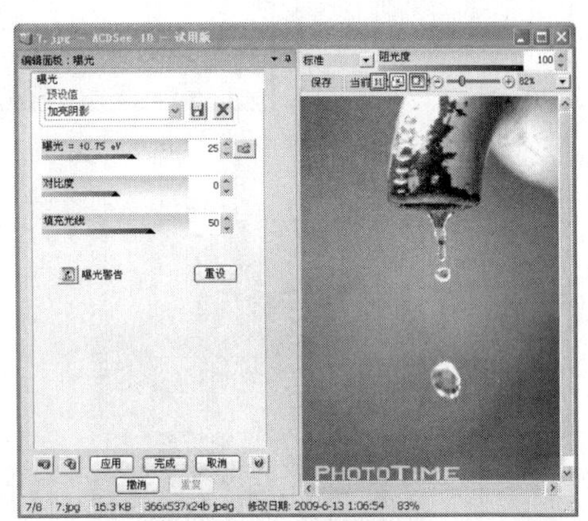

图6-37　调整亮度

【第四步】图像裁剪

在用计算机处理图像时，经常需要裁剪图像中的一部分。本例要求裁剪图像，将图像中“PhotoTime”文字所在部分裁剪掉。

单击左侧编辑任务工具栏中的“裁剪工具”按钮，如图 6-38 所示。

图6-38　“裁剪”工具按钮

如果 ACDSee 窗口较小，左侧无法显示全部的工具按钮时，它会自动隐藏，可以单击左下角的 ‹ »，在弹出的菜单中选择需要的工具。

在“裁剪”窗口中（如图 6-39 所示），裁剪区由 8 个小方点围成。

拖动裁剪区的小方点可调整裁剪区的大小，如图 6-40 所示。单击“完成”按钮，结果如图 6-41 所示。

【第五步】添加效果

本例将要在图像的下部添加水波的效果。

图6-39 “裁剪”窗口

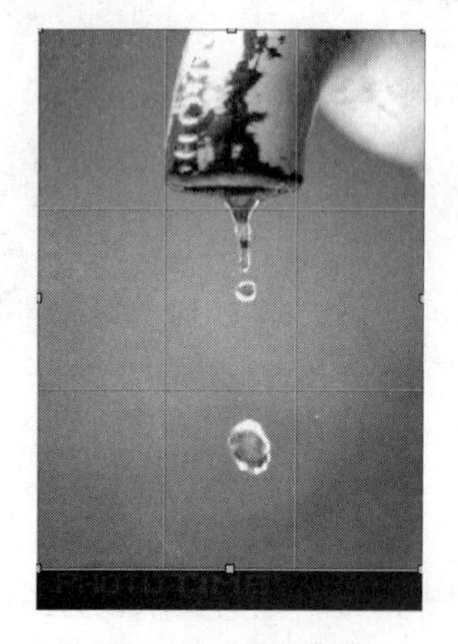

图6-40 调整裁剪区

图6-41 裁剪结果

单击“修改”→“效果”→“自然”→“水面”菜单命令，如图 6-42 所示。

在“水面”效果对话框中（如图 6-43 所示），适当调整左侧编辑面板中的参数，然后单击“完成”按钮即可。

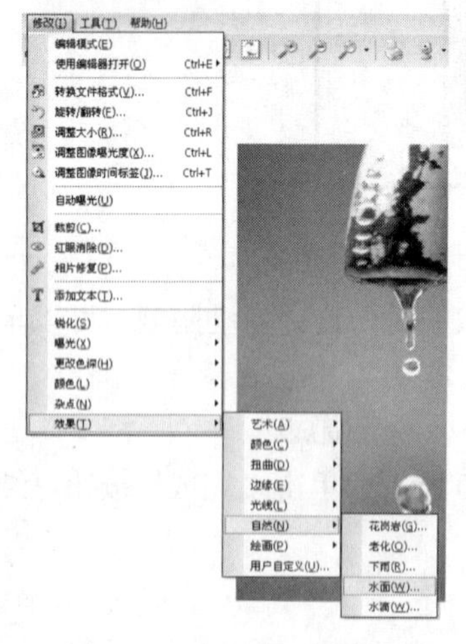

图6-42 “水面”菜单命令

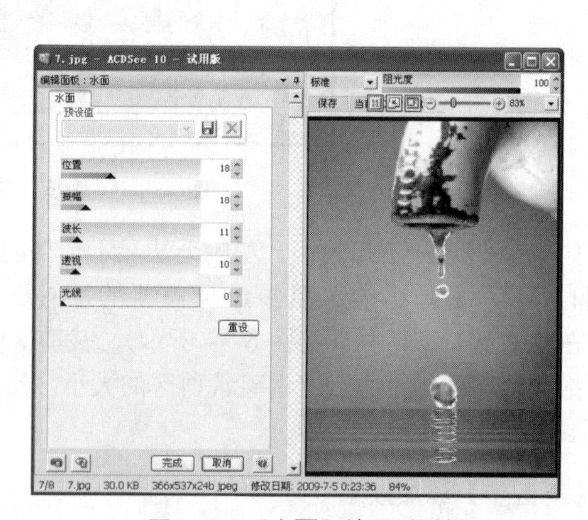

图6-43 “水面”效果对话框

【第六步】保存图像处理结果

单击工具栏中的“保存”按钮，或在“文件”菜单中单击“保存”菜单命令，以保存本任务的操作结果。

1．像素

在任务 1 和任务 2 中所选用的图像都是点阵图像。一幅点阵图像是由无数个点组成的，组成图像的一个点就是一个像素，像素是构成位图图像的最小单位。

2．分辨率

点阵图像的大小经常用 1024×768、800×600 等数字乘积的形式表示。其中 1024、800 称为水平分辨率，是图像显示在计算机屏幕上时，水平方向像素的数目，表示图像的宽度；768、600 称为垂直分辨率，表示垂直方向像素的数目，表示图像的高度。

实战训练

（1）下载并安装 ACDSee 软件。

（2）如何用 ACDSee 软件将一组图像文件统一设置为一样的大小？

（3）什么是照片中的红眼？如何消除红眼？

任务 3　添加文本

任务内容

在本任务中我们主要完成以下几个方面的学习。

- 在 ACDSee 中给图像添加文本；
- 在 ACDSee 设置图像文本。

任务分析

如果在图像中添加说明文本，能够更明白地说明图像的含义。

通过对本任务的学习，要掌握 ACDSee 软件中给图像添加文本的基本操作，包括输入文本、调整阴影等。本任务分为以下几个步骤进行。

- ✧ 添加文本；
- ✧ 设置文字字体；
- ✧ 设置文字阴影；
- ✧ 设置文字斜角。

任务实施步骤

【第一步】添加文本

单击左侧编辑任务工具栏中的“文本工具”按钮，如图 6-44 所示。

单击“添加文本”工具按钮之后，ACDSee 系统进入“添加文本”对话框，在文本框中系统自动添加了“文本”两个字，并在右侧预览图中显示出“文本”两个字的效果，如图 6-45 所示。

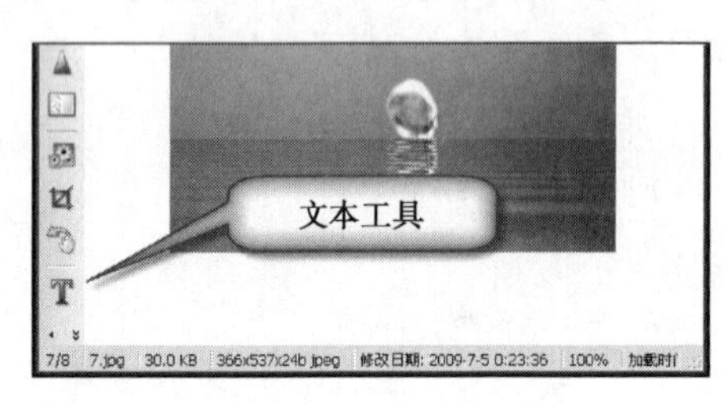

图6-44　文本工具

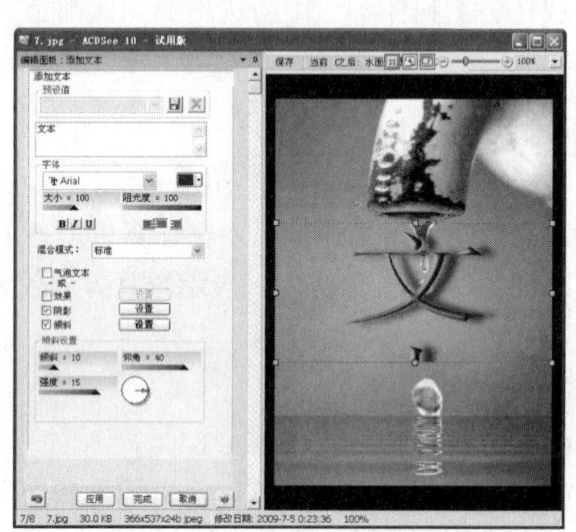

图6-45　“添加文本”对话框

【第二步】设置字体

在“添加文本”对话框中左侧的文本框内，删除原来已有的“文本”两个字，输入“滴水之贵”。在文本框下方的颜色下拉列表中，调整文字的颜色。用字体名称下方的“大小”滑动条调整字体的大小。

在左侧修改后，右侧预览图中会立即显示修改后的结果，如图 6-46 所示。

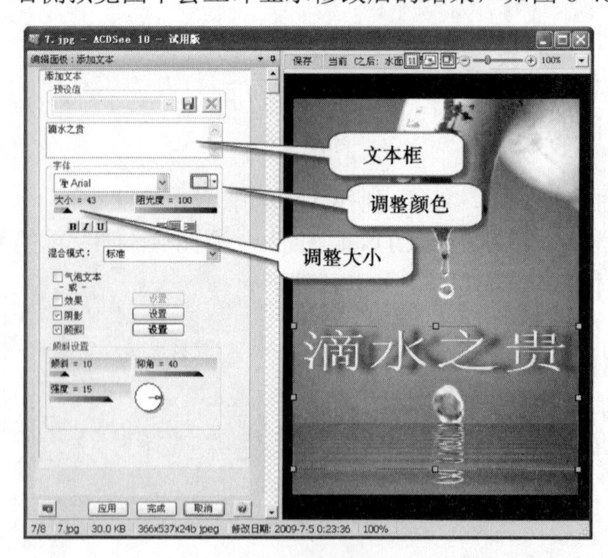

图6-46　设置字体

【第三步】设置文字阴影

在“添加文本”对话框中左侧的“阴影”复选框如果没有被勾选，则文本没有阴影。本例要求“阴影”为选定状态，这也是 ACDSee 系统的默认值。

然后单击“阴影”右边的“设置”按钮，在下面出现的“阴影设置”中，设置如图 6-47 所示的参数。

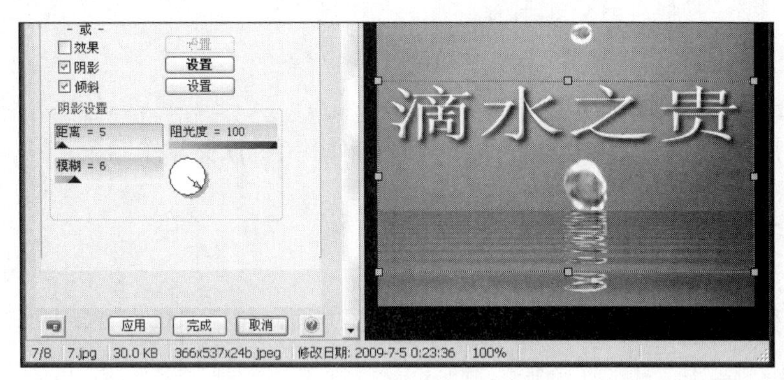

图6-47　设置阴影

【第四步】设置文字斜角

在“添加文本”对话框中，左侧的“倾斜”复选框可以设置文字的斜角。“倾斜”复选框如果没有被勾选，则文字只有平面而没有凸出的立体效果。本例要求“倾斜”为选定状态，这也是 ACDSee 系统的默认值。

适当修改“倾斜设置”的参数，单击“完成”按钮，效果如图 6-48 所示。

图6-48　本任务完成效果

【第五步】保存退出

单击 ACDSee 文件菜单，选择“保存”菜单命令，或单击工具栏中的按钮，保存本学习单元的作品。

单击 ACDSee 右上角的“关闭”按钮退出 ACDSee 软件。

相关知识

水印是在造纸过程中形成的，它“夹”在纸中而不是在纸的表面，迎光线看时可以清晰看到有明暗纹理的图形、人像或文字。将纸币对着光时即可看到其中的水印。

在 ACDSee 中，水印是指通常用于信函和名片的半透明图像。

实战训练

（1）如何用 ACDSee 软件对图像设置水印?

（2）下载并安装一款 3D 文字制作软件，并制作一个 3D 文字作品。

学习单元6.3 音频视频处理

音频处理和视频处理是计算机应用领域的重要方面，包括编辑声音、制作家庭 DVD 电影作品等操作。

在本学习单元中，通过使用 Windows XP 自带的 3 款多媒体软件，学习处理声音和视频的相关操作，包括音频 CD 翻录音乐、声音编辑、电影编制等。

本学习单元的内容将分解为以下 3 个任务来完成。

- 使用 Windows Media Player;
- 使用“录音机”处理音频;
- 使用 Windows Movie Maker 制作电影。

任务 1 使用 Windows Media Player

任务内容

在本任务中我们主要完成以下几个方面的学习。

- 设置 Windows Media Player;
- 使用 Windows Media Player。

任务分析

Windows Media Player 是 Windows 操作系统自带的多媒体播放软件，可以查找和播放计算机上的数字媒体文件、CD、DVD，以及来自 Internet 的数字媒体内容。此外，可以从音频 CD 翻录音乐，刻录音乐 CD，将数字媒体文件同步到便携设备，并且可以在 Internet 上通过网上商店查找和购买数字媒体内容。

通过对本任务的学习，要掌握 Windows XP 下音频的播放，以及设置可视化效果、调整播放器的外观、播放 CD 音乐和 DVD 电影、管理媒体库、CD 音乐翻录等操作。本任务分为以下几个步骤进行。

- ✧ 可视化效果;
- ✧ 设置外观;
- ✧ 播放 CD 音乐;

✧ 播放 DVD 电影；
✧ 媒体库；
✧ CD 音乐翻录。

任务实施步骤

【第一步】可视化效果

可以使用 Windows Media Player 播放数字媒体内容、调整音频音量、控制音频的声响方式，以及更改显示模式。

运行 Windows Media Player 软件，并打开一首歌曲。

如图 6-49 所示的条形图所在区域称为“效果区”。用鼠标右键单击效果区，在弹出的菜单中，选择“条形与波浪”菜单，在下级菜单中的“条形”前有一圆点，表示当前的效果为“条形”，如图 6-50 所示。

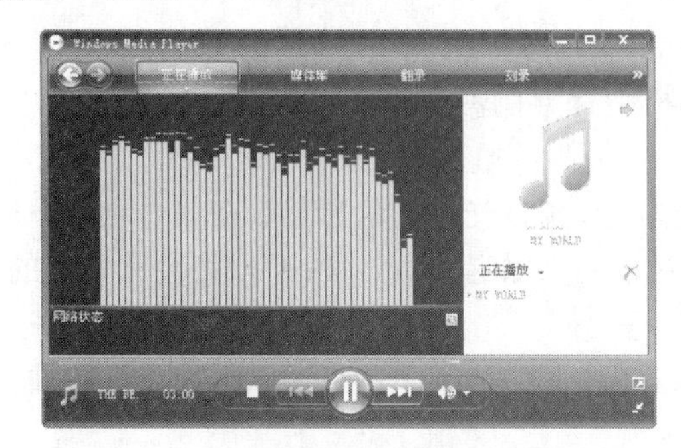

图6-49　Windows Media Player 播放歌曲

图6-50　“条形”效果

在此菜单中选择“海上薄雾”效果，结果如图 6-51 所示。

在图 6-50 中，选择“组乐”菜单中的“太极”效果，结果如图 6-52 所示。

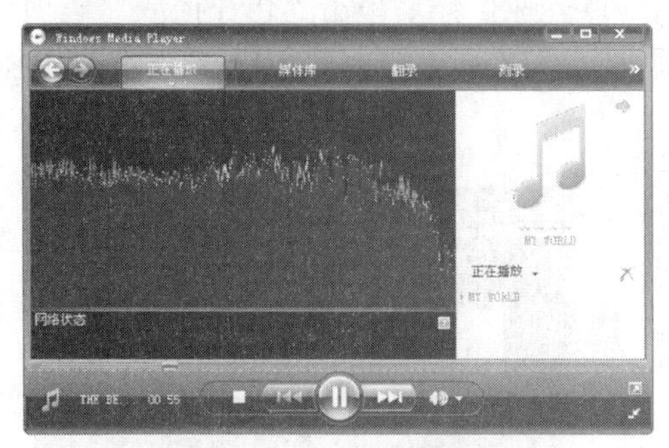

图6-51　“海上薄雾”效果

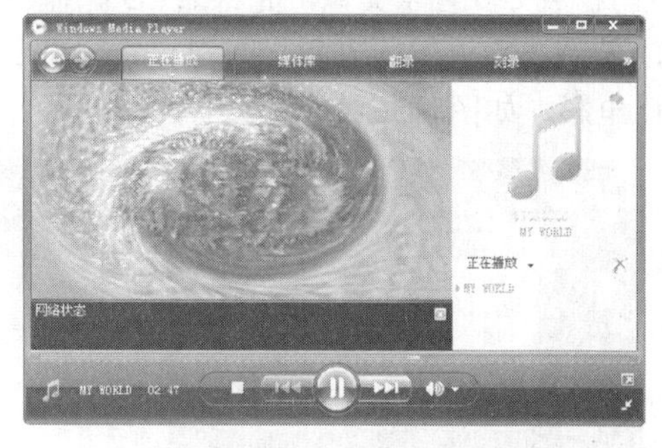

图6-52　“太极”效果

【第二步】设置外观

用鼠标右键单击 Windows Media Player 的标题框，在弹出的菜单中选择“外观选择器”，结果如图 6-53 所示。

单击“公司”外观，然后单击“应用外观”链接，结果如图 6-54 所示。

图6-53　外观选择器

图6-54　“公司”外观

单击 Windows Media Player 的“查看”菜单，选择“完整模式”命令将返回 Windows Media Player 的默认外观。

【第三步】播放 CD 音乐

Windows Media Player 不仅可以播放计算机中保存的音乐，还可以播放 CD 光盘中的音乐。

将 CD 光盘放入光驱，单击“正在播放”选项卡，CD 光盘的信息显示在第一项菜单中，并有光驱的盘符提示，如图 6-55 所示，单击“播放‘未知唱片集’(F:)”，将会从光盘的第一首音乐开始播放。

在 Windows Media Player 右下部是播放列表，单击其中的某个项目可以播放指定的曲目。

【第四步】播放 DVD 电影

Windows Media Player 是一款媒体播放器，除了可以播放音乐外，还可以播放 VCD、DVD 光盘中的电影。

与播放 CD 音乐类似，先将 DVD 光盘放入 DVD 光驱，然后单击“正在播放”选项卡，DVD 光盘的信息显示在第一项菜单中，并有光驱的盘符提示，选择 DVD 光盘，开始播放 DVD 电影，如图 6-56 所示。

图6-55　播放CD音乐

图6-56　播放DVD电影

为了使 Windows Media Player 播放窗口中有更多的空间显示电影内容，可在如图 6-55 所示的菜单中单击“显示列表窗格”命令，以取消“显示列表窗格”的选定状态，结果如图 6-56 所示，Windows Media Player 播放窗口中没有播放列表了。

【第五步】翻录 CD 音乐

在计算机中，信息是以文件的形式保存在储存设备上的。而在 CD 光盘中，声音是以音轨的形式记录在光盘里的，不能直接通过复制粘贴的方式获取 CD 光盘中的声音。将 CD 光盘中的音乐、歌曲等声音保存到计算机中，是一项非常有用的技巧。

将 CD 光盘放入光驱，单击“翻录”选项卡，在标题一列下面会出现 CD 光盘中全部的歌曲，Windows Media Player 默认状态是全选曲目，如果要将 CD 光盘中全部的歌曲翻录到计算机，可以直接单击“开始翻录”按钮；如果只是需要翻录其中的一首歌曲，那么单击“标题”左侧的复选框，取消全选，然后再单击需要翻录的歌曲前的复选框以选中，最后单击“开始翻录”按钮即可，如图 6-57 所示。

单击“开始翻录”按钮后，在该曲目右侧的翻录状态中会显示翻录的状态，如图 6-58 所示。

图6-57　翻录CD

图6-58　正在翻录CD曲目

翻录完成后，翻录状态显示为“已翻录到媒体库”，在媒体库的“最近添加项”中可以找到翻录的歌曲，双击歌曲可以播放。

Windows Media Player 默认将翻录的歌曲保存在“我的文档”中的“我的音乐”文件夹中，可以在其中找到并进行复制、移动、重命名和删除等操作。

媒体库是 Windows Media Player 中的一块特定区域，用户可在此处管理计算机上的音乐、视频和图片。使用媒体库可以轻松地查找和播放数字媒体文件，还可以选择要刻录到 CD 或同步到便携式设备的内容。

实战训练

（1）从网络上下载并安装 RealPlayer、暴风影音。

（2）播放一张 CD 音乐光盘。

（3）播放一张 DVD 电影光盘。

（4）使用 Windows Media Player 复制刻录一张 CD 光盘。

任务 2　使用“录音机”处理音频

任务内容

在本任务中我们主要完成以下几个方面的学习。

- 声音加工处理；
- 声音修改处理。

任务分析

Windows XP 自带的“录音机”软件不仅是一款录音软件，它还可以进行简单的声音处理，如混合和编辑声音，还可以将声音进行链接或插入另一个文档中。

通过对本任务的学习，要了解计算机中音频处理的操作，掌握 Windows XP 中“录音机”软件处理音频的常用操作，包括打开声音文件、声音效果和声音编辑等。本任务分为以下几个步骤进行。

- ✧ 声音效果；
- ✧ 声音编辑。

任务实施步骤

【第一步】打开声音文件

在本章第一个学习单元中已经学习过使用 Windows XP 自带的“录音机”软件进行声音的录制操作。在这里将学习如何对声音进行简单的处理。作为本任务的准备工作，可以先录制一段声音，也可以打开计算机中存放的声音文件。

运行“录音机”软件，单击“文件”→“打开”命令，在弹出的对话框中，选择“我的电脑”→“C 盘”→“Windows”→“Media”→“Windows XP 启动.wav”文件，然后单击“打开”按钮。

图6-59　用录音机软件打开声音文件

结果如图 6-59 所示，图中标题栏上显示了当前打开的声音文件的名称，左侧标签显示了当前操作的声音位置，右侧标签中显示了所打开的声音文件的长度。可以通过操作滑动条调整当前操作的位置。

单击▶按钮，试听打开的声音文件，这是人们熟悉的 Windows XP 默认的启动时的声音。

【第二步】声音效果

1）加大和降低音量

单击“效果”菜单，选择“加大音量（按 25%）”菜单命令。

本操作完毕后，“录音机”软件的界面没有什么变化。但是，单击▶按钮，可以听到声音的音量变大了。

单击“效果”菜单，选择“降低音量”菜单命令，可降低音量。

保存对声音的改变：用“文件”菜单中的“保存”菜单命令，可以在原声音文件上保存所做的修改；用“文件”菜单中的“另存为”菜单命令，可以将对声音所做的修改以新的声音文件的形式保存到指定的文件夹中。

撤销对声音文件的更改：在“文件”菜单上单击“还原”命令，在弹出的对话框中单击“是”确认还原。一旦将文件保存，则保存前所做的任何更改都将无法撤销了。

2）加速和减速

单击“效果”菜单，选择“加速（按 100%）”菜单命令。结果如图 6-60 所示，在右侧的标签里所显示的声音的长度减半了，表示声音播放的速度提高了 100%。

单击“效果”菜单，选择“减速”菜单命令，结果与“加速”相反。

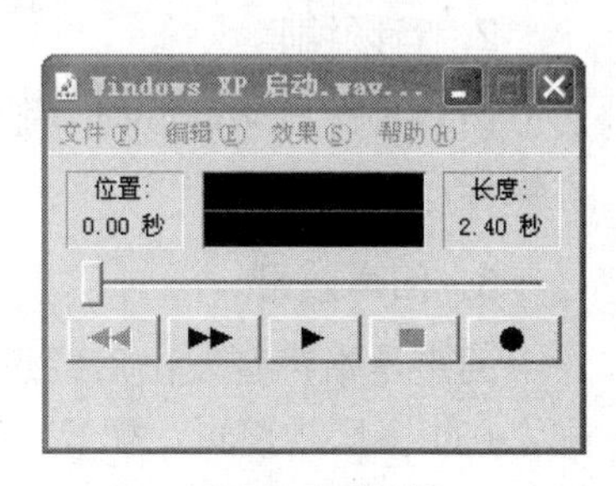

图6-60　加速

3）添加回音

单击“效果”菜单，选择“添加回音”菜单命令。

本操作完毕后，“录音机”软件的界面没有什么变化。但是，单击▶按钮，可以听到声音播放时出现了回音。

取消回音可以通过“文件”菜单下的“还原”菜单命令实现，但必须是在保存操作之前还原。

4）反转

单击“效果”菜单，选择“反转”菜单命令。

本操作完毕后，单击▶按钮，可以听到声音播放时是倒着播放的。

取消反转可以通过再进行一次反转的操作实现。

【第三步】声音编辑

“录音机”软件不仅是一款录音的软件，它还可以对声音进行混合和编辑。

例如，删除、插入一段声音的操作如下。

移动“录音机”软件中的滑动条，将当前声音位置移到 3 秒左右，如图 6-61 所示。

单击“编辑”菜单，选择“删除当前位置以后的内容”命令，如图 6-62 所示。

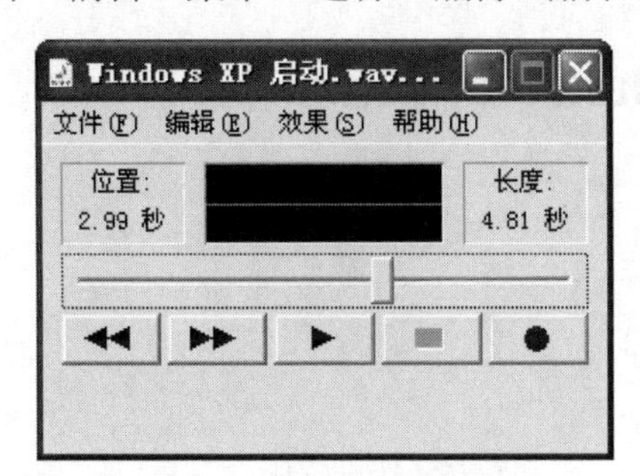

图6-61　设置当前声音位置

图6-62　删除部分声音

在“编辑”菜单中，选择插入文件，在“插入文件”对话框中，选择“Windows XP 关机.WAV”

文件，然后单击“打开”按钮。

单击 ▶ 按钮，可以听到编辑后的声音。

【第四步】保存退出

保存当前的声音，并退出“录音机”软件。

1．GoldWave 软件

GoldWave 是集合音频文件的制作、编辑、美化、裁剪于一体的音频处理软件，具有多普勒、动态、回声、扩展器、倒转、机械化、混响、立体声、降噪等功能，可打开 WAV、OGG、VOC、IFF、AIF、AFC、AU、SND、MP3、MAT、DWD、SMP、VOX、SDS、AVI、MOV、APE 等格式的音频文件。

2．音频编辑

声音素材与 Windows 其他应用软件的对象一样，可以进行剪切、复制、粘贴和删除等编辑操作。

3．回声效果

回声是指声音发出后经过一定的时间返回再次被听到，就像在旷野上面对高山呼喊一样，在很多影视剪辑、配音中都被广泛采用。声音持续时间越长，回声反复的次数越多，效果就越明显。

4．均衡器

均衡调节是音频编辑中一项十分重要的处理方法，它能够合理改善音频文件的频率结构，达到更理想的声音效果。

实战训练

（1）下载并安装 GoldWave 音频处理软件。

（2）将两段声音进行混合，即播放时可以同时听到两段声音。

（3）将 WAV 格式的声音文件转换成 MP3 音乐文件。

（4）在 Word 文档中插入一段声音。

任务 3 使用 Windows Movie Maker 制作电影

任务内容

在本任务中我们主要完成以下几个方面的学习。

- 视频制作；
- 视频处理；
- 保存电影。

Windows Movie Maker 是一款面向家庭用户的视频制作软件，它可以通过摄像机或其他视频源将音频和视频捕获到计算机上，然后将捕获的内容应用到电影中，也可以将现有的音频、视频或静止图片导入 Windows Movie Maker，然后在制作的电影中使用。在 Windows Movie Maker 中完成对音频与视频内容的编辑（包括添加标题、视频过渡或效果等）后，就可以保存最终完成的电影，然后与家人和朋友一同分享了。

通过对本任务的学习，要了解计算机制作视频的过程，掌握 Windows Movie Maker 制作电影的操作方法，包括导入视频、连接视频、视频效果、视频过渡、保存电影等。本任务分为以下几个步骤进行。

✧ 准备素材；
✧ 导入视频；
✧ 连接视频；
✧ 视频效果；
✧ 视频过渡；
✧ 保存电影。

任务实施步骤

【第一步】准备素材

用户可以应用 Windows Movie Maker 软件直接导入摄像机中的素材，当然也可以先将摄像机的音频或视频内容保存在计算机中，以备今后制作电影时使用。本例先将计算机中保存的素材复制到指定的文件。

在 D 盘根目录下建立“视频练习”文件夹，然后将以下两个素材文件复制到这个文件中。

（1）C:\WINDOWS\ clock.avi；

（2）C:\WINDOWS\Help\Tours\WindowsMediaPlayer\Video\rtuner.wmv。

【第二步】启动 Windows Movie Maker

单击“开始”→“所有程序”→“Windows Movie Maker”命令，即可启动 Windows Movie Maker。Windows Movie Maker 启动后的工作界面如图 6-63 所示。

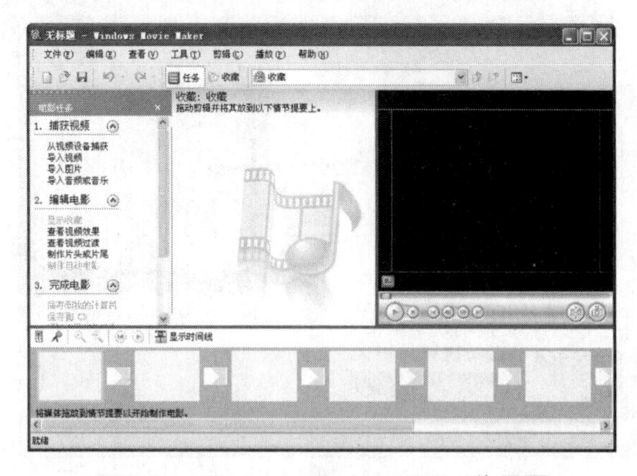

图6-63　Windows Movie Maker工作界面

【第三步】导入素材

单击窗口左侧电影任务窗格中的“导入视频”链接，在随后弹出的对话框中选择 clock.avi 文件，Windows Movie Maker 将自动对这个素材进行分析处理并导入。

用同样的方法，导入 rtuner.wmv 文件。需要观察两个导入的素材时，可以通过“位置”列表，找到收藏的素材。

【第四步】情节提要

在位置列表中，选择 clock.avi 素材，然后将其拖放到情节提要中。

【第五步】连接两段视频

在位置列表中，选择 rtuner.wmv 素材，然后将其拖放到情节提要中 clock.avi 素材之后。注意，这里 rtuner.wmv 被 Windows Movie Make 分解为两段素材，需要逐一放入。

在右侧预览窗口中，单击“播放”按钮，可以观看两段视频连接的结果。

【第六步】视频效果

在位置列表中，选择“视频效果”，如图 6-64 所示。

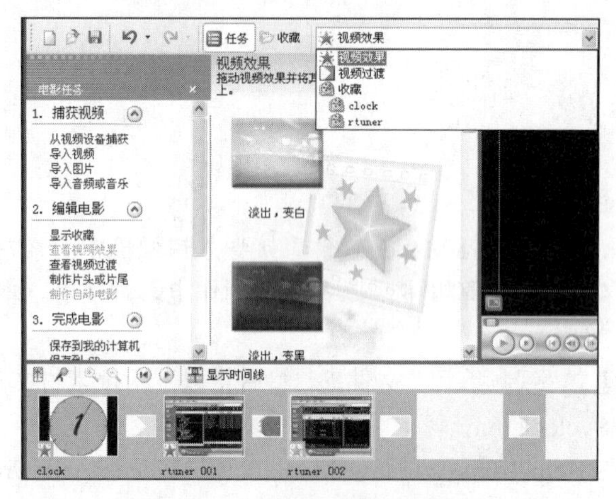

图6-64　收藏列表中的视频效果

单击选择一种视频效果的缩略图，在预览窗口中可以查看这种视频效果。如果喜欢此种效果，则可拖动视频效果的缩略图到情节提要中的视频剪辑上，如图 6-65 所示。

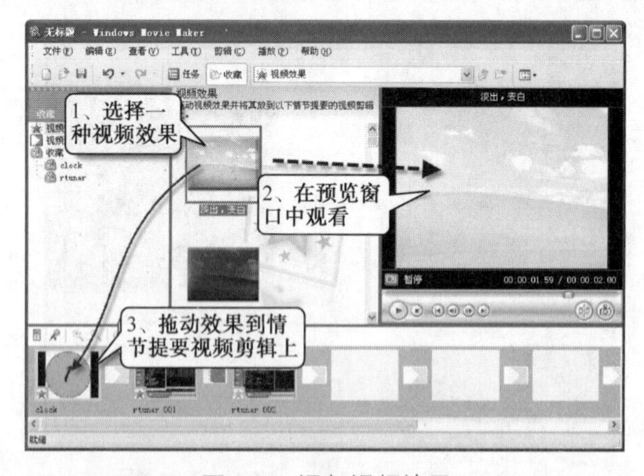

图6-65　添加视频效果

如果需要删除情节提要里视频剪辑中的视频效果，可以单击视频剪辑，在弹出的快捷菜单中选择“视频效果”命令，如图 6-66 所示。

图6-66　快捷菜单中的“视频效果”命令

在弹出的“添加或删除视频效果”对话框中右侧的列表框中选择需要删除的效果，单击“删除”按钮，即可删除视频效果。

在“添加或删除视频效果”对话框中，也可以直接添加视频效果，只是在这里没有预览窗口，要求对视频效果非常了解。

【第七步】视频过渡

视频效果是作用于视频剪辑之上的一种视频处理，而视频过渡是作用于两段视频剪辑之间的视频处理。

在位置列表中，选择“视频过渡”，选择一种视频过渡的缩略图，可以在预览窗口中观看，确认需要时，将其缩略图拖动到情节提要中两段视频剪辑的中间，如图 6-67 所示。

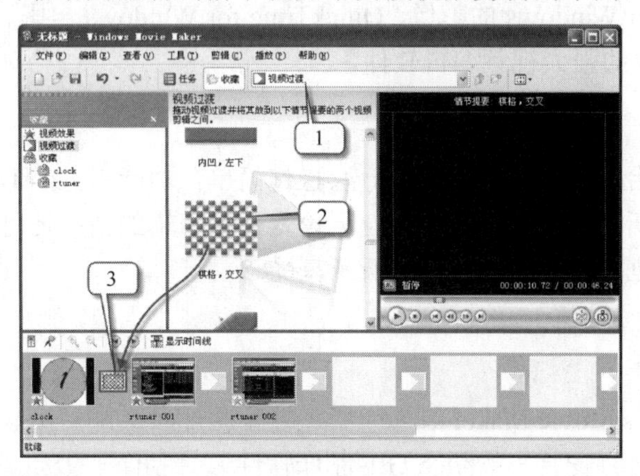

图6-67　添加视频过渡

用鼠标右键单击情节提要中的视频过渡，可以进行复制、剪切、粘贴和删除等操作。

【第八步】保存电影

1）保存项目

项目并不是真实的电影，而是对素材、视频剪辑、视频效果、视频过渡等进行处理的相关文件。

单击 Windows Movie Maker 的“文件”菜单，选择“保存项目”命令，在“将项目另存为”对话框中输入文件名、文件位置等参数，单击“保存”按钮，如图 6-68 所示。

2）保存电影文件

当电影制作完成后，单击 Windows Movie Maker 的“文件”菜单，选择“保存电影文件”命令，在弹出的“电影位置”对话框中选择“我的电脑”，在“保存电影向导”对话框中输入保存的电影文件名和保存的位置，单击“下一步”按钮，用 Windows Movie Maker 系统的默认参数，在向导的提示下完成保存操作。

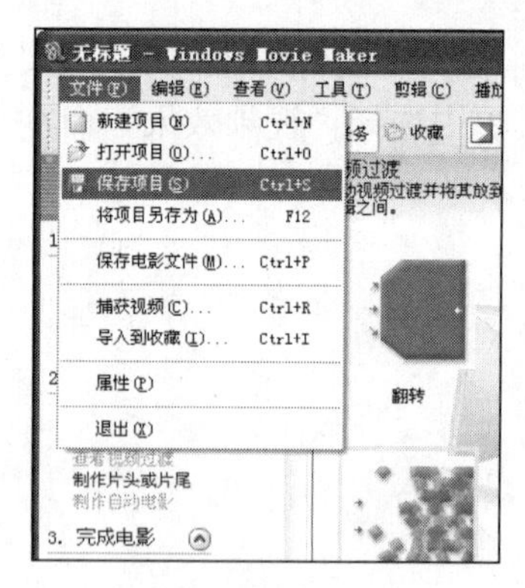

图6-68　文件菜单

1．片头和片尾

片头和片尾是影片正式画面出现之前与之后的部分，用以介绍厂名、厂标、片名、演职员姓名，有时以简短文字介绍剧情或故事背景。片头片尾字幕常在绘画、浮雕或某种实物的衬底上出现，也有的配以某些与影片内容有一定联系的电影画面。片头片尾字幕及其衬底、音乐等应与影片内容、风格相一致。

2．Adobe Premiere Pro

Adobe Premiere Pro 是目前最普及的视频编辑软件，可以制作出复杂的视频效果。它是一款通过利用计算机对录像、声音、动画、照片、图像、文本进行采集、制作、生成和播放的过程，来制作 Video for Windows 的影像、QuickTime for Windows 电影、Real Player 视频流文件，以及 VCD、DVD 的强大视频编辑软件。

3．会声会影

会声会影是中国台湾友立资讯出品的一套操作简单，功能强大的 DV、HDV 影片剪辑软件，符合家庭或个人所需的影片剪辑要求。无论是视频剪辑的新手还是老手，会声会影都可以帮助用户发挥无限创意，创建美好的视听新享受。

（1）使用 Windows Movie Maker 制作电影，要求添加片头和片尾。

（2）从网络上下载并安装一款动态 GIF 制作软件，并制作一个动态 GIF 作品。

本 章 小 结

本章学习了多媒体的相关知识，包括多媒体素材的采集、浏览和播放、图像处理、音频视频处理等基本操作。通过对本章的学习需要掌握以下技能。

- 用图片和传真查看器浏览图像；
- 用 Windows Media Player 播放音乐；
- 用“画图”软件保存图片；

- 录制声音；
- 用 Windows XP 缩略图查看图像；
- 用 ACDSee 软件查看图像；
- 调整图像大小；
- 调整图像亮度；
- 为图像添加效果；
- Windows Media Player 可视化效果设置；
- 用 Windows Media Player 播放 CD 音乐；
- 用 Windows Media Player 翻录 CD 音乐；
- 编辑加工声音；
- 截取屏幕；
- 浏览 Flash 动画；
- 用 Windows Media Player 播放视频；
- 用 Windows XP 幻灯片查看图像；
- 用 ACDSee 软件保存图像文件；
- 图像自动曝光；
- 图像裁剪；
- 为图像添加文本；
- Windows Media Player 外观设置；
- 用 Windows Media Player 播放 DVD 电影；
- 声音效果处理；
- 用 Windows Movie Maker 制作电影。

思考与练习

一、填空题

1．多媒体技术是________信号数字化技术、________信号数字化技术和________技术相结合的产物。

2．六大基本的多媒体元素分别是________、________、________、________、________和________。

3．经过压缩的数字化的媒体信息仍然包含大量的数据，因此高效快速的__________是多媒体系统的基本部件之一，如 CD-ROM 是常见的设备。

4．________技术不需要等待下载完整的文件，即可通过网络传递音频和视频数据文件。

5．按【Alt+PrintScreen】组合键是截取________作为图像放入 Windows 操作系统的________中。

6．计算机中显示的图形图像一般可以分为________和________两大类。

7．一幅点阵图像可以看成是由无数个点组成的，组成图像的一个点就是一个________，它是构成位图图像的最小单位。

8．点阵图像的大小经常用 1024×768 像素、800×600 像素等数字乘积的形式表示，这种数字乘积称为__________。

9．Windows Movie Maker 是一款面向家庭用户的_______制作软件。

10．__________是作用于两段视频剪辑之间的视频处理。

二、选择题

1．计算机屏幕上显示的文字属于（　　）。

A．感觉媒体　　B．表示媒体　　C．表现媒体　　D．存储媒体

2．（　　）是文本、图形图像、动画、音频和视频等多种媒体有机结合的人机交互式信息媒体。

A．媒体　　B．多媒体　　C．传输媒体　　D．多媒体技术

3．静止图像通常采用（　　）静态图像压缩标准。

A．USB　　B．AVI　　C．CPU　　D．JPEG

4．启动录音机软件，可以通过单击"开始"→"所有程序"→"（　　）"→"娱乐"→"录音机"命令实现。

A．多媒体　　B．管理工具　　C．附件　　D．启动

5．"录音机"软件中[●]的功能是（　　）。

A．播放　　B．录音　　C．停止　　D．暂停

6．以下不属于图形图像文件的是（　　）。

A．WAV　　B．BMP　　C．GIF　　D．JPG

7．SWF 文件是用（　　）软件编辑制作并导出的动画格式文件。

A．Flash　　B．Photoshop　　C．Word　　D．Microsoft Media Player

8．ACDSee 浏览窗口中常用的"下一张"命令的快捷键是（　　）。

A．End　　B．Home　　C．PageUp　　D．空格

9．Windows Media Player 是 Windows 操作系统自带的多媒体（　　）软件。

A．编辑　　B．播放　　C．制作　　D．浏览

10．将 CD 光盘中的音乐、歌曲等声音保存到计算机中，这种操作称为（　　）。

A．记录　　B．刻录　　C．翻录　　D．录音

第 7 章　制作演示文稿（PowerPoint 2007）

学习情境

博书科技出版社为了展示企业形象、扩大业务，在华中地区召开了一次图书发行会议。在此次会议上，安排了对出版社的宣传演讲，要求使用演示文稿，通过投影仪向参会人员介绍出版社的基本情况，宣传出版社的企业文化，展示出版社的形象与实力。

本案例讲述的是如何向别人介绍和宣传自己的公司。规范的企业要有成熟的企业介绍，一般应包括企业的性质、经营范围与规模、主要组织机构、企业的文化和员工面貌、企业发展目标、荣誉与社会形象等。

演示文稿可用于设计制作个人简历、教师课件、公司宣传、产品介绍等电子版幻灯片。PowerPoint 是目前最流行的、专门用于制作和播放演示文稿的软件，使用 PowerPoint 能够制作出集文字、图形、图像、声音和视频剪辑等多媒体元素于一体的演示文稿，把自己所要表达的信息组织在一组图文并茂的画面中。用户不仅可以在投影仪或者计算机上进行演示，也可以将演示文稿打印出来，制作成胶片，以便应用到更广泛的领域中。

本章将使用 PowerPoint 2007 制作该出版社的演示文稿，制作的文件可以在诸如会议的场合中演讲与展示，也可以发布到企业网页上作为宣传资料。制作完成的效果如图 7-1 所示。

图7-1　博书科技出版社介绍效果图

学习单元7.1　创建、编辑与保存演示文稿

演示文稿的表现形式因其目的和用途的不同而不同，因此在动手制作演示文稿前需要进行整体规划和素材整理。

（1）收集、整理素材。这里的素材包括文字、图片及音频视频文件等。

（2）规划演示文稿。根据收集的企业资料素材，围绕演示文稿的制作目的，进行整体布局设计。

在完成了上述工作以后，就可以在 PowerPoint 2007 环境中制作介绍出版社的演示文稿了。本学习单元通过制作博书科技出版社介绍的首页、目录页等，对 PowerPoint 2007 的基础知识与操作方法进行认知与实践，具体内容包括创建、编辑与保存演示文稿等。

本学习单元的内容将分解为以下两个任务来完成。

- 制作博书科技出版社介绍的首页幻灯片；
- 制作博书科技出版社介绍的其他幻灯片。

任务 1　制作博书科技出版社介绍的首页幻灯片

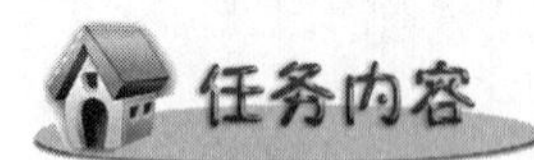

在本任务中我们主要完成以下内容的学习。

- 能够认识 PowerPoint 2007 的操作界面；
- 能够创建并保存演示文稿；
- 能够在演示文稿中绘制图形；
- 能够在演示文稿中输入文本内容；
- 能够在演示文稿中插入图片和艺术字；
- 能够使用模板创建演示文稿。

任务分析

首页是演示文稿的脸面，应包含企业的标识图标和企业名称，效果应做到图文并茂，具有吸引人“眼球”的效果。预期的效果如图 7-2 所示。本任务分为以下几个步骤进行。

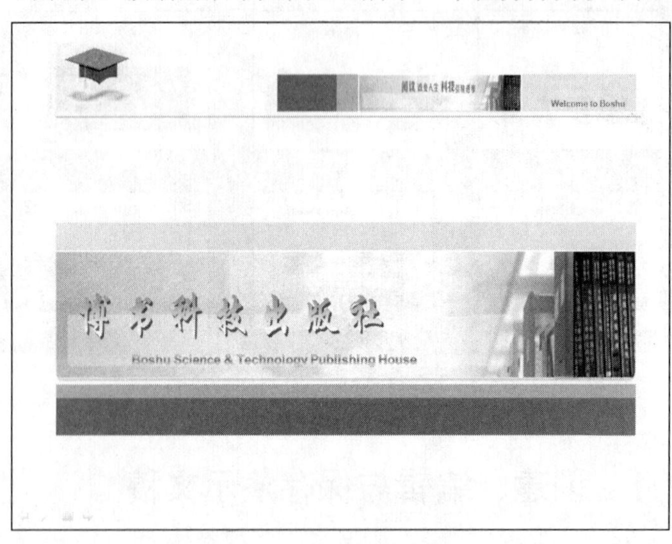

图7-2　博书科技出版社介绍首页示例

✧ 创建空白演示文稿；

- ✧ 绘制首页中的图形对象；
- ✧ 插入首页中的图片；
- ✧ 插入首页中的艺术字标题；
- ✧ 使用文本框对象在首页中输入文本；
- ✧ 保存演示文稿。

任务实施步骤

【第一步】创建空白演示文稿

（1）选择“开始”→“所有程序”→“Microsoft Office”→“Microsoft Office PowerPoint 2007”选项，启动 PowerPoint 2007 演示文稿软件，打开 PowerPoint 演示文稿编辑窗口。此时，PowerPoint 2007 默认创建一个名为“演示文稿 1”的空白演示文稿，如图 7-3 所示。

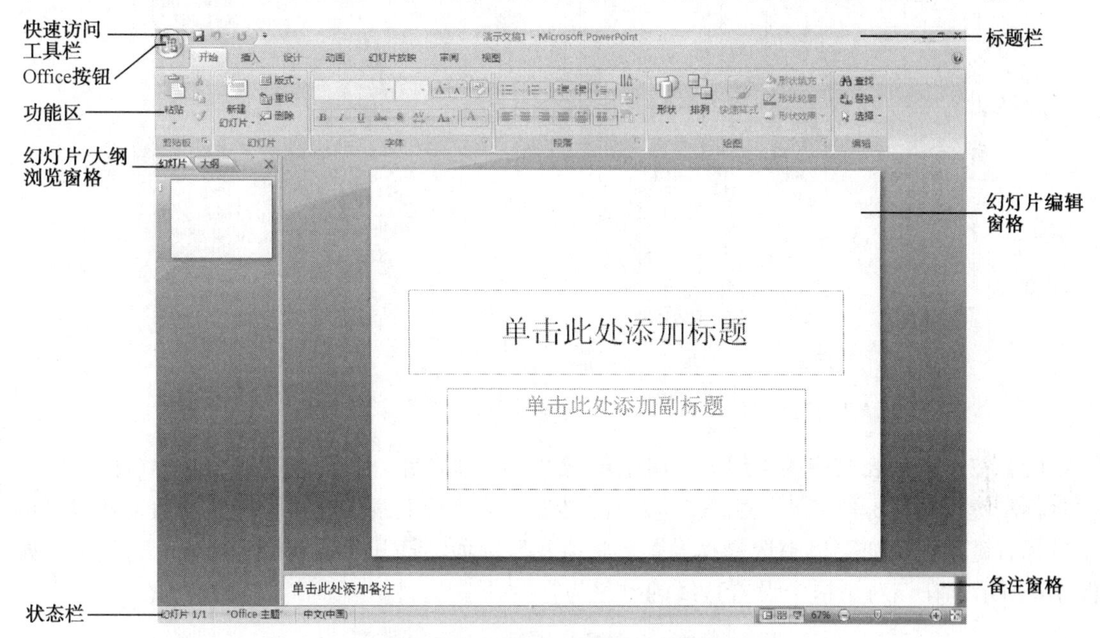

图7-3　PowerPoint演示文稿编辑窗口

PowerPoint 2007 编辑窗口的组成与其他 Office 软件的编辑窗口类似，但由于功能不同，也有一些不同的方面。下面介绍 PowerPoint 2007 特有的组件与工具。

- ✧ 幻灯片编辑窗格：在该窗格中，用户可以以“所见即所得”的形式对幻灯片进行设计与编辑操作。这是 PowerPoint 的主要工作区域。
- ✧ 备注窗格：用户可以在该窗格中添加与当前幻灯片内容相关的备注信息。备注信息默认状态下是不随幻灯片播放的，可以将备注信息打印出来，供演示文稿时参考。
- ✧ 幻灯片/大纲浏览窗格：在该窗格的幻灯片选项卡中，每个幻灯片将以缩略图方式排列，呈现演示文稿的总体效果，用户可以在此处进行添加/删除幻灯片、调整幻灯片位置等操作；在大纲选项卡中，按幻灯片编号顺序和内容的层次关系，显示幻灯片的编号、图标、标题和主要文本内容，用户可以在此处进行添加/删除幻灯片、调整幻灯片位置、编辑文本内容等操作。

（2）单击“开始”选项卡“幻灯片”组中的“版式”按钮版式，弹出幻灯片版式窗格，如图 7-4 所示。在该窗格中单击“空白”版式，该版式将应用于“演示文稿 1”。

所谓版式是指预先对幻灯片内容的位置和格式进行设置，使得用户可以直接调用的幻灯片。

【第二步】绘制首页中的图形对象

（1）单击“插入”选项卡“插图”组中的“形状”按钮，弹出形状列表窗格，如图 7-5 所示。

图7-4　幻灯片版式窗格

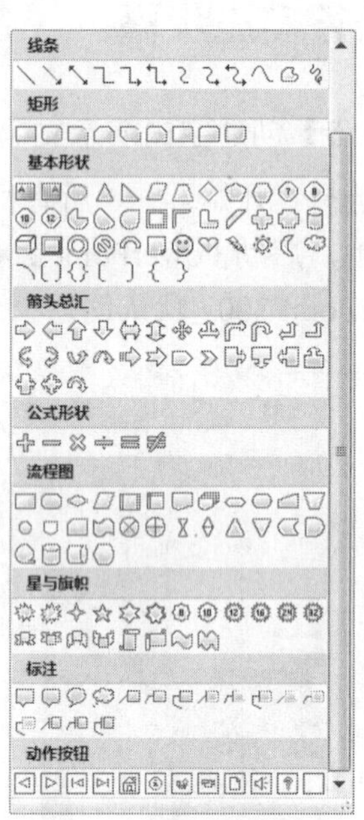

图7-5　形状列表窗格

（2）在形状列表窗格的“线条”组中单击“直线”按钮，在按住【Shift】键的同时按住鼠标左键拖动鼠标绘制一条直线，按照图 7-2 所示调整直线位置与长度。然后在直线上单击鼠标右键，在快捷菜单中选择“设置形状格式”选项，打开“设置形状格式”对话框，如图 7-6 所示。在该对话框中设置直线的颜色与宽度。

图7-6　“设置形状格式”对话框

在选定了直线、矩形或椭圆等形状后，在按住【Shift】键的同时按住鼠标左键拖动鼠标可以绘制标准直线、正方形或标准圆。

（3）在形状列表窗格的“矩形”组中单击“矩形”按钮，按住鼠标左键拖动鼠标，在幻灯片里绘制一个矩形。然后将鼠标指向绘制的矩形并单击鼠标右键，在快捷菜单中选择“设置形状格式”选项，打开“设置形状格式”对话框，在该对话框中按照图 7-2 所示的效果设置矩形的颜色并设置线条颜色为“无线条”。用同样的方法绘制其他两个矩形。

按住【Shift】键的同时使用鼠标左键单击选择 3 个矩形，将鼠标指针指向选定的 3 个矩形并单击鼠标右键，在快捷菜单中选择“组合”→“组合”选项，将 3 个矩形组合成一个对象。

将若干对象组合成一个对象，便于对这几个对象进行整体操作，如调整在幻灯片中的位置等，同时也可以防止因插入其他对象而改变这几个对象的相对位置。

（4）使用同样的方法按照如图 7-2 所示绘制右上角的矩形。

绘制完成首页中的图形对象后，幻灯片效果如图 7-7 所示。

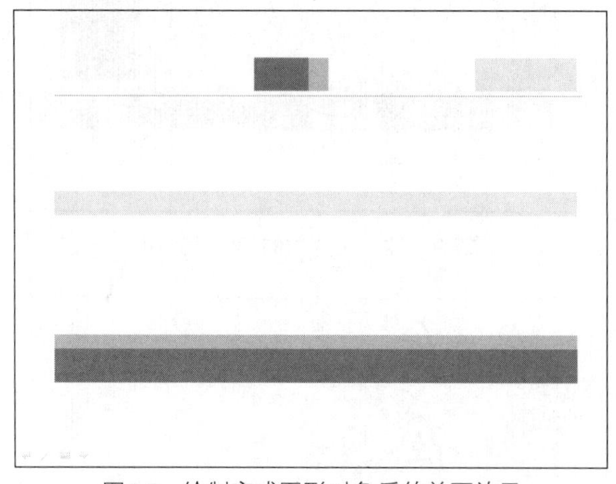

图7-7　绘制完成图形对象后的首页效果

【第三步】插入首页中的图片

（1）单击“插入”选项卡“插图”组中的“图片”按钮，弹出“插入图片”对话框，如图 7-8 所示。

（2）在此对话框中选择需要插入的图片，单击“插入”按钮，所选择的图片即被插入到幻灯片中。按照图 7-2 所示分别插入首页中的企业图标和其他图片，并对其位置、大小进行适当的调整，效果如图 7-9 所示。

【第四步】插入首页中的艺术字标题

（1）单击“插入”选项卡“文本”组中的“艺术字”按钮，弹出艺术字样式列表窗格，如图 7-10 所示。

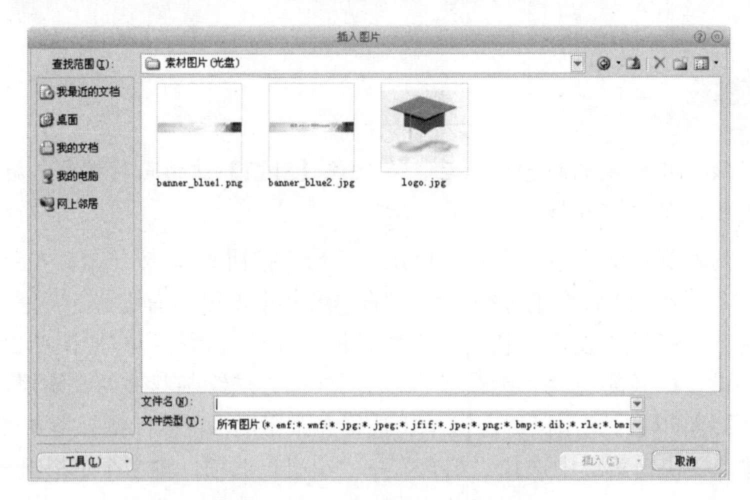

图7-8 “插入图片”对话框

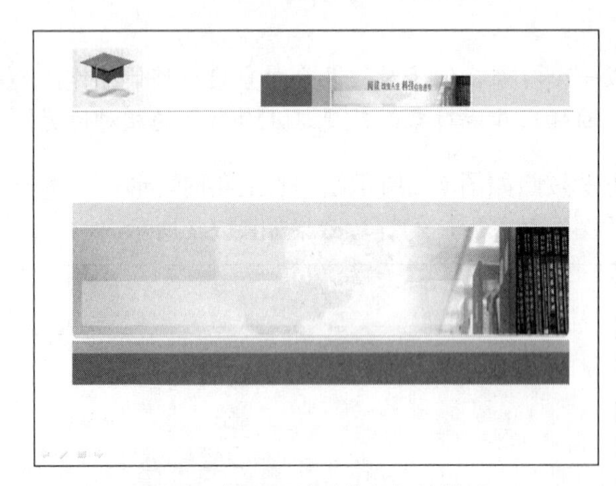

图7-9 插入图片后的幻灯片效果

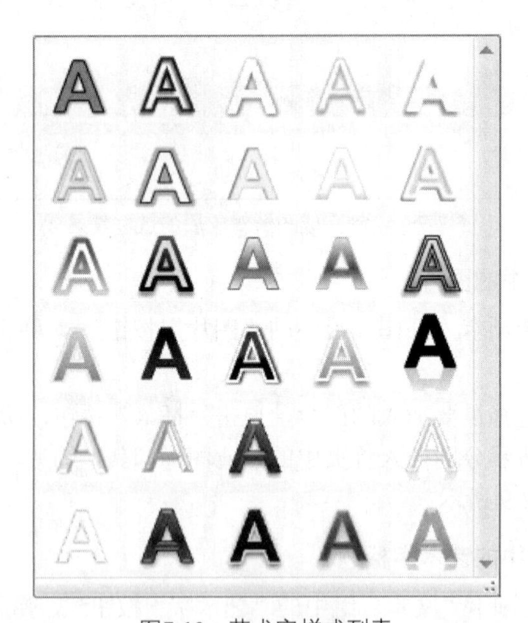

图7-10 艺术字样式列表

（2）在列表中选择需要插入的艺术字样式，屏幕上将显示艺术字文本框，输入文本，如“博书科技出版社”，如图 7-11 所示。此时在 PowerPoint 窗口的功能区会自动显示“格式”选项卡，通过该选项卡可以对艺术字格式进行进一步的设置。

（3）使用同样的方法插入“Boshu Science & Technology Publishing House”艺术字。

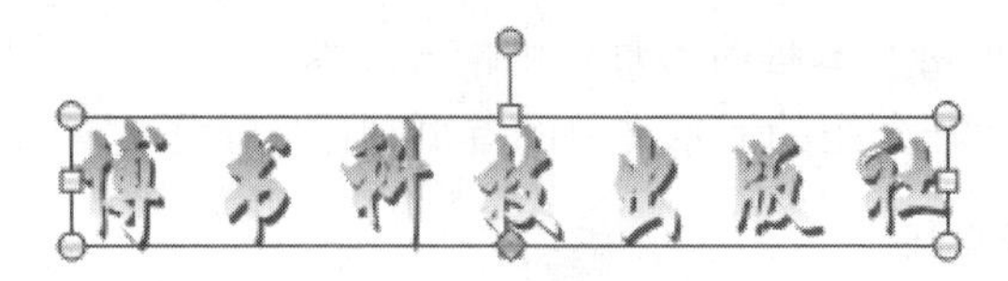

图7-11　艺术字文本框

（4）艺术字的进一步操作。

① 改变艺术字的形状。PowerPoint 2007 提供了很多艺术字形状供用户选择，如图 7-12 所示。用户可以在选定艺术字后，在“格式”选项卡的“艺术字样式”组中单击“文本效果”按钮，然后选择“转换”选项打开该列表窗格。

② 设置艺术字的样式。艺术字的样式包括艺术字的填充颜色、形状轮廓、形状大小、对齐方式等。用户可以在选定艺术字后，在“格式”选项卡的“形状样式”组中单击“其他”按钮，弹出艺术字外观样式列表窗格，如图 7-13 所示。用户可选择不同样式效果以加强艺术字外观样式效果。

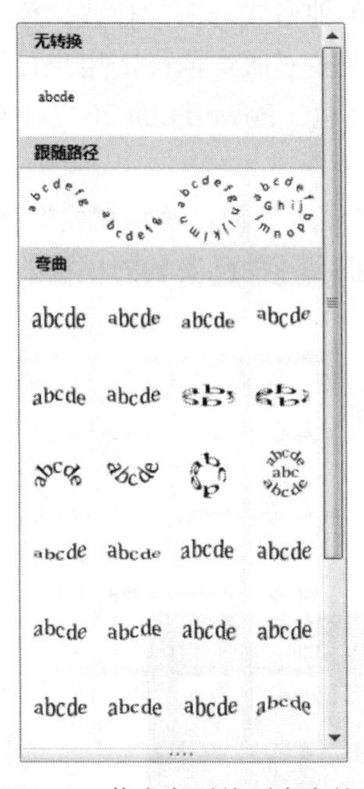

图7-12　艺术字形状列表窗格

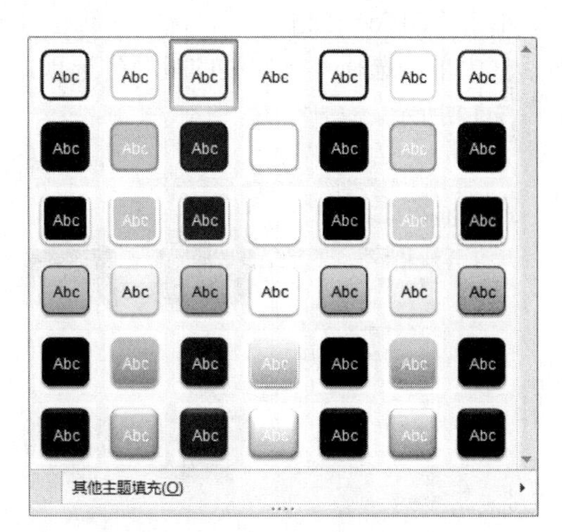

图7-13　艺术字外观样式列表窗格

【第五步】使用文本框对象在首页中输入文本

（1）单击“插入”选项卡“文本”组中的“文本框”按钮，然后选择“横排文本”选项。在幻灯片上按住鼠标左键拖动鼠标添加一个文本框，然后输入文本内容“Welcome to Boshu”。

（2）设置文本的格式。选定文本框中的文本，单击“开始”选项卡“字体”组中的“对话框启动”按钮，弹出“字体”对话框，在“字体”对话框中设置文本字体为“Arial”，字号为“9”。

在 PowerPoint 中，使用文本框向幻灯片中输入文本。

至此，博书科技出版社介绍的演示文稿的首页制作完毕了，最终效果如图 7-2 所示。

【第六步】保存演示文稿

单击“Office 按钮”，选择“保存”选项，在“另存为”对话框中将演示文稿以“博书科技出版社介绍.pptx”为文件名，保存到“我的文档”文件夹中。

在 PowerPoint 2007 中，演示文稿保存的文件扩展名为“pptx”。

1. 使用模板创建演示文稿

模板是指一种演示文稿的模型，模板中包含已设置好的各种格式与图片样式。模板如同裁缝使用的纸样，裁缝可以使用一个纸样裁剪出相同类型的很多衣服。同样，用户可以基于某一模板方便、快速地建立具有特定格式或统一格式的演示文稿。PowerPoint 2007 中模板文件的扩展名为“potx”。使用模板创建演示文稿的操作步骤如下。

（1）单击“Office 按钮”，选择“新建”选项，屏幕将显示“新建演示文稿”对话框，在该对话框中单击选择“已安装的模板”选项，对话框中将显示各种已安装的模板的预览图片，如图 7-14 所示。

图7-14 “新建演示文稿”对话框

（2）在列表中单击选择需要的模板，然后单击“创建”按钮，即可以该模板样式建立新的演示文稿。

用户可以根据需要编辑和修改依据模板创建的演示文稿。

2. 幻灯片视图方式

PowerPoint 2007 提供了 4 种主要的幻灯片视图：普通视图、幻灯片浏览视图、幻灯片放映视图和备注页视图。下面以博书科技出版社演示文稿为例，介绍这几种视图的样式。

1）切换视图方式

单击“视图”选项卡“演示文稿视图”组中相应的按钮，即可切换各视图显示方式。

2）普通视图

普通视图是 PowerPoint 的主要编辑视图。在该视图下，可以显示整张幻灯片，用户可以在该视图下进行演示文稿的编辑与设计。

3）幻灯片浏览视图

在幻灯片浏览视图中，各个幻灯片按次序排列，用户可以看到整个演示文稿的排版样式，以便浏览各个幻灯片及其相对位置。在该视图中，用户可以对幻灯片进行编辑操作，但不能编辑幻灯片中的具体内容。

4）幻灯片放映视图

用户可以通过幻灯片放映视图播放演示文稿，检查幻灯片放映的效果，幻灯片放映视图会占据整个计算机屏幕。

5）备注页视图

在备注页视图中，用户可以为幻灯片添加相关的说明内容。

实战训练

（1）打开“博书科技出版社介绍.pptx”演示文稿，在不同的视图方式下显示幻灯片，注意观察不同视图方式的区别。

（2）如图 7-15 所示，制作一个个人简历演示文稿的首页。

（3）设计一个介绍唐诗的演示文稿的首页，相关素材可以在网络上进行搜索。

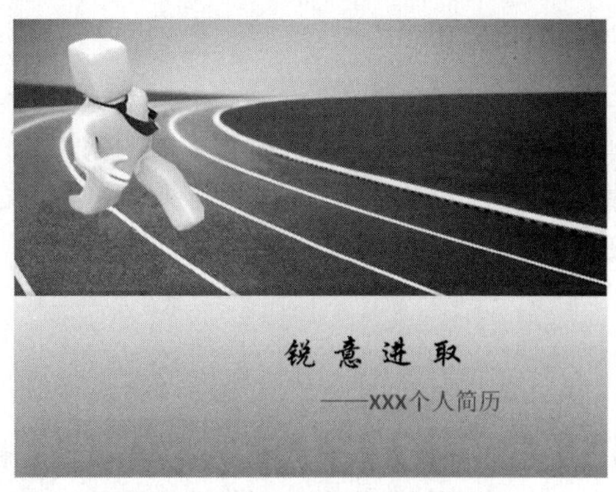

图7-15　个人简历首页幻灯片

任务 2　制作博书科技出版社介绍的其他幻灯片

任务内容

在本任务中我们主要完成以下内容的学习。

- 能够在演示文稿中插入、复制、移动和删除幻灯片；
- 能够使用 SmartArt 图形制作公司的组织结构图；
- 能够在幻灯片中应用表格；
- 能够放映幻灯片。

任务分析

本次任务将要完成除首页以外的其他所有幻灯片页面的制作，包括目录、公司简介、公司理念、管理体系（组织结构）、服务范围、效益表格、精英团队和联系我们等，基本涵盖了介绍一个公司的所有主要内容。预期的效果如图 7-1 所示。本任务分为以下几个步骤进行。

- ✧ 打开演示文稿；
- ✧ 插入幻灯片并制作目录页；
- ✧ 制作其他幻灯片页面；
- ✧ 使用 SmartArt 图形制作公司组织结构图；
- ✧ 在幻灯片中应用表格；
- ✧ 放映幻灯片。

任务实施步骤

【第一步】打开演示文稿

要编辑过去已保存过的演示文稿，必须先将该演示文稿打开。打开演示文稿就是将演示文稿文件从外存储器中调入内存并显示出来的过程。操作方法如下。

单击“Office 按钮”，选择“打开”选项，在“打开”对话框中选择保存在“我的文档”文件夹中的“博书科技出版社介绍.pptx”演示文稿文件，单击“打开”按钮即可。

【第二步】插入幻灯片并制作目录页

1）插入新幻灯片

在幻灯片浏览窗格中，选定要插入新幻灯片位置之前的幻灯片，然后单击“开始”选项卡“幻灯片”组中“新建幻灯片”按钮右下角的箭头，弹出幻灯片版式窗格，在该窗格中单击“空白”版式，即可插入一张新的空白幻灯片。

如果插入的幻灯片与原有幻灯片版式或样式相似，可以通过复制幻灯片操作实现新幻灯片的插入，然后对复制后的幻灯片进行编辑即可。操作方法是，在幻灯片浏览窗格中，选定

要复制的幻灯片，单击“开始”选项卡“剪贴板”组中的“复制”按钮，然后将插入点移至插入位置，再单击“粘贴”按钮。

在本例中，幻灯片内页的样式基本相同，所以可以使用这个方法制作首页以外的其他幻灯片页面。

2）制作幻灯片的目录页

目录页既能向演讲对象展示演讲的提纲，也可以帮助演讲者方便地选择不同的内容演讲。

（1）将首页中的图片复制到新插入的空白幻灯片中，并调整好相对位置。

（2）使用上个任务中绘制图形对象的操作方法，如图 7-16 所示，在新插入的幻灯片中绘制矩形、添加文本，并设置相应格式。

【第三步】制作其他幻灯片页面

按照样例，使用上述介绍的操作方法，分别制作“公司简介”、“公司理念”、“组织体系”、“服务范围”、“精英团队”和“联系我们”幻灯片页面。

【第四步】使用 SmartArt 图形制作公司组织结构图

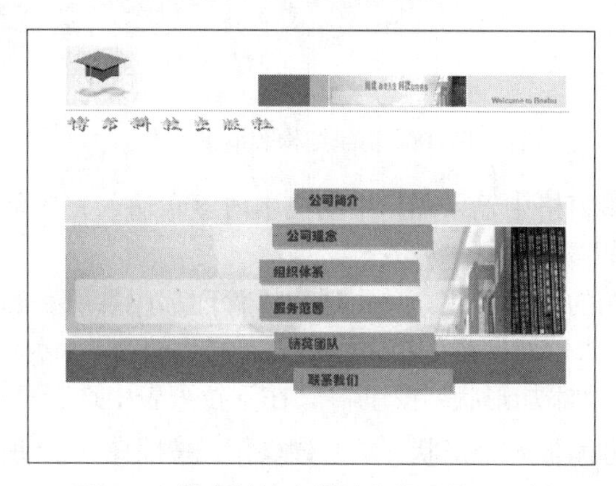

图7-16　博书科技出版社介绍目录页示例

SmartArt 图形是 Office 2007 提供的用于组织幻灯片内容的图形框架，包含有流程图、列表图、层次结构图、关系图等 SmartArt 图形类别。使用 SmartArt 图形，用户可以快速、有效地组织幻灯片内容，而不用将大量时间花在绘制图形框架上。

（1）单击“插入”选项卡“插图”组中的“SmartArt”按钮，打开“选择 SmartArt 图形”对话框，如图 7-17 所示。

（2）在对话框中，选择“层次结构”→“组织结构图”图形类别，单击“确定”按钮，在当前选定的幻灯片中将插入图形编辑模板，如图 7-18 所示。

小提示

用户可以方便地切换 SmartArt 图形类别，并且可以将文本内容自动带入到新切换的类别中。所以用户可以尝试不同类型的不同布局，直至找到一个最适合表达自己信息的布局为止。

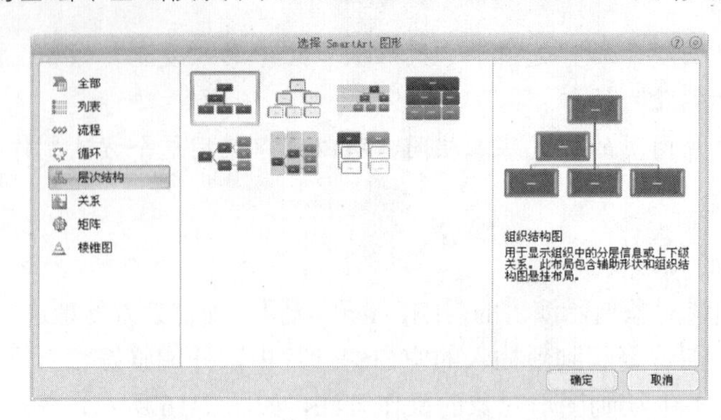

图7-17　“选择SmartArt图形”对话框

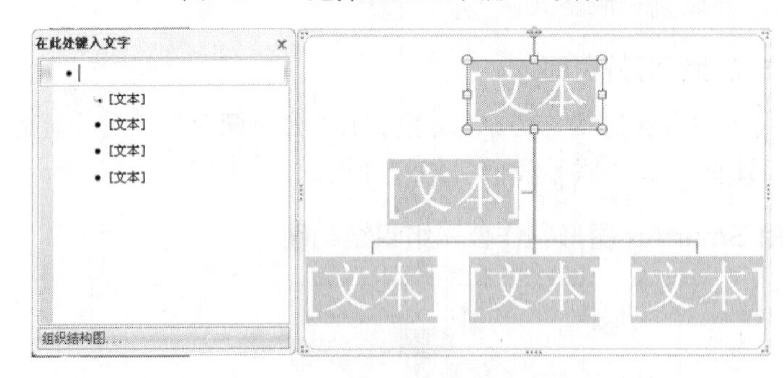

图7-18　组织结构图编辑模板

（3）在左侧文本编辑窗格中输入图形中的文本内容。输入完毕单击幻灯片其他位置即可完成 SmartArt 图形的编辑操作。

（4）添加组织结构图的下层形状。单击选定“管理部门”所在的形状，在“SmartArt 工具”的“设计”选项卡的“创建图形”组中单击“布局”按钮，在下拉列表中选择“标准”布局样式，然后单击“添加形状”按钮，在下拉列表中选择“在下方添加形状”选项，在当前选定的形状正下方添加一个形状。重复该操作，按照图 7-19 所示，添加所有第三层形状，并输入相应文本内容。

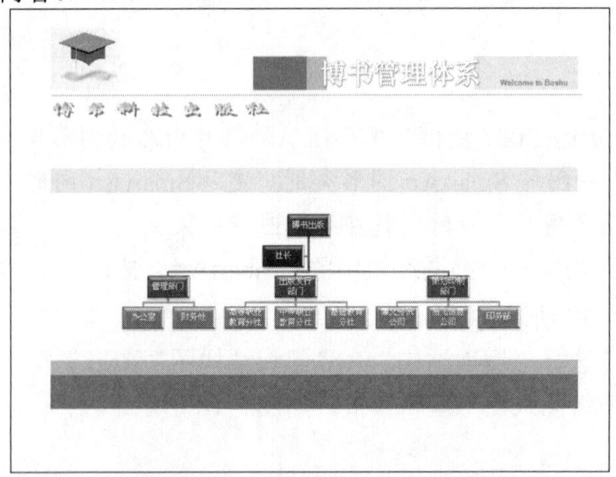

图7-19　博书出版社管理体系结构图

（5）美化 SmartArt 图形。选定 SmartArt 图形，单击“SmartArt 工具”的“设计”选项卡的“SmartArt 样式”组中的“更改颜色”按钮，在弹出的列表中选择“透明渐变范围—强调文字颜色 1”颜色类型。

选定 SmartArt 图形，单击“设计”选项卡“SmartArt 样式”组中的“其他”按钮，在弹出的列表中选择“优雅”三维效果。

【第五步】在幻灯片中应用表格

1）插入表格

（1）在第 6 张（“服务范围”）幻灯片后插入一张新幻灯片，按照图 7-20 所示布置好相关图片与艺术字。

单击“插入”选项卡“表格”组中的“表格”按钮，在弹出的表格结构下拉列表中选择“插入表格”选项，输入表格的行数与列数，单击“确定”按钮在当前幻灯片中插入表格。

（2）输入表格中的文本。

2）修改表格

（1）设置表格样式。选定表格（或将插入点移至表格中），单击“表格工具”的“设计”选项卡的“表格样式”组中的“中度样式 2—强调 1”表格样式。

（2）设置表格边框线。选定表格（或将插入点移至表格中），单击“表格工具”的“设计”选项卡的“绘图边框”组中的“线条样式”按钮，选择应用表格边框的线条样式，然后单击“设计”选项卡“表格样式”组中的“边框样式”按钮，选择“所有框线”选项。

（3）设置斜线边框。选定左上角第一个单元格，单击“表格工具”的“设计”选项卡的“表格样式”组中的“边框样式”按钮，选择“斜下框线”选项，在第一个单元格中绘制一条斜线。

3）设置表格格式

单击“布局”选项卡中的功能按钮，可以对表格的格式进行设置，包括添加/删除表格的行或列、合并或拆分单元格、调整单元格大小、设置对齐方式等。

插入表格的幻灯片效果如图 7-20 所示。

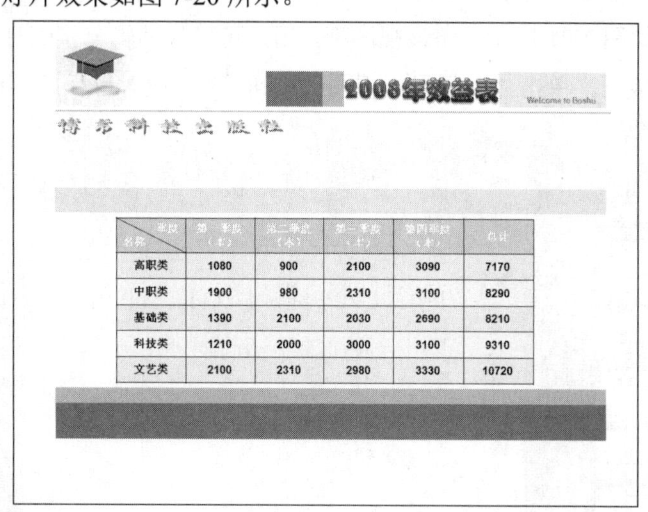

季度/名称	第一季度（本）	第二季度（本）	第三季度（本）	第四季度（本）	总计
高职类	1080	900	2100	3090	7170
中职类	1900	980	2310	3100	8290
基础类	1390	2100	2030	2690	8210
科技类	1210	2000	3000	3100	9310
文艺类	2100	2310	2980	3330	10720

图7-20 博书出版社效益表格的幻灯片示例

【第六步】放映幻灯片

1）启动幻灯片放映

单击“幻灯片放映”选项卡“开始放映幻灯片”组中的“从头开始”按钮，或者按键盘上的“F5”，即可从首页开始放映幻灯片。

如果想停止幻灯片的放映，可以按【Esc】键，或者在幻灯片放映时单击鼠标右键，然后在弹出的快捷菜单中选择“结束放映”选项。

在放映幻灯片过程中，将鼠标指向屏幕左下角，将会显示一个“幻灯片放映”工具栏，用户使用该工具栏可以方便地控制幻灯片的放映。

2）放映时切换幻灯片

在放映幻灯片的过程中，单击鼠标左键可以切换到下一张幻灯片；按【PageUp】键可以转到上一张幻灯片；单击鼠标右键，然后在快捷菜单中选择“定位至幻灯片”选项可以转至指定的幻灯片。

1．管理幻灯片

在普通视图或幻灯片浏览视图中管理幻灯片非常方便。此时可以通过剪贴板或鼠标的拖动操作对幻灯片进行插入、复制、移动和删除等操作。

2．使用母版编辑幻灯片

如果用户需要在所有幻灯片中显示某个相同的信息，那么就可以使用母版来实现。母版中包含的信息与样式将会显示在所有应用该母版的幻灯片中。母版包括幻灯片母版、讲义母版和备注母版 3 种，编辑方法类似。设计幻灯片母版的操作步骤如下。

单击“视图”选项卡“演示文稿视图”组中的“幻灯片母版”按钮，屏幕将显示幻灯片母版编辑视图，如图 7-21 所示。在该视图下，用户可以像编辑一张幻灯片一样进行各种编辑与设计，设计完成后，单击“关闭母版视图”按钮完成对母版的操作。

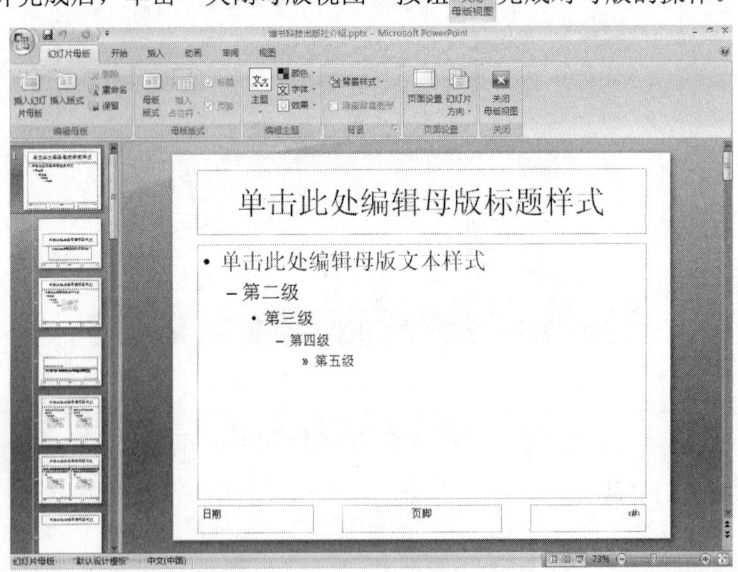

图7-21 幻灯片母版编辑视图

3. 在幻灯片中应用图表

在幻灯片中可以使用图表，以便直观地展示公司的信息，如销售情况等。操作方法如下。

（1）选定要插入图表的幻灯片。

（2）单击“插入”选项卡“插图”组中的“图表”按钮，打开“插入图表”对话框，在该对话框中选择需要的图表类型，在当前幻灯片中插入图表，如图 7-22 所示。

（3）插入图表后，会同时显示一个与图表相关联的示例数据表，用户可以使用需要的数据替换其中的数据，也可以使用 Excel 中已编辑好的数据表替换当前的示例数据表。

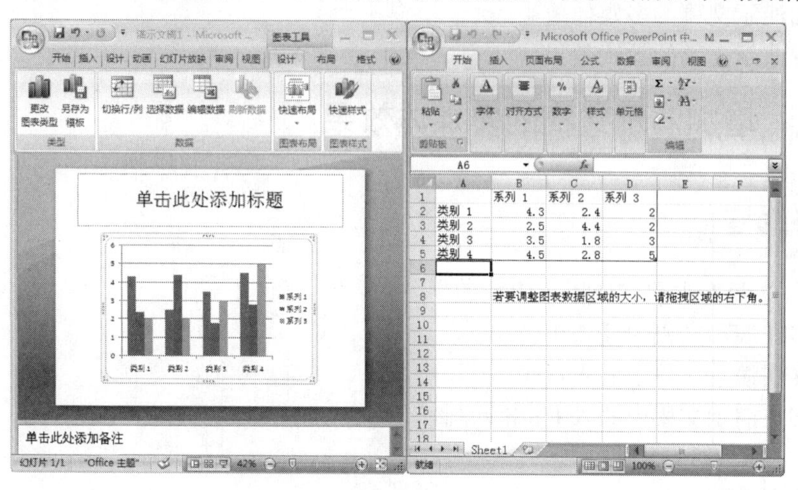

图7-22　插入图表后的幻灯片

用户可以将 Excel 中的图表直接导入幻灯片中，操作方法为，在 Excel 中选定图表后执行 “复制”操作，然后在 PowerPoint 中选定要插入图表的幻灯片后执行 “粘贴”操作。

实战训练

（1）在上一任务实战训练的基础上，完成制作个人简历介绍演示文稿，具体要求如下。

① 内容包括个人基本情况（姓名、性别、学历等）、学习与工作履历、特长、获奖情况、联系方式、感谢聆听等幻灯片页面。

② 各幻灯片使用统一的风格。

③ 幻灯片中必须包括文字、图片、艺术字和自选图形。

以上要求为基本要求，同学们可以根据自己掌握知识的情况发挥自己的能力，添加其他的幻灯片效果。

（2）使用模板制作一个介绍你所在学校的演示文稿，内容包括首页、目录页、校训、校歌、学校管理机构、历届毕业生数（以图表形式表示）、联系方式等，要求使用母版在每页幻灯片的左上角放置学校的校徽。

▮ 学习单元7.2　修饰与设置演示文稿的放映效果

本学习单元通过在博书科技出版社介绍的演示文稿中添加声音、视频等多媒体对象，增强演示文稿的修饰效果；通过在演示文稿中设置动画、动作按钮、超级链接等，增强演示文稿的放映效果，以提高读者使用 PowerPoint 2007 设计与制作演示文稿的技能。

本学习单元的内容将分解为以下两个任务来完成。

- 增加演示文稿的多媒体效果；
- 设置演示文稿的放映效果。

▮ 任务 1　增加演示文稿的多媒体效果

任务内容

在本任务中我们主要完成以下内容的学习。

➢ 能够在演示文稿中插入声音；
➢ 能够在演示文稿中插入视频；
➢ 能够在演示文稿中插入 Flash 动画。

任务分析

本次任务将要在首页幻灯片中添加背景音乐，在演示文稿中添加一张新幻灯片并在幻灯片中插入出版社的介绍视频。插入影片和声音后的幻灯片会显得更加生动形象。本任务分为以下几个步骤进行。

✧ 为首页幻灯片添加背景音乐；
✧ 添加出版社介绍视频；
✧ 设置影片和声音的播放方式；
✧ 在幻灯片中插入 Flash 动画。

任务实施步骤

【第一步】为首页幻灯片添加背景音乐

（1）在普通视图下，显示要插入影片的首页幻灯片。

（2）单击“插入”选项卡“媒体剪辑”组中的“声音”按钮，在弹出的列表中选择“文件中的声音”选项，屏幕中将弹出“插入声音”对话框。

（3）在对话框中选择声音文件“You And Me.wma”，然后单击“确定”按钮，此时弹出一个“如何开始播放声音”的提示框，单击“自动”按钮，让幻灯片在播放开始时声音随其自动播放，如图 7-23 所示。声音插入到幻灯片后，会显示一个表示该声音文件的声音图标。

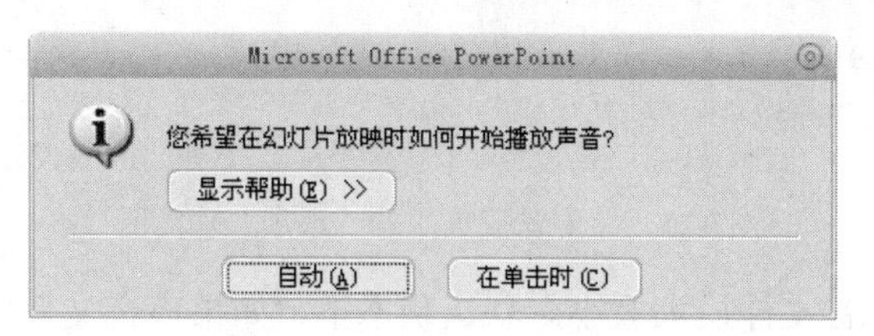

图7-23　如何开始播放声音提示框

【第二步】添加博书出版社介绍视频

（1）在第 3 张幻灯片（“公司简介”幻灯片）后，按照样例样式添加一张幻灯片。

（2）在普通视图下，选定新插入的幻灯片。

（3）单击“插入”选项卡“媒体剪辑”组中的“影片”按钮，在弹出的列表中选择“文件中的影片”选项，打开“插入影片”对话框。

（4）在“插入影片”对话框中选择要插入的影片文件名，然后单击“确定”按钮。

（5）此时弹出一个类似图 7-23 的提示框，单击“自动”按钮，让幻灯片在开始播放时视频随其自动播放。

（6）在插入影片的幻灯片中，将会显示一个影片对象，其中默认显示影片中第一帧图片，如图 7-24 所示。用户可以调整影片对象的位置及大小。

图7-24　插入影片后的幻灯片

相关知识

1．设置声音对象选项

（1）在放映幻灯片时隐藏声音图标。在幻灯片中选定声音图标后，窗口上方将显示“声音工具”的“选项”功能区，如图 7-25 所示。在“声音选项”组中选定“放映时隐藏”复选框，可以在放映幻灯片时不显示声音对象的小喇叭图标。

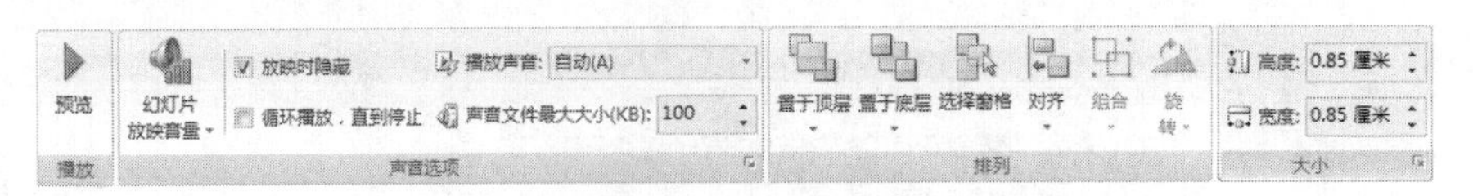

图7-25 “声音工具”的“选项”功能区

（2）设置插入的声音文件最大大小。默认状态下，如果声音文件大于100KB，则会被链接到文件，而不是嵌入文件。演示文稿链接到文件后，如果要在另一台计算机上播放此演示文稿，则必须在复制该演示文稿的同时复制它所链接的文件。用户可以在“选项”功能区调整“声音文件最大大小”右侧的数值，以设置嵌入文件的大小。

如果要删除插入的声音，可以在选定声音图标后，按【Del】键。

2．设置影片的播放形式

（1）设置全屏播放影片。在幻灯片中选定影片对象，窗口上方将显示“影片工具”的“选项”功能区，在“影片选项”组中选定“全屏播放”复选框，可以在放映幻灯片时全屏放映影片。

（2）设置循环播放影片。选择“循环播放，直到停止”复选框，可以重复放映影片，直到用户停止其播放。

3．插入 Flash 影片

用户可以使用 Shockwave Flash Object 的 ActiveX 控件在幻灯片中插入并播放 Flash 动画影片，以增强演示文稿的放映效果。操作步骤如下。

（1）单击“Office 按钮”，在弹出的菜单中单击“PowerPoint 选项”按钮，打开“PowerPoint 选项”对话框。

（2）在对话框的“常用”选项卡中选定“在功能区显示‘开发工具’选项卡”复选框，然后单击“确定”按钮，此时在软件的功能区将显示“开发工具”选项卡。

（3）单击“开发工具”选项卡“控件”组中的“其他控件”按钮，打开“其他控件”对话框，如图7-26所示。

（4）在该对话框中选择“Shockwave Flash Object”选项，然后单击“确定”按钮。此时光标变为“+”字形状，再将该光标移动到幻灯片编辑区，画出合适的矩形区域，该区域就是播放动画的区域。

（5）使用鼠标右键单击该矩形区域，在弹出的快捷菜单中选择“属性”选项，打开“属性”对话框，如图7-27所示。

（6）在“Movie”属性右侧的文本框中输入 Flash 动画影片文件的完整路径，这样就将 Flash 动画插入到幻灯片中了。

如果要在放映幻灯片的同时自动播放 Flash 动画，应将“Playing”属性设置为“True”。

图7-26　“其他控件”对话框

图7-27　Flash“属性”对话框

设计并编辑一个电影简介演示文稿，具体要求如下。

（1）通过网络下载一个你喜爱的电影及电影的文字介绍、主题歌曲等。

（2）制作演示文稿的首页，并在首页插入电影的主题歌曲。

（3）制作电影的其他文字介绍幻灯片，可适当插入从电影中截取的图片渲染效果。

（4）使用多媒体软件编辑电影剪辑，电影剪辑播放时间控制在 3～5 分钟内。

（5）在演示文稿的适当位置插入电影剪辑。

任务 2　设置演示文稿的放映效果

在本任务中我们主要完成以下内容的学习。

- 能够设置幻灯片中对象的自定义动画效果；
- 能够设置幻灯片在播放时的切换效果；
- 能够通过设置超链接或动作按钮实现幻灯片间的跳转；
- 能够通过打包幻灯片实现在没有安装 PowerPoint 环境的计算机中播放演示文稿；
- 能够打印幻灯片。

任务分析

本次任务将通过设置自定义动画、幻灯片的切换效果、超链接、动作按钮等，增强演示文稿的放映效果。本任务分为以下几个步骤进行。

- 设置幻灯片中对象的动画效果；
- 设置幻灯片之间的切换效果；
- 使用超链接；
- 添加动作按钮。

任务实施步骤

【第一步】设置幻灯片中对象的动画效果

1）添加进入动画效果

（1）打开“博书科技出版社介绍.pptx”演示文稿，选定目录页幻灯片。

（2）选定幻灯片中间的图形对象，单击“动画”选项卡“动画”组中的“自定义动画”按钮自定义动画，打开“自定义动画”任务窗格，如图 7-28 所示。

（3）单击“自定义动画”任务窗格中的“添加效果”按钮添加效果，在弹出的下拉列表中选择“进入”→“其他效果”选项，弹出“添加进入效果”对话框，如图 7-29 所示。

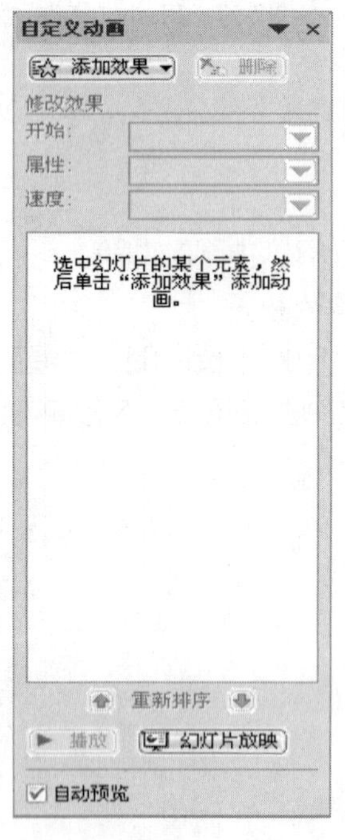

图7-28 “自定义动画”窗格

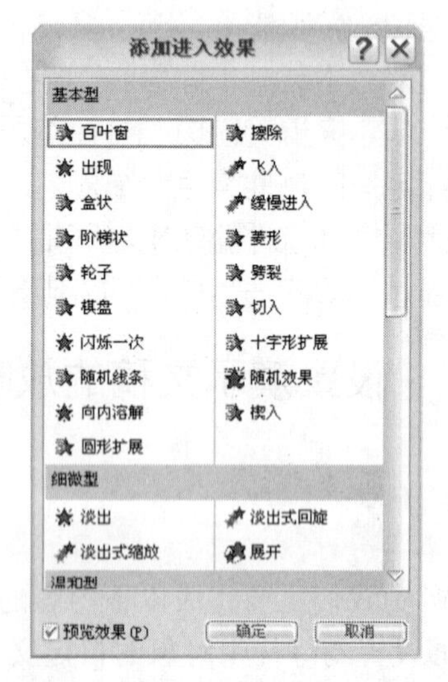

图7-29 “添加进入效果”对话框

（4）在“添加进入效果”对话框中从“细微型”选项组中选择“展开”选项，然后单击“确定”按钮，即可为选中的图形对象添加进入时的动画效果。

（5）此时在“自定义动画”任务窗格的列表框中添加了一个表示该动画效果的选项，在该对话框中的“开始”和“速度”设置项中可以设置动画开始条件和动画播放速度。

自定义动画的开始方式包括以下几种。

- “单击时”：选择该项，当幻灯片放映到该对象时，用户必须单击鼠标左键才能开始播放动画。
- “之前”：选择该项，则当前对象动画与前一个对象动画同时播放。
- “之后”：选择该项，则当前对象动画在前一个对象动画播放完成后播放。

（6）选中幻灯片中的其他对象，按照示例分别设置动画效果。

（7）按照示例，分别为其他幻灯片中的对象设置必要的动画效果，设置完成后保存文稿。

2）编辑动画效果

（1）编辑动画效果属性。在幻灯片中选定设置有动画效果的对象，此时在“自定义动画”任务窗格的列表框中相应动画效果选项会自动被选定，单击其右侧箭头，在弹出的下拉列表中选择“效果选项”选项，弹出相应动画的效果选项对话框，如图 7-30 所示。在该对话框中，用户可以对动画效果进行进一步的设置，包括动画播放时的声音等。

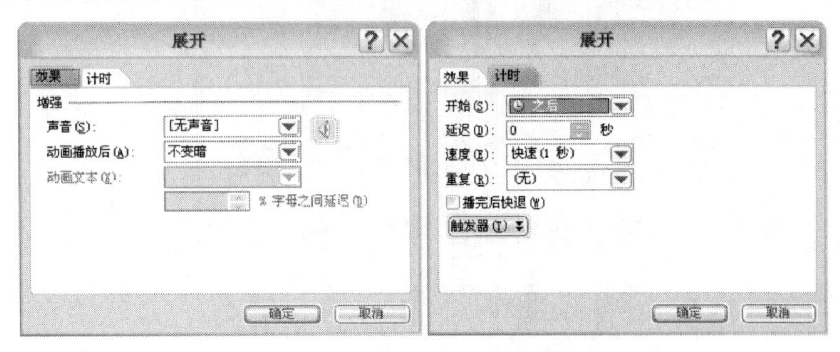

图7-30　动画的效果选项对话框

（2）更改动画播放顺序。默认状态下，PowerPoint 按添加动画的先后顺序播放动画效果。在普通视图下，幻灯片中播放动画的对象上有标注编号的标记。用户要改变对象的动画播放顺序，可以在“自定义动画”任务窗格的下部，通过单击 重新排序 两边的按钮进行调整。

（3）删除动画效果。在“自定义动画”任务窗格的列表框中选定动画效果选项，单击其右侧箭头，在弹出的下拉列表中选择“删除”选项。

【第二步】设置幻灯片之间的切换效果

在放映演示文稿的过程中，从一张幻灯片切换到另一张幻灯片时，可以设置不同的切换效果以增强播放效果。操作方法如下。

（1）打开“博书科技出版社介绍.pptx”演示文稿，选定首页幻灯片。

（2）单击“动画”选项卡“切换到此幻灯片”组中的“其他”按钮，打开切换样式列表窗格，如图 7-31 所示。

（3）在样式列表窗格中单击选择“从内到外水平分割”切换样式，然后单击“全部应用”按钮，将切换效果应用于演示文稿的所有幻灯片。

如果用户想对演示文稿中的每页幻灯片设置不同的切换效果，可以依次选定每一张幻灯片，进行切换效果的设置。在设置时不能单击“全部应用”按钮。

【第三步】使用超链接

（1）打开“博书科技出版社介绍.pptx”演示文稿，在目录页幻灯片中选定“公司简介”图形对象。

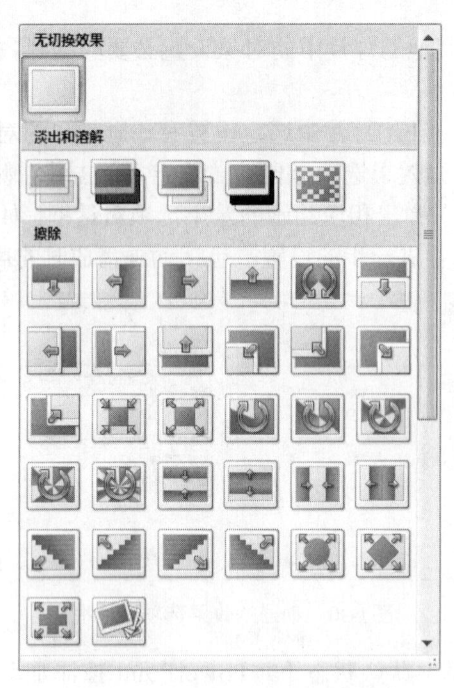

图7-31　幻灯片切换样式列表窗格

（2）单击“插入”选项卡“链接”组中的“超链接”按钮，打开“插入超链接”对话框，如图 7-32 所示。

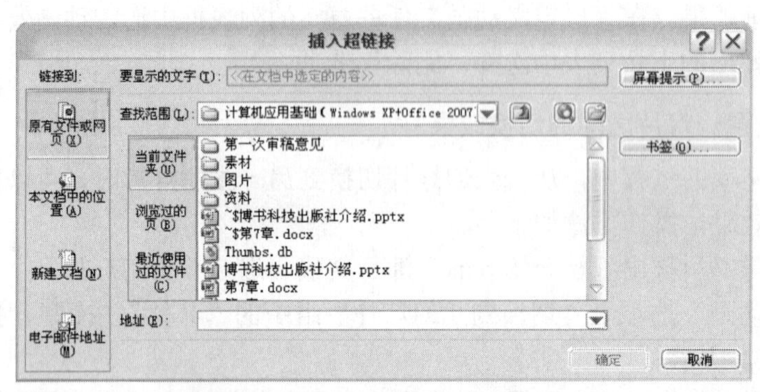

图7-32　“插入超链接”对话框

（3）在对话框左侧的“链接到”区域单击选定“本文档中的位置”选项，然后在“请选择文档中的位置”列表中选择标题为“幻灯片 3”的幻灯片，最后单击“确定”按钮，完成一个超链接的插入。

（4）使用同样的操作方法，为目录页中“公司理念”等其他图形对象建立相应的超链接。

【第四步】添加动作按钮

为了便于浏览和放映，可以在幻灯片中添加一些动作按钮，从而实现幻灯片之间的手动跳转。

（1）打开“博书科技出版社介绍.pptx”演示文稿，选定“公司简介”幻灯片。

（2）单击“插入”选项卡“插图”组中的“形状”按钮，弹出形状列表窗格。

（3）在“动作按钮”组中单击“后退或前一项”动作按钮，然后在幻灯片的相应位置按下鼠标左键并拖动鼠标，绘制出一个矩形按钮，释放鼠标，弹出“动作设置”对话框，如图 7-33 所示。

（4）单击“超链接到”下方的下拉列表右侧的箭头，在弹出的列表中选择“幻灯片…”选项，然后在弹出的幻灯片列表中选择“幻灯片 2”（目录页幻灯片），并单击“确定”按钮，将该动作按钮超链接到第 2 张幻灯片上。

（5）最后在“动作设置”对话框中单击“确定”按钮完成动作按钮的设置。

（6）使用同样的方法，在其他幻灯片中添加相应的动作按钮。

图7-33　“动作设置”对话框

1. 打包演示文稿

打包不仅能自动检测演示文稿中的链接文件及路径，而且可以自动创建相应的文件夹，并将这些文件复制到文件夹中。打包的一个重要作用是可以使演示文稿在没有安装 PowerPoint 环境的计算机中仍然可以正常播放。打包演示文稿的操作步骤如下。

（1）打开“博书科技出版社介绍.pptx”演示文稿。

（2）单击“Office 按钮”，在弹出的菜单中选择“发布”→“CD 数据包”选项，此时会显示一个关于打包说明的提示对话框，单击提示对话框中的“确定”按钮，将显示“打包成 CD”对话框，如图 7-34 所示。

（3）单击该对话框中的“复制到文件夹”按钮，弹出“复制到文件夹”对话框，如图 7-35 所示。在此对话框中输入打包后的文件夹名，并选择文件夹的位置，最后单击“确定”按钮，即可开始对演示文稿进行“打包”操作。

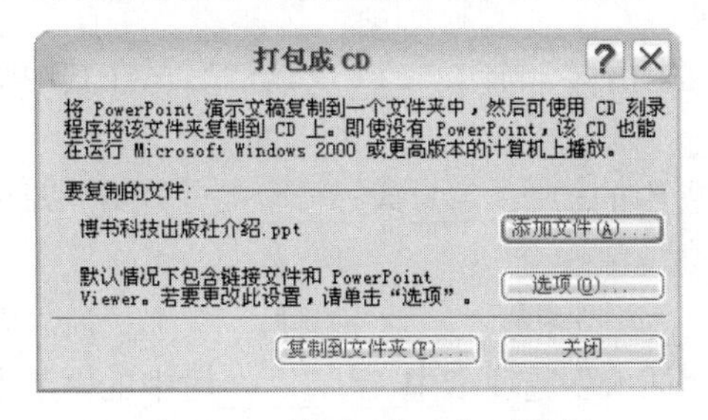

图7-34　“打包成CD”对话框

图7-35　“复制到文件夹”对话框

（4）“打包”操作完成后，单击“打包成 CD”对话框中的“关闭”按钮。

（5）打包成功后，双击运行打包文件夹“博书科技出版社介绍”中的“play”或“PPTVIEW”文件，即可开始放映演示文稿。

2. 打印演示文稿

单击“Office 按钮”，在弹出的菜单中选择“打印”→“打印”选项，此时会显示“打印”对话框，在该对话框中进行打印的相关设置，然后单击“确定”按钮进行打印。

实战训练

（1）在前面制作的个人简历演示文稿中，使用自定义动画、幻灯片切换效果、超链接和动作按钮等技术增强演示文稿的放映效果，并将演示文稿打包。

（2）家乡永远是美丽的，家乡有美丽的风景、有勤劳善良的人民、有悠久的历史文化等，请收集你家乡的相关资料，设计并制作一个介绍你家乡的演示文稿，幻灯片页面控制在 20 页以内。

本 章 小 结

本章通过制作“博书科技出版社介绍”演示文稿，学习了使用 PowerPoint 2007 制作演示文稿的基本操作与设计方法，学习了通过添加图片、声音、视频等对象增强幻灯片的多媒体效果的方法，学习了通过设置幻灯片对象的动画效果、切换效果、超链接等增强幻灯片放映效果的方法。学习完本章，读者将能够掌握 PowerPoint 2007 的操作技能，并能够使用 PowerPoint 2007 设计制作诸如企业介绍、产品介绍、个人求职、汇报演讲等的多媒体演示文稿。

思考与练习

一、填空题

1．PowerPoint 2007 演示文稿文件的扩展名是________；模板文件的扩展名为________。

2．在 PowerPoint 2007 窗口的状态栏中，显示“幻灯片 3/10”，表示该演示文稿共有______张幻灯片，当前为第________张。

3．在选定了矩形形状后，按住________键的同时按住鼠标左键拖动鼠标可以绘制正方形；要退出正在播放的幻灯片，可以按________键。

4．在新插入幻灯片的占位符以外输入文字，应先插入一个________，然后再在其中输入文字内容。

5．演示文稿打包成功后，双击运行打包文件夹中的________或________文件，即可开始放映演示文稿。

6．自定义动画的开始方式包括________、________和________3 种。

7．在 PowerPoint 2007 中，插入艺术字应选择“插入”选项卡中________组中的“艺术字”按钮；设置艺术字的样式可以在选定艺术字后，在“绘图工具”的________功能选项卡中进行选择。

8．在介绍公司产品的演示文稿中，如果希望公司的徽标出现在所有幻灯片中，则可以将其加入到________中。

9．要在放映幻灯片时隐藏声音图标，应在幻灯片中选定声音图标，然后在“声音工具”的“选项”功能区的________组中进行操作。

10．在 PowerPoint 2007 编辑状态下，选定全部幻灯片应按________组合键。

二、选择题

1．演示文稿与幻灯片两个概念的关系是（　　）。

A．在演示文稿中包含若干张幻灯片

B．在幻灯片中包含若干张演示文稿

C．演示文稿和幻灯片均可单独保存为文件

D．演示文稿与幻灯片是相同的概念

2．在“图片工具”下的（　　）组中可以对图片进行添加边框操作。

A．图片样式　　B．调整　　C．大小　　D．排列

3．在幻灯片浏览窗格中，单击（　　）选项卡“幻灯片”组中的“新建幻灯片”按钮可以插入一张新幻灯片。

A．开始　　B．插入　　C．设计　　D．视图

4．设置幻灯片母版，可以起到（　　）的作用。

A．统一图片内容　　B．统一页码内容

C．统一标题内容　　D．统一整个演示文稿风格

5．在 PowerPoint 2007 浏览视图中，用户不能进行的操作是（　　）。

A．删除幻灯片　　B．改变幻灯片的位置

C．编辑幻灯片中内容　　D．插入新幻灯片

6．在放映幻灯片的过程中，默认状态下单击鼠标左键可以切换到下一张幻灯片，要转到上一张幻灯片可以按（　　）键。

A．Home　　B．End　　C．PageUp　　D．PageDown

7．在 PowerPoint 2007 中，超级链接所链接的目标，不能是（　　）。

A．一个网址　　B．同一演示文稿中的某一张幻灯片

C．其他应用程序　　D．幻灯片中的某一个对象

8．在 PowerPoint 2007 中，下列关于幻灯片背景的叙述不正确的是（　　）。

A．可以为幻灯片设置不同颜色、图案的背景

B．可以使用图片作为幻灯片背景

C．可以为单张幻灯片进行背景设置

D．不可以同时为所有幻灯片设置同样的背景

9．在 PowerPoint 中，下列叙述不正确的是（　　）。

A．可以动态显示文本和对象　　B．可以更改动画对象的出现顺序

C．图表中的元素不可以设置动画效果　　D．可以设置幻灯片切换效果

10．要设置幻灯片放映的时间，应使用（　　）方式。

A．观看放映　　B．排练计时　　C．录制旁白　　D．设置放映

反侵权盗版声明

举报电话：（010）88254396；（010）88258888
传　　真：（010）88254397
E-mail:　 dbqq@phei.com.cn
通信地址：北京市海淀区万寿路 173 信箱
　　　　　电子工业出版社总编办公室
邮　　编：100036

读者意见反馈表

书名：计算机应用基础（基础模块）（Windows XP + Office 2007）（修订版） **主编**：王路群　曹　静 **责任编辑**：施玉新

谢谢您关注本书！烦请填写该表。您的意见对我们出版优秀教材、服务教学，十分重要。如果您认为本书有助于您的教学工作，请您认真地填写表格并寄回。**我们将定期给您发送我社相关教材的出版资讯或目录，或者寄送相关样书。**

个人资料

姓名__________年龄_____联系电话____________（办）____________（宅）____________（手机）

学校________________________________专业____________职称/职务__________________

通信地址______________________________ 邮编____________E-mail________________________

您校开设课程的情况为：

本校是否开设相关专业的课程　□是，课程名称为______________________________ □否

您所讲授的课程是____课时________________________

所用教材________________________________出版单位____________________印刷册数______

本书可否作为您校的教材？

□是，会用于______________________________课程教学　　□否

影响您选定教材的因素（可复选）：

□内容　□作者　□封面设计　□教材页码　□价格　□出版社

□是否获奖　□上级要求　□广告　□其他__________________________________

您对本书质量满意的方面有（可复选）：

□内容　□封面设计　□价格　□版式设计　□其他____________________

您希望本书在哪些方面加以改进？

□内容　□篇幅结构　□封面设计　□增加配套教材　□价格

可详细填写：____

____

您还希望得到哪些专业方向教材的出版信息？

____

感谢您的配合，可将本表按以下方式反馈给我们：

【方式一】电子邮件：登录华信教育资源网（http://www.hxedu.com.cn/resource/OS/zixun/zz_reader.rar）下载本表格电子版，填写后发至 ve@phei.com.cn

【方式二】邮局邮寄：北京市万寿路 173 信箱华信大厦 1302 室　中等职业教育分社　（邮编：100036）

如果您需要了解更详细的信息或有著作计划，请与我们联系。

电话：010-88254247；88254598